# 现代
# 儿童心理学 第二版

## Modern Children Psychology

章永生 ◎ 编著

暨南大学出版社
JINAN UNIVERSITY PRESS

中国·广州

图书在版编目（CIP）数据

现代儿童心理学／章永生编著．—2版．—广州：暨南大学出版社，2014.10
ISBN 978－7－5668－1103－5

Ⅰ.①现… Ⅱ.①章… Ⅲ.①儿童心理学 Ⅳ.①B844.1

中国版本图书馆 CIP 数据核字（2014）第 186540 号

出版发行：暨南大学出版社

地　　址：中国广州暨南大学
电　　话：总编室（8620）85221601
　　　　　营销部（8620）85225284　85228291　85228292（邮购）
传　　真：（8620）85221583（办公室）　85223774（营销部）
邮　　编：510630
网　　址：http：//www. jnupress. com　http：//press. jnu. edu. cn

排　　版：广州良弓广告有限公司
印　　刷：佛山市浩文彩色印刷有限公司

开　　本：787mm×960mm　1/16
印　　张：19.5
字　　数：361 千
版　　次：2007 年 9 月第 1 版　2014 年 10 月第 2 版
印　　次：2014 年 10 月第 2 次
印　　数：3001—5000 册

定　　价：39.80 元

（暨大版图书如有印装质量问题，请与出版社总编室联系调换）

# 第二版前言

儿童是人类进步与发展的源泉，是家庭和国家的希望，更是人类的未来。人类最美好的希望就在于儿童的未来，而关心儿童的未来正面临着一场伟大的变革。对儿童的教育远不能停留在"孟母三迁"和"精忠报国"的层面。而要树立正确的儿童观，就要把生命发展的主动权还给孩子，给孩子一个快乐的儿童世界；要确立孩子是人，是独立的人，是未成年人，是发展成长中的人。对儿童的教育还要树立现代的人才观，就是根据儿童的实际因势利导，引导孩子做一个有益于社会、有益于人民的人。坚信"三百六十行，行行出状元"的理念。这就是说，教育孩子，我们首先要有正确的儿童观，要树立正确的人才观。此外，我们还必须遵循儿童身心发展的特点和规律，学习和掌握好儿童心理学的知识，唯有如此，我们才能从孩子的实际出发，把孩子培养成国家和社会所需的人才。

《现代儿童心理学》的再版，首先是读者肯定了此书在基础研究和应用研究相结合、理论研究和实践相结合上是有优势的。比如：关键期的论述，三个转折期的论述，重视独生子女心理特点与教育，重视品德心理的教育等等。其次，也提出了缺少儿童异常心理论述的意见，因此，增加了第六章"青少年儿童（6～18岁）异常心理与行为"，提出了重视青少年儿童异常心理与行为的教育是不可忽视的教育。着重论述了多动症、强迫症、抑郁症、过度的偶像崇拜及网迷等的表现及其教育。这些增添的内容只是一个尝试，还有待读者的意见。

本人有幸接受暨南大学出版社再版《现代儿童心理学》的委托，得到了暨南大学出版社和苏彩桃主任、冯琳编辑给予的热情支持，谨在此表示衷心的感谢！在写作中笔者引用了国内外心理学专家和同仁的观点及相关的研究资料，在此亦表示诚挚的谢意！

最后，恳请读者对本书的疏漏与不当之处不吝指正，希望《现代儿童心理学》（第二版）能为我国的教育改革和人才的培养发挥更大的作用！

章永生

2014 年 5 月于北京

# 第一版前言

社会的发展，科学的进步，经济的腾飞，教育对高质量、高素质人才的需求，导致每一位父母都希望自己的孩子早日成才。而今天的少年儿童将是未来社会的主流，他们的成长将深刻影响中国的命运，他们是社会、国家的栋梁，他们将用自己的聪明才智和有力的双手，把中国建设成为国富民强的世界一流大国！

本书放眼世界、放眼未来，立足早出人才、多出人才的需要，阐述了个体从出生到成年的各个年龄阶段的心理特点及其教育措施。本书可作为高等院校心理学、教育学必修课的教材，也可为每一位父母，为儿童教育工作者、医务工作者、社会工作者、文艺工作者、司法工作者等提供心理学知识的指导。

本书理论结合实际，可操作性强，积笔者四十多年的教育研究和教育实践而作。书中有笔者的独立见解，当然也有一些可以商讨的地方。如果本书能对家长和从事儿童工作者有所启发的话，那将是笔者的荣幸。

本书是北京师范大学珠海分校品牌专业——应用心理学专业建设的成果之一，它的出版得到了北京师范大学珠海分校教育学院的大力支持，得到了暨南大学出版社和袁冰凌主任给予的热情支持，谨在此表示衷心的感谢！在写作过程中，笔者引用了国内外心理学专家和同仁的观点及相关的研究资料，在此亦表示诚挚的谢意！

由于笔者水平有限，加上时间仓促，本书有疏漏与不当之处，恳请读者不吝指正。

章永生
2007 年 3 月于北京师范大学珠海分校

# 目录
## contents

第二版前言     1
第一版前言     1

## 第一章 儿童心理与发展心理

儿童是人
儿童是未成年的人
儿童是向成熟、独立发展的人

第一节　儿童心理学与发展心理学     2
第二节　心理发展的一般特点     10
第三节　心理发展的动力     18
第四节　影响心理发展的基本因素     23
第五节　教育和发展的辩证关系     30

## 第二章 婴幼儿（0～3岁）的心理发展

三岁之魂　百岁之材
从生命诞生时就开始的教育是最好的教育

第一节　胎儿的发展和出生     34
第二节　新生儿的心理发展     38
第三节　乳儿期儿童心理的发展     43
第四节　智力开发与关键期的教育     50

## 第三章 学前期儿童（3～6岁）的心理发展

把握儿童成长关键期的教育是最好的教育

第一节　人生的第一次反抗转折期     62
第二节　学前期儿童心理发展的特点     74
第三节　独生子女的心理特点与教育     79
第四节　幼儿品德的起步教育     91
第五节　学前儿童的心理卫生     96

# 第四章 小学生（6～12岁）的心理发展

全面和谐的教育是最好的教育

| | |
|---|---|
| 第一节　入学时儿童的转折时期 | 110 |
| 第二节　小学生心理发展的主要特点 | 119 |
| 第三节　培养儿童创造性思维的能力 | 132 |
| 第四节　智力超常和智力落后儿童的特点与教育 | 144 |
| 第五节　小学生品德的形成与培养 | 157 |
| 第六节　小学生的问题行为及其矫治 | 179 |

# 第五章 中学生（13～18岁）的心理发展

重视个性发展、掌握儿童成长规律的教育是最好的教育

| | |
|---|---|
| 第一节　少年期的过渡时期 | 190 |
| 第二节　青少年生理发育的一般特征 | 199 |
| 第三节　当代中学生的主要心理特点 | 205 |
| 第四节　优秀学生的心理特点与教育 | 223 |
| 第五节　品德不良学生的心理特点与矫正 | 237 |
| 第六节　青春期的教育 | 247 |
| 第七节　中学生的心理健康教育 | 258 |

# 第六章 青少年儿童（6～18岁）异常心理与行为

重视青少年儿童的异常心理与行为的教育是不可忽视的教育

| | |
|---|---|
| 第一节　多动症 | 266 |
| 第二节　强迫症 | 271 |
| 第三节　抑郁症 | 275 |
| 第四节　过度的偶像崇拜——追星族 | 281 |
| 第五节　网迷 | 286 |
| 第六节　几种常见的心理障碍及其防治 | 295 |
| 附　录　学生心理档案 | 300 |
| 主要参考文献 | 303 |

# 第一章

儿童心理与发展心理

# 第一节　儿童心理学与发展心理学

心理学以普通心理学和心理学史为主干，有社会心理学和个体心理学两大分支。教育心理学、航空心理学、医学心理学、管理心理学、体育运动心理学等都属于社会心理学的范畴；而发展心理学、儿童心理学、青年心理学、老年心理学等都属于个体心理学的范畴。

我们学习儿童心理学，为的是更好地培养、教育儿童。一个首要条件就是对儿童要有正确的儿童观和尽可能的充分了解。我们认为正确的儿童观是：首先，儿童是人，是自然实体与社会实体相结合的人，是与成人平等的人，因此，我们要尊重他；其次，儿童是未成年的人，是比较幼稚、不成熟的人，因此，我们要教育他、关心他、呵护他；再次，儿童是不断向成熟、独立发展的人，他们将有自己思维的模式，有自己的个性、兴趣、爱好，他们将摆脱对成年人的依赖和管理。因此，我们的教育要尽量地让孩子自己管理自己，培养其当家做主、独当一面的能力。除此之外，还要了解儿童从出生如何发展到婴儿期、童年期、少年期、青年期，以及如何从一个软弱无能、无知无识的个体发展成一个成熟、独立的社会成员。只有从发展上真正地了解儿童，才能更好地教育他们。了解儿童的心理特征，了解儿童在不同年龄阶段的教育措施，才能帮助儿童健康成长。

## 一、什么是儿童心理学

儿童心理学是研究儿童心理发生、发展的规律和儿童各年龄阶段的心理特征的科学。它以儿童从出生到青年初期（约18岁）这一期间心理的发生、发展规律作为自己的研究对象。

要掌握这个定义，必须理解以下几个概念。

第一，对"儿童期"的理解。儿童心理学所讲的儿童，和日常所使用的"儿童"概念不同，我们平常讲的儿童，大都是指学前儿童或小学低年级的学生。儿童心理学上讲的儿童是广义的，是指个体从出生到基本成熟（青年初期）这个时期。从年龄上讲，就是指从出生到十七八岁这个阶段。这是个体心理发生、发展最迅速的时期。目前，世界上对这个时期儿童的培养和教育已成为备受关注的领域。世界各发达国家，都重视人才的早期培养，因为任何一个科学家或伟大的历史人物都是在这个时期奠定了必要的基础。不少研究资料表明，许多科学家或伟大人物，往往在这个时期就初露锋芒，表现出超常的智力和非凡的才能。教育者若能及早发现、定向培养，就有可能为国家培养出一批有突出成就的科学家、工程师和各种专门人才。这对于发展我国的科学技术有着十分重要的战略意义。所以，我们必须重视对这个时期的儿童心理发展规律的研究。

第二，什么是"发生"。所谓发生，就是指心理从无到有，心理是如何起源的，个体从什么时候开始有心理活动，心理过程是如何产生的，这都是儿童心理学要研究的。

第三，什么是"发展"。所谓发展，就是指随时间而发生的变化。某种心理现象出现后不会一成不变，而是会明显、迅速地发生变化，特别是婴儿期。

以儿童的言语发生、发展为例：婴儿最初只会发出哭声和一些无意义的声音；大约到一周岁时，开始能用单个词（尽管发音不一定准确）来称呼、描述动作或表示要求，比如见到妈妈就叫"妈"，要喝水就说"喝"，要妈妈抱就说"抱"，这是言语的开始，是很关键的第一步；在这个基础上，婴儿很快会说一些叠声词，比如"爸爸""抱抱""帽帽""嘀嘀"（汽车）；然后，婴儿才逐步会说一些双音节词语，开始是连续的两个单词，当中有个停顿，如"妈——抱"，后来才是两个连在一起的单词。在一岁半以后，婴儿逐步会使用简单句、复合句，句子的长度由 2 个词发展到 8 个词。由此可以大致看出儿童的言语是怎样发生、发展的。当然，我们这里说得比较简单，实际上从无到有，以及发展的每一步都很复杂，都很艰巨。

第四，什么是"年龄阶段"。儿童心理的发展是一个不断地矛盾运动的过程，也是一个不断地从量变到质变的过程。在儿童心理发生大的质变阶段，其心理常常呈现出一些不同于其他阶段的特点，这就体现了儿童心理发展矛盾运动的阶段性。这种阶段性在我国往往以年龄为标志，称为儿童年龄阶段。

我国一般将儿童时期划分为六个阶段：乳儿期（0~1岁）、婴儿期（1~3岁）、幼儿期（3~6、7岁，也称学龄前期）、童年期（6、7岁~11、12岁，也称学龄初期、小学生时期）、少年期（11、12岁~14、15岁，也称学龄中期、初中学生时期）、青年初期（14、15岁~17、18岁，也称学龄晚期、高中学生时期）。

儿童心理年龄阶段的划分在国外有以下五种：

（1）以生理发展作为划分的标准，如英国的柏曼，他提出以内分泌腺作为划分标准，将儿童的心理发展分为三个时期：胸腺时期（幼年时期）、松果腺时期（童年期）、性腺时期（青年期）。

（2）以种系演化作为划分标准，施太伦把儿童心理发展分为三个时期：幼儿期（6岁以前），相当于从哺乳动物到原始人类的阶段；意识学习时期（入学~13岁），相当于人类古老的文化阶段；青年成熟期（14~18岁），相当于近代文化阶段。

（3）以智力或思维作为划分标准，瑞士的皮亚杰将儿童心理发展分为四个阶级：感知运动阶段（0~2岁）、前运算阶段（2~7岁）、具体运算阶段（7~12岁）、形式运算阶段（12~15岁）。

（4）以个性特征作为划分标准，美国的埃里克森将儿童心理发展分为四个阶段：信任感对怀疑感（0~2岁）、自主性对羞怯或疑虑（2~4岁）、主动性对内疚（4~7岁）、勤奋感对自卑感（7~16岁）。

（5）以活动特点作为划分标准，英国的达维多夫将儿童心理发展分为六个阶段：直接的情绪性交往活动（0~1岁）、摆弄实物活动（1~3岁）、游戏活动（3~7岁）、基本的学习活动（7~11岁）、社会有益活动（11~15岁）、专业的学习活动（15~17岁）。

以上是国外的研究结论，由于划分的根据不同，因而分类也不相同，不过在一些大的阶段划分上有相似之处。

第五，什么是"儿童心理年龄特征"。在儿童发展的各个不同年龄阶段中形成的一般的、本质的、典型的心理特征，称为儿童心理年龄特征。

例如，两三岁的幼儿思维的特点是动作思维，他们计算、数数时总要依靠手指、石块、棍棒等实物来完成，他们的思维是通过动作来完成的。破涕为笑是这个年龄阶段的特点。假如一个成年人经常破涕为笑，计算总是依靠手指来完成，那就不正常了。又如，六七岁的孩子思维的特点是具体形象思维，他们在理解"妈妈"一词时，总是与自己妈妈的具体形象联系在一起：妈妈是女的，年轻、漂亮、短发或披肩发、中等身材、经常穿裙子……而中学生理解"妈妈"一词时则是抽象的思维，认为"妈妈是有生殖能力的女性"。

## 二、儿童心理学的内容

儿童心理学的内容主要包括以下几方面：

（1）儿童认知的发展。

（2）儿童情感和意志的发展。

（3）儿童个性、自我意识的发展。

（4）超常儿童和低常儿童的研究。

（5）独生子女的心理特点和教育。

（6）儿童品德的形成与教育。

（7）儿童的心理健康教育。

儿童心理的内容是丰富的、多方面的，它们互相联系、互相制约，使其成为一个整体。在日常生活中可以看到，一个聪明的儿童的学习成绩也许不如一个不聪明的儿童的成绩好，主要原因在于这个聪明的儿童个性上存在一些特点，比如贪玩，不勤奋，不专心学习，不集中注意力等。这些个性特点影响了其认知发展。

## 三、发展心理学与儿童心理学

发展心理学包括三个方面：一是心理的种系发展或种系演进，也叫动物心理学，它是研究动物心理的种系演化如何发展到原始人类的，即从对动物心理学的研究来探讨人的心理是如何产生、发展的。二是心理的种族发展。研究从原始人到现代人的心理变化，也可以叫民族心理学（这里的民族心理学是指一个大的民族，如中华民族、俄罗斯民族，而不是指某一个少数民族）。三是心理的个体发展，即人从出生直到老死这一过程中心理的发展变化。

这里有必要概括一下什么是发展心理学。广义的发展心理学包括动物心理学、民族心理学和个体发展心理学。它研究从动物心理到人类心理、意识的演化发展，其中重要的是人类的心理种系发展的规律。狭义的发展心理学即个体发展心理学，是关于个体从受精卵开始到出生、衰老、死亡为止的整个生命周期的心理发展的科学。

儿童心理学则是关于个体从出生到成熟（青年初期）的心理发生、发展及其规律的科学。儿童心理学是个体发展心理学的核心部分。

研究发展，要区别发展与发育两个概念，区别两种发展观。

发展（development）与发育（growth）不同，发育指的是量的变化，如身高、体重，只是量的不同；而发展却不一样，是质的不同。比如，婴儿的语言，开始只是无意识地发音，然后出现理解性语言，最后才是表达性语言的出现。从会发语音到理解再到表达（说话），这是质的变化，所以我们说儿童的语言发展了。同样，运动、动作、认知、社会行为都有质的变化，都有发展，不能称之为发育。

在发展观上，一种形而上学的发展观认为发展只是量的增加、积累；另

第一章　儿童心理与发展心理

一种辩证法的发展观认为发展包含量变和质变，而发展的最终依据是内部的矛盾性。只有持辩证法的发展观才能了解从动物的心理如何发展到人类的心理，现代人的心理又是如何从原始人的心理发展而来，以及一个新生儿如何经历婴儿、幼儿、童年、青少年而成长为成人。

研究儿童心理发展要注意三个方面：一是儿童身体的生理发育的特点，特别是具有神经系统的大脑发育的特点。这是儿童心理发展的物质前提。二是儿童智力发展的特点。这是我们改革教育和教学方法，不断提高儿童素质的心理依据。三是儿童个性品质形成和发展的特点。这是我们确定思想品德教育的原则、内容、方法、途径所不可忽视的基本条件。

整个儿童时期是一个从不成熟到成熟，从不定型到定型的成长发展时期，是一个长身体、长知识的时期，是可塑性最大的时期，也是受教育最好的时期。儿童从出生到青年初期，由一个软弱无能、无知无识的个体，经过十七八年的发展，成为一个具有一定思想观点和知识技能、有劳动能力的独立的社会成员，这在个体的一生中是很重要的时期，是一个基础时期。

## 四、儿童心理学的任务

（1）儿童心理学要以自己的科学规律来为家庭教育、学校教育服务。

儿童心理学是教育工作的一种科学依据。我们常说，教育既要符合儿童心理发展的水平，又要促进儿童心理的进一步发展。这就是说要符合儿童心理发展的规律。这里所指的符合不是消极的迁就，而是采取措施、利用规律去积极促进儿童心理的发展。学校是培育人才的地方，学校的任务一是传授基础知识和基本技能，二是发展儿童的智力和个性。要完成这两方面的任务，如果不了解儿童心理发展的规律，就很难做得好。

在幼儿教育中，教师和家长掌握了幼儿的情感易变，自我控制力较差，容易破涕为笑、转怒为喜的特点后，就能因势利导地做好教育工作。又如，在掌握了幼儿时间观念不强的特点后，如果晚上已到了就寝的时间，但孩子硬说要再看一个小时的电视时，父母可以先答应他，然后过5分钟再说："你已经看了一个小时的电视了！"这时孩子就会乖乖地去睡觉了。

孩子进入青春发育时期，就会要求独立，不再依赖成人，掌握了此特点也可因势利导地教育孩子，如尽量尊重孩子，提高孩子在家庭和班集体中的地位等。日常生活中我们注意到，关于年龄问题，对中老年人可少说几岁，显得对方年轻一点，能令其欢欣。而对十几岁的孩子就要多说几岁："瞧，这小子长得多像成人，多成熟呀！"千万不要把孩子说小了。"过马路要小心！"

这样的教导就不受孩子的欢迎。

由此可见，儿童心理学可以给家庭教育和学校教育提供儿童心理发展的事实和规律，让教育者在计划和进行教学、教育工作的时候，充分考虑到这些事实和规律，不断提高工作的效率，改正工作中的某些缺点和错误，从而能更好地完成学校教育的任务。

（2）儿童心理学在其他实践领域中也具有很大的意义。

在儿童医务工作方面。一个儿科大夫，不但要有医学方面的知识，而且要有儿童心理学方面的知识，这样才能更好地发挥治疗作用。特别是在儿童神经质和精神病的治疗上，儿童心理学的知识显得尤为重要。

在儿童文艺工作方面。儿童电影、电视、木偶戏、皮影戏、文学作品、舞蹈等都要考虑儿童心理年龄特征，否则就会处于不伦不类的尴尬境地了。

在儿童社会工作方面。在儿童娱乐、儿童玩具、儿童服装等方面，把自己的业务同儿童心理特征结合起来，就能受到孩子们的欢迎，并有利于改进自己的工作。

## 五、研究儿童心理学的基本原则与方法

这里谈的研究包括两方面的意思：一方面指的是专业的儿童心理学的研究，另一方面泛指一般的对儿童心理问题的探讨。这里不讨论所有研究儿童心理学的方法，而只简单谈一些基本方法。

### （一）儿童心理学研究的基本原则

#### 1. 唯物主义原则（客观性原则）

这项原则要求对儿童心理的研究要做到实事求是，保持客观性。这是进行任何研究都必须遵守的原则，做起来却不容易。比如，一个教师对待自己的学生，难免会觉得某些学生可爱些，看到他们的优点就多一些；而对另一些学生不那么喜欢，于是看到他们的缺点就多一些。这就不客观、不实事求是了，在研究中必须要避免。

还有，一个人在做研究时，总是先有一个预期的目的，希望得到某种结果。于是在研究过程中往往容易看到与自己预期一致的东西，而对其他的东西就容易忽视。这也是不客观的。所以，在进行研究时，首要的一条是要尽量做到实事求是，尊重研究的真实情况。

#### 2. 教育性原则

我们研究儿童心理的一个目的是要为教育实践服务。一项具体研究可能

对教育实际产生即时的有益效果，也可能产生比较长远或比较间接的效果，但总的来说，目的是一致的。在进行研究工作的时候，一方面要探讨儿童心理发展的规律，另一方面要尽可能在研究中对儿童起到教育作用（即使当时不能起教育作用，最低限度也不允许对儿童产生不好的影响及违背教育的要求）。

### （二）儿童心理研究的具体方法

研究儿童心理的具体方法主要有两种：观察法和实验法。

#### 1．观察法

观察法就是有目的、有计划地观察儿童心理的外部表现（如言语、表情和行动）及其变化，并根据观察所得的材料来分析儿童心理发展的特征和规律的一种方法。

观察可以是长期的观察，也可以是定期的观察；可以是全面的观察，也可以是重点的观察。

运用观察法应注意下列几个问题：

（1）观察必须有明确的目的和计划。

（2）观察必须在或长或短的时间内系统地进行，不能根据儿童某一次偶然的表现作出结论，而应围绕一个问题进行重复观察，找出儿童某种心理现象的典型表现。观察者的态度一定要客观。

（3）观察时必须使儿童感到自然。有些观察可以在有特定装置的室内进行。

（4）观察的记录必须详细、精确。为了使观察记录准确，观察时也可以采用照相、摄像、录音等辅助手段。

观察法可以在儿童日常生活的各种场合中，获得比较自然的心理活动的材料，所得的结果也比较符合儿童的实际情况。但是，因为观察法不能作精确的重复，也不能变换儿童活动的条件，所以它的运用又有一定的局限性。

#### 2．实验法

实验法是一种有控制的观察方法，即有计划地控制各种条件，特别是有意引起或改变某一条件，而控制其他条件不变，然后看引起什么结果，以观察儿童心理的变化。

在儿童心理学上常用的实验法有：

（1）自然实验法：它是在不脱离儿童日常生活的情况下创造某种条件，先引起某个需要的儿童心理活动，从而研究其规律。例如，为了研究幼儿形状知觉的发展，可以通过摆出各种不同颜色和不同大小的几何图形的游戏，让3～7岁的儿童根据主试的直观范例或言语指示进行选择，然后根据选择结果，分析不同年龄的幼儿对几何图形的知觉水平。采用这种自然实验法，儿童会感到自然。这种方法可以研究儿童在教学条件下的心理变化。

（2）实验室实验法：这是在具有专门仪器和设备的实验室内进行研究的一种方法。例如，为了比较幼儿的有意记忆和无意记忆的效果，我们可以在实验室内准备两套幻灯片，上面分别画出幼儿生活中常见的物品、图样。两套幻灯片上的图样数目相同、性质相近、难易程度大致相同，在隔音的实验室内通过自动速视器或可控幻灯，分别连续呈现给两组儿童，一组儿童在观看幻灯片前给他们提出记忆任务，另一组则不提记忆任务。两组幼儿观看完幻灯片后，随即要求他们将看到的物品图样回忆出来，并通过录音和绘画保留下来，同时记录回忆所用的时间。最后比较两组幼儿记忆的效果。

实验室实验法的优点是能够精确地控制条件，同时使用专门的仪器设备，保证了提供刺激和记录反应的精确性，便于研究儿童的心理发展过程。它的缺点是与儿童生活实际差别较大，儿童在实验室中心理状态容易不自然，因而对研究较复杂的心理活动就比较困难。

运用实验法时要注意以下几点：

（1）实验目的、材料和方法都应该与教育原则相适应，这样有助于儿童的身心健康发展。

（2）尽量使儿童在被控制的实验条件下活动自然，避免由于不正常的实验条件引起儿童不典型的心理表现。

（3）实验过程中必须使儿童保持积极的情绪状态。

（4）进行实验时要注意有比较才能有鉴别。实验时选定儿童的数量要多一点。取样要多，要在同等的条件下分成对照组和实验组。

（5）实验得出的材料要进行分析和统计处理，然后作出结论。凭表面得来的印象是客观的，也是靠不住的。

儿童心理学的研究还可以采取其他的辅助方法：

（1）谈话法——通过谈话，从儿童的言语中了解其心理活动。

（2）作品分析法——通过儿童的作品（绘画、泥工）来分析儿童的心理。

（3）调查法——通过教师或家长来了解儿童的心理。

（4）个案分析法——对个别儿童的心理做系统的分析与研究。它包括纵向研究和横向研究两种方法。

纵向研究——选择一定数量的儿童，定期对他们进行观察或测验，短则几年，长则几十年，以此来研究他们的心理变化。这种方法的好处是能看到儿童心理连续变化的情况，了解它前后的关系，特别是儿童早期教育在以后较长时间里的潜在作用。

横向研究——选定几个年龄段，每个年龄段以一定数量的儿童作样本，对他们进行研究，然后将各年龄段样本的研究结果进行比较，分析心理发展的趋势。这种研究方法可以采用人数较多的样本，能较快地得出研究结果。但是它研究的不是同一个体，这种方法不能了解儿童心理发展前后的内在联系。

研究儿童心理的方法很多，每种方法都有自己的优点和缺点。我们在研究儿童心理的时候，应该根据不同的研究目的选用不同的方法，取长补短，这样才能使研究得出比较全面的、准确的结论。

# 第二节 心理发展的一般特点

一个人从出生到成熟，其心理是如何发展的？是怎样从一个软弱无能、无知无识的个体，发展成为具有一定的思想观点、知识文化、各种能力和独立品质的社会成员的？怎样理解和说明这个发展过程的实质呢？所有这些问题，都是心理学中带有根本性的理论问题。

心理发展是指个体从出生到成年期间所发生的积极的心理变化。辩证唯物主义认为，心理的发展是在儿童积极反映周围现实的过程中，其心理从低级到高级、从简单到复杂、从旧质到新质的不断变化和完美的过程。心理的发展既有连续的、渐进的、量的变化，也有质的变化。随着新质的出现，心理发展就到了新的阶段。

辩证唯物主义对人的心理发展主要有以下一些基本论点：

（1）遗传是人的心理发展的生理前提，否认和夸大遗传的作用都是不对的。

（2）环境和教育在人的心理发展上具有决定性的意义，而教育则起主导作用，但环境和教育都不能机械地、无条件地对人的心理起作用。

（3）环境和教育是通过儿童心理的内部矛盾起作用的，人的心理内部矛盾乃是心理发展的动力。

（4）教育如何影响人的心理发展是一个复杂的量变和质变的过程。

（5）从儿童到成年，人的心理既是不断发展的，又是具有阶段性的。

辩证唯物主义关于人的心理发展的这些基本论点，为正确地理解心理发展提供了强大的理论武器。

那么，心理发展有哪些特点呢？

# 一、心理发展的阶段性和继承性

人的心理发展，一方面存在着各个明显不同的阶段，另一方面又是一个连续不断地继承的过程。这种阶段性和继承性的结合，正好体现了心理发展中的质变和量变。

人的心理发展是一个不断矛盾运动的过程，也是一个不断从量变到质变的过程。不同年龄的儿童有着不同的心理特点。以思维为例，两三岁儿童的思维是通过感觉运动的模式进行的，离开了动作就无法思维。虽然在这时期中，他们的动作思维天天都在发展，而且不断复杂化，但尚未超越感觉运动的模式，其发展变化只表现在量的增加；随着经验的积累、语言的发展，他们开始出现通过表象进行思维，这就是思维发展中的一个质变——形象思维产生了。学龄前儿童思维的特点以具体形象思维为主，初步的、低级的抽象概括思维刚刚开始。比如"爷爷"一词，他们总是把这个词和自己的爷爷、周围小朋友的爷爷联系起来。小学生的思维特点是：从以具体形象思维为主要形式逐步过渡到以抽象逻辑思维为主要形式。但这种抽象思维仍然是直接与感性经验相联系的，具有很大成分的具体形象性。因此，教育者就应选择合适的直观教具，进行生动形象的讲述。如果空洞地讲解抽象的科学概念，儿童是无法理解的。例如，小学生的作文必须从看图说话开始，逐步过渡到写记叙文，而决不能从写论说文开始，这也是符合小学生思维特点的。初中学生的思维发展的特点是：抽象思维逐渐占主导地位，但是思维的具体形象仍起重要作用。教师的教学如果停留在直观形象的讲解或"保姆"式的教学上，效果就不会好。如果采用严密的逻辑论证、新颖的解题方法、积极的启发诱导、适时的小结归纳，就能收到较好的效果。高中学生的思维具有更高的抽象概括性，并且开始形成辩证逻辑思维。他们的思维较初中学生更具有严密的组织性、深刻性和批判性，独立思考能力正向高度发展；他们智慧的广度、深度、逻辑性、灵活性及敏捷性渐趋成熟，开始独立决定自己的生活道路，为形成科学的世界观准备了心理条件。可以看出，不同的年龄阶段在思维发展上各有其特点。在心理发展过程中，在不断地产生量变的基础上出现质变，从而使得某个阶段具有明显不同于其他阶段的特点，这就是心理发展的阶段性。随着年龄的增长，儿童从出生到十七八岁，心理发展过程包含着一系列相互联系而又相互区别的阶段，我们称之为心理发展的年龄阶段。

在心理发展的过程中不仅有阶段性，也有继承性和连续性。新阶段的产生是随前一阶段而来的，前一阶段的发展为后一阶段做好准备；后一阶段则发挥扬弃作用，产生出与前一阶段有本质区别的新东西。比如，学前儿童的思维继承了婴幼儿动作思维的特点；小学生的思维继承了具体形象思维的特点；初中学生的思维，尽管是抽象思维逐渐占主导地位，但思维的具体形象仍起重要的作用；高中学生的辩证思维中继承了抽象思维的特点。因此，各个阶段的交替，是遵循着一定的规律的，学前期发展到一定的时期，便不可避免地让位于学龄期。各阶段的交替不是脱节的，而是在继承前一阶段特点的基础上，发展到更高级阶段的。在这一阶段之初，往往保留着前一阶段的某些特征；在这一阶段末，也已出现了下一阶段的某些特征，所以心理发展是既有阶段性又有继承性的。

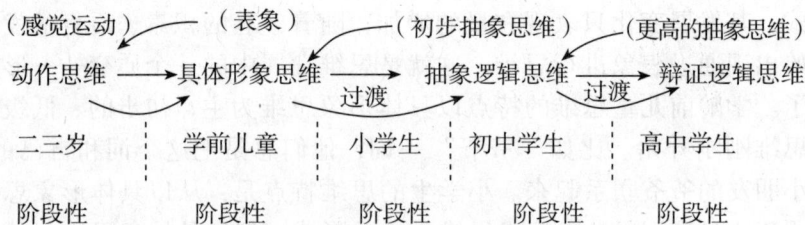

思维发展的阶段性与继承性

## 二、心理发展的稳定性和可变性

心理发展具有一定的稳定性，如阶段的顺序、每一阶段的变化过程，大体上都是稳定的、普遍的；另一方面，心理的发展又具有一定的可变性，如这一阶段总是会过渡到另一阶段，各个阶段的心理特点总是在不断的变化之中。稳定性是相对的，可变性是绝对的。稳定性和可变性的对立统一，就构成心理发展的内部矛盾，推动了人的心理发展。

心理发展的稳定性，以婴儿出生后的动作发展为例，可以说明年龄特征的相对稳定性。婴儿出生后动作发展的先后顺序是固定的，但同一种动作出现的早晚则不是绝对的，在一定范围内有的儿童稍早些，有的则晚些，最早和最晚可以相差4个月。对于儿童动作和动作技能形成的大致年龄（常模年龄），国内外都有大量的专门研究。在国外比较有影响的是心理学家盖塞尔和雪利的研究（见下图），在我国比较有影响的是李惠桐等人的研究（见下表）。

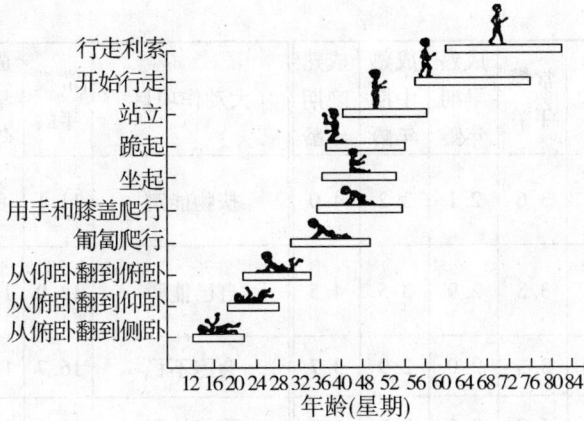

动作能力的发展①

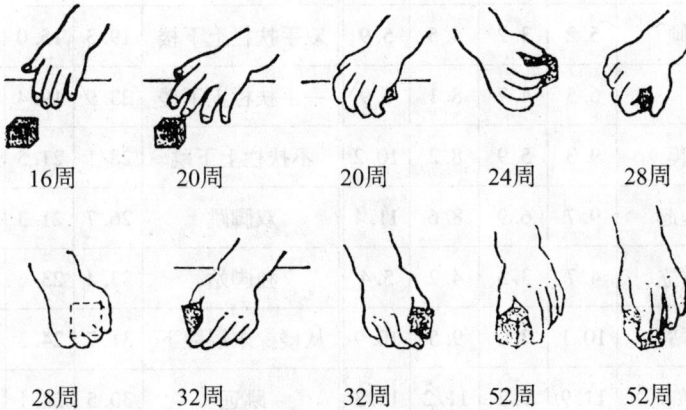

| 16周 | 20周 | 20周 | 24周 | 28周 |

| 28周 | 32周 | 32周 | 52周 | 52周 |

出生第一年手的技能发展②

图中数字表示儿童按周计算的年龄，而手则表示当时所能达到的灵巧程度。

3 岁前儿童全身动作发展顺序表③

| 大动作项目 | 常模年龄 | 成熟早期年龄 | 成熟中期年龄 | 成熟晚期年龄 | 大动作项目 | 常模年龄 | 成熟早期年龄 | 成熟中期年龄 | 成熟晚期年龄 |
|---|---|---|---|---|---|---|---|---|---|
| 俯卧抬头稍起 | 1.2 | — | — | 2.0 | 独走几步 | 13.7 | 11.2 | 12.7 | 15.0 |

---

① 李丹. 儿童发展心理学. 上海：华东师范大学出版社，1994.

②③ 李丹. 儿童发展心理学. 上海：华东师范大学出版社，1994.

（续上表）

| 大动作项目 | 常模年龄 | 成熟早期年龄 | 成熟中期年龄 | 成熟晚期年龄 | 大动作项目 | 常模年龄 | 成熟早期年龄 | 成熟中期年龄 | 成熟晚期年龄 |
|---|---|---|---|---|---|---|---|---|---|
| 俯卧抬头与床面成45°角 | 3.6 | 2.1 | 3.2 | 4.0 | 扶物能蹲 | 11.1 | 8.2 | 9.8 | 11.9 |
| 俯卧抬头与床面成90°角 | 3.8 | 2.9 | 3.5 | 4.5 | 自己能蹲 | 13.9 | 11.2 | 12.6 | 14.8 |
| 抱直头转动自如 | 3.3 | 2.0 | 2.9 | 3.7 | 会跑不稳 | 16.7 | 14.0 | 15.2 | 17.7 |
| 仰卧翻身 | 4.2 | 3.1 | 3.7 | 6.8 | 跑能控制 | 19.8 | 15.6 | 18.3 | 20.7 |
| 扶坐竖直 | 4.9 | 3.1 | 4.2 | 6.3 | 自己上下矮床 | 20.0 | 14.6 | 17.1 | 22.8 |
| 独坐前倾 | 5.2 | 3.2 | 4.5 | 5.9 | 双手扶栏上下楼 | 19.3 | 15.0 | 18.1 | 20.5 |
| 独坐 | 6.5 | 4.7 | 8.1 | 6.9 | 一手扶栏上下楼 | 23.9 | 19.4 | 22.7 | 28.2 |
| 自己会爬 | 9.3 | 5.9 | 8.2 | 10.2 | 不扶栏上下跳 | 28.1 | 21.5 | 26.1 | 33.7 |
| 从卧位坐起 | 9.7 | 6.9 | 8.6 | 11.4 | 双脚跳 | 26.7 | 21.3 | 24.0 | 29.5 |
| 扶腋下站立 | 4.7 | 3.3 | 4.2 | 5.4 | 独脚站 | 33.4 | 23.6 | 29.5 | — |
| 扶一手站 | 10.1 | 7.0 | 9.5 | 10.9 | 从楼梯末层跳下 | 31.7 | 24.3 | 29.1 | 31.4 |
| 独站片刻 | 11.9 | 9.2 | 11.2 | 13.3 | 跳远 | 30.5 | 24.1 | 28.2 | 35.4 |
| 扶双手走步 | 9.8 | 7.1 | 9.3 | 11.0 | 手臂举起投掷 | 29.3 | 23.6 | 27.4 | 33.7 |
| 扶一手走步 | 11.8 | 9.1 | 10.7 | 12.7 | 能组织活动 | 27.1 | 21.6 | 25.0 | 29.4 |

注：表中"年龄"的单位为"月"，下表同。

**3 岁前儿童手的动作发展顺序表**①

| 大动作项目 | 常模年龄 | 成熟早期年龄 | 成熟中期年龄 | 成熟晚期年龄 | 细动作项目 | 常模年龄 | 成熟早期年龄 | 成熟中期年龄 | 成熟晚期年龄 |
|---|---|---|---|---|---|---|---|---|---|
| 握住拨浪鼓一会儿即掉 | 1.0 | — | — | 1.9 | 把小球放入瓶中 | 12.3 | 10.7 | 11.7 | 13.0 |
| 玩弄手 | 2.5 | 1.8 | 3.2 | 3.9 | 翻书一次一页 | 28.3 | 19.0 | 24.2 | 31.9 |
| 自己抱住奶瓶 | 5.5 | 3.0 | 4.4 | 7.4 | 折纸长方形 | 31.1 | 22.7 | 28.3 | 34.0 |
| 可将奶瓶奶头放入口中 | 5.8 | 4.1 | 5.3 | 7.9 | 折纸正方形 | 34.1 | 23.6 | 30.8 | — |
| 积木在手中传递（倒手） | 6.4 | 5.0 | 5.9 | 6.9 | 双手端碗 | 17.1 | 12.3 | 16.0 | 18.5 |
| 能拿起面前的玩具 | 6.2 | 5.0 | 5.8 | 6.7 | 一手端碗 | 27.0 | 21.3 | 24.4 | 29.6 |
| 拇指和他指抓握 | 6.9 | 5.1 | 6.5 | 7.9 | 搭桥 | 28.9 | 19.5 | 26.5 | 34.4 |
| 拇指和食指捏米花 | 8.9 | 7.1 | 8.5 | 9.9 | 搭火车 | 28.1 | 21.8 | 26.0 | 30.3 |
| 撕纸 | 9.1 | 5.7 | 8.3 | 9.9 | 自己动手 | 27.6 | 21.1 | 24.8 | 30.4 |
| 从瓶中倒出小球 | 13.4 | 9.4 | 12.5 | 14.7 | 搭积木 2~4 块 | 12.9 | 11.0 | 12.3 | 13.8 |
| 拾取东西 | 10.1 | 7.9 | 9.6 | 10.9 | 搭积木 5~7 块 | 20.9 | 18.1 | 19.0 | 21.8 |
| 拿柄摇拨浪鼓 | 13.2 | 9.8 | 12.4 | 13.8 | 搭积木 8~10 块 | — | 20.5 | — | — |

注：表中"—"有两种意思：表示未测出或这些项目 3 岁前儿童未能做到。

心理发展之所以具有稳定性，是因为：①人脑的结构和机能的发展有一定的顺序。如神经元轴突的生长优于树突的生长和分支；而树突的生长和分支又先于髓鞘化。各种分析器成熟的先后，暂时联系的建立也是有一定次序的。人脑有一个成熟和发展的过程，这是心理发展稳定性的生物前提。②心理发展和知识的掌握有一定的关系。个体掌握知识经验是循序渐进的，因而心理的发展在一定范围内也有一定的顺序，从而反映出稳定性。例如，先学

---

① 李丹. 儿童发展心理学. 上海：华东师范大学出版社，1994.

整数四则运算，才能学小数、分数；先学算术，后学代数；先识字，后阅读；先阅读，后写作等等。教学法再好，也不可能教三四岁的儿童学微积分。③心理机能的发生变化，也要经过一个不断由量变到质变的过程。儿童从直觉行动思维上升到具体形象思维，再上升到抽象的逻辑思维，是在掌握知识经验的过程中逐步实现的。心理发展不仅具有稳定性，而且具有一定的可变性。影响心理发展的可变性的因素有：①社会条件不同，个体心理的发展是不完全相同的。在不同的社会生活条件下，心理发展的程序和速度都会产生一定的变化；在不同的社会制度下，儿童会形成不同质的品德和行为习惯；在不同的社会生活条件下，儿童可能出现某些相同的心理特征，但这些特征的具体内容也是不同的，是有差异的。②教育条件不同，个体的心理发展也是不完全相同的。比如，在教学改革中，由于某些学科按照学习规律重新编排了教材，改进了教学方法，学生就较快地掌握了知识经验，从而在一定范围内学生心理有较快的发展；反之，教材组织不好，内容零碎，教学方法不当，就会影响学生发展的进程。

心理发展既有稳定性，又有可变性，两者相互依赖、相互制约和相互渗透（见下图）。过分强调心理发展的稳定性，就会忽视社会和教育条件的决定作用；过分强调心理发展的可变性，就会夸大社会和教育条件的作用。只有全面地、辩证地理解心理发展的稳定性和可变性的相互关系，才能把握住心理年龄特征的实质。

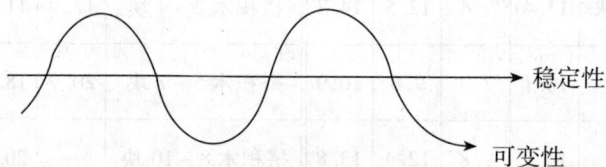

心理发展的稳定性与可变性

## 三、心理发展的分化和整合

人的心理是不断地从一个阶段到另一个阶段向前发展的。在这个发展过程中，其发展的趋向总是由整合到分化，即正常情况下是从普遍的、一般的活动开始，向部分的、特殊的活动进行。从未分化到分化，又到整合，这三种发展形式存在于心理发展的各个阶段，也可以说是心理发展的一个模式。

整合——分化——整合
（未分化） （分化）

比如，一个学生在一张中国地图面前，其认识先是未分化的，接着从认识四周的邻国中分化出来，再接着从认识行政区域中分化出来，进一步地又从认识地形上将山脉、河流、高原、平原分化出来……最后对中国地图的认识是整合的认识，是比较深入的认识。其他学科的知识也是这样，一般要经过从未分化到分化，最后又整合的过程。

## 四、心理发展的质变和量变

任何事物的发展都包含质变和量变两个方面，心理发展也不例外。有的心理学家只承认心理发展的量变，不承认其质变。这是不对的。人的心理发展过程是一个由量变到质变的过程，是一个质变和量变互相转化的过程。我们可以从教育过程来看量变和质变的关系。

教育措施──→领会──→心理发展
（量变、质变）

（1）从教育措施到学生心理得到明显的发展，并不是即时实现的，而是以学生对教育内容的领会作为中间环节，要经过一定的量变、质变过程。学生心理的发展不是知识、技能和熟练技巧的简单的数量上的积累，不能看做是所受教育影响的简单缩影。学生掌握的教育内容必须转化为自己的经验，使智力活动产生由低级阶段向高级阶段的过渡，才能促进学生心理的发展。从领会到心理的发展，必须经过一段时间，而且还要在正确地、科学地组织教育的情况下，才能实现质的变化。

（2）从学生心理活动的过程来看，也有个量变到质变的过程。小学低年级学四则运算，如学进位加法，一年级学生一般是从实物运算到表象运算，再到智力运算的。这就反映了从量变到质变的规律。

（3）从教育到领会是新质要素不断积累、旧质要素不断消亡的从量变到质变的过程，是从不知到知、从不能到能过程中的一些渐进的细微的质的变化。只有在这些不明显的细微的量变和质变的基础上产生比较明显、稳定的新质变化的时候，我们才能说学生的心理真正得到了发展。在思维的发展上，从两三岁儿童的直觉行动思维，到幼儿的具体形象思维，再到学生时期的抽象思维、辩证思维，就是一些较大的质变和发展。这些较大的质变和发展是在一些小的质变和发展的基础上逐步形成和发展起来的。

## 五、心理发展的共性与个性

心理发展在一定年龄阶段中的那些一般的、典型的、本质的特征叫共性。而在这一共性中，又包含着个性。个性是指一个人具有的固定的特性。毛泽东同志讲述："……共性，即包含于一切个性之中，无个性即无共性。"（毛泽东《矛盾论》）例如，幼儿思维的特征表现为具体形象性，这是从许多具体的个别幼儿心理发展的事实中概括出来的，而具体形象思维又是适用于每个幼儿的。由于影响心理发展的因素复杂多样，发展进程在每个幼儿身上又不相同，因此，也存在着个别差异。这种差别不仅是男女差别，而且在同性之间也是存在的。比如，幼儿早期的思维还带有很大的对象性、行动性，离开了一定的直观事物的感知，离开了一定的行动，思维常随之停止或转移；在幼儿末期已产生最初的抽象逻辑思维。这就是说，同一年龄的儿童，其思维的特征也有个别差异。因此，思维的具体形象性只是幼儿思维的一般的、典型的、本质的特征。

# 第三节　心理发展的动力

## 一、在心理发展上，外因和内因的关系

任何事物的发展，既有一定的内因，也有一定的外因，心理的发展也不例外。

"事物发展的根本原因，不是在事物的外部而是在事物的内部，在事物内部的矛盾性，任何事物内部都有这种矛盾性，因此引起了事物的运动和发展。"（毛泽东《矛盾论》）可见，心理发展的动力就是心理的内部矛盾。而心理发展的内因与外因的关系则是："唯物辩证法认为外因是变化的条件，内因是变化的根据，外因通过内因起作用。"（毛泽东《矛盾论》）对于人的心理发展来说，最主要的外部原因就是教育和社会生活条件，教育与人的心理发展的内部矛盾存在着辩证关系。一方面，教育决定儿童心理的发展，因为教育总是不断地向儿童提出新的要求，总是在指导着儿童的心理发展；另一

方面，教育本身又必须从儿童的实际出发，从儿童心理的水平或状态出发，才能发挥它的作用。只有内因没有外因（教育条件），心理就无法得到发展。

## 二、心理的内部矛盾是心理发展的动力

心理的内部矛盾是心理发展的动力，这是为大家所公认的。但是，心理内部矛盾究竟是指什么？目前有各种不同的理解。下面主要介绍三种见解。

著名儿童心理学家朱智贤教授认为，新的需要和儿童已有心理水平的对立统一是心理的内部矛盾，它推动了儿童心理的发展。

1980 年，朱智贤教授修订出版了《儿童心理学》，他在第三章第二节"儿童心理发展的动力"中指出："关于儿童心理发展的动力问题，目前还有各种不同的理解。一般认为，在儿童主体和客观事物相互作用的过程中，亦即在儿童不断积极活动的过程中，社会和教育向儿童提出的要求所引起的新的需要和儿童已有的心理水平或心理状态之间的矛盾，是儿童心理不断向前发展的动力。"

新的需要 ←——对立统一——→ 已有的心理水平

首先，儿童心理的内部矛盾，是在儿童不断积极活动的过程中产生的。当然，心理也是在活动中表现出来的，离开了活动，也就没有什么心理的内部矛盾。什么是需要？这里"社会和教育向儿童提出的要求所引起的新的需要"，既包括党和国家对儿童心理发展方向提出的培养目标，也包括社会、家庭和学校对儿童品德教育方面、科学文化知识的教学方面、身体锻炼方面的具体要求，还包括对儿童的心理过程和个性品质的发展提出的各项具体要求等。需要是一种反映形式，需要也是一种追求和倾向于某种事物的关系的体验。它可以属于物质方面，也可以属于精神方面，但不论哪种需要，总带有社会性。人的需要既可以因个体的要求产生，也可以在社会条件和教育的要求下产生。需要可以表现为各种形态，如动机、目的、兴趣、理想、信念等。需要在人的心理活动中经常代表着新的一面、比较活跃的一面。需要总是不断发展的，这是因为事物总是在不断发展着，主客观的关系也在不断发展着，人周围的事物变了，人的需要也就跟着改变。一种需要满足了，又会产生另一种需要。

什么是已有心理水平？它是过去反映活动的结果，指儿童已获得的知识经验。人们已形成的认识水平、情感状态和个性心理特征，也就是一个人的心理发展水平或状态。这种已有的心理水平，经常代表旧的一面、比较稳定的一面。

新的需要和已有心理水平的对立统一和斗争，构成儿童心理的内部矛盾，也就是儿童心理发展的动力。这里要注意三点：一是新的需要和已有心理水平是统一的、互相依存的。因为需要总是在一定的心理水平上产生的；一定心理水平的形成，又依存于是否有相应的需要。二是新的需要和已有心理水平是彼此斗争、互相否定的。因为新的需要总是否定着已有的心理水平，即一定的心理水平的形成，意味着对原来的需要的否定。三是新的需要和已有心理水平经常处于矛盾统一的过程之中，这推动了心理不断向前发展。朱智贤教授最后特别强调，对于心理发展来说，内部矛盾是它的内因，是心理发展的根据。但是内部矛盾的运动，任何时候都离不开一定的外因，教育就是儿童心理发展的最主要的外因，是心理发展的最主要的条件。

看下面两个例子：

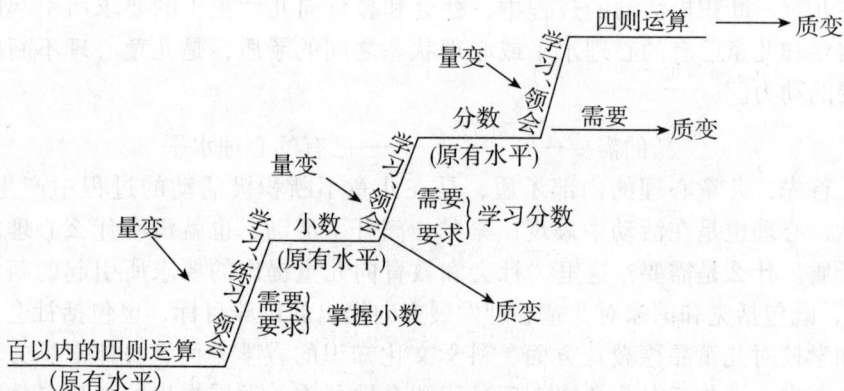

小学生四则运算能力的发展

掌握 旋转体
（想象三度空间旋转变化）

领会量变　　　　新水平
　　练习　　需要　　小质变
掌握多面体学习
（想象三度空间位置主体）
　　　　　　要求(掌握旋转律)

领会量变　　　　新水平
　　练习　　需要　　小质变
　　学习　　　　　　　　变
掌握直线平面
（想象点线、线线关系）　　大
领会量变　　新水平　　要求　（掌握多面体）　质
　练习　需要　小质变　　　　　变
　学习　　　　　　　量
用数字计算面积体积
　　　　　　要求　（平面几何图形的位置关系）
原水平

初一　　　　初二　　　　初三　　　　高中

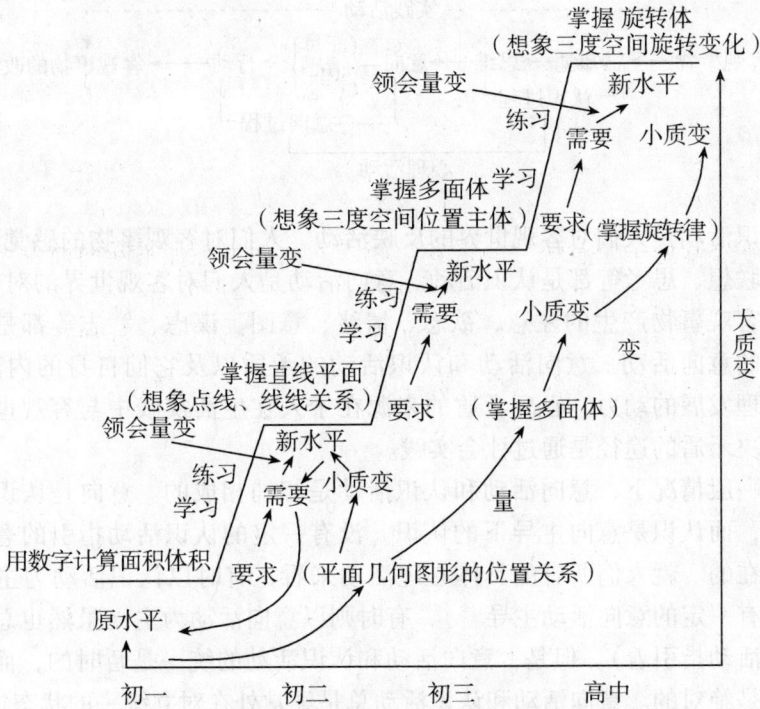

**在几何教学、中学生空间想象能力的发展**

　　新的需要与已有心理水平的矛盾是心理发展的动力，是朱智贤教授研究儿童心理发展基本规律的重大贡献，是他对苏联儿童心理发展理论"取其精华"的成果之一，也是他以辩证唯物主义思想为指导，研究儿童心理基本规律的一个创举。

　　另一种意见是，潘菽教授认为，人的意向活动和认识活动的对立统一，构成了儿童心理的内部矛盾，推动着儿童心理发展。即

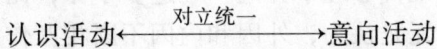

　　　　　　　　　　　　对立统一
　　认识活动←――――――――→意向活动

　　潘菽教授认为，人的心理可以划分为认识活动和意向活动两个方面，如下图所示：

```
          ┌-------------------------- 实践活动 ---------------------------┐
          ↓                                    ┌注意                          ↓
客观事物 ──→ 感知觉 ──→ 思维 ──→ 意向 ─┤情感    ──→ 行动 ──→ 客观事物的改变
          └─ 认识过程 ─┘              └意志
                                      └──── 意向过程 ────┘
                        └──────── 心理活动 ────────┘
```

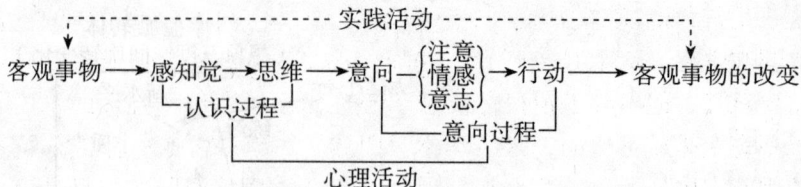

认识活动是人们对客观世界的反映活动。人们对客观事物的感觉、知觉、想象、联想、思考等都是认识活动。意向活动是人们对客观世界的对待活动。人们对客观事物产生的注意、欲念、情绪、意图、谋虑、意志等都是对待客观事物的意向活动。意向活动和认识活动的矛盾以及它们自身的内部矛盾，就是心理发展的动力。心理矛盾的来源在于人在生活实践中与客观世界的矛盾，解决矛盾的途径是通过社会实践。

在一般情况下，意向活动和认识活动是相辅相成的。意向是认识指引下的意向，而认识是意向主导下的认识。没有一定的认识活动指引的意向活动是不存在的。就人们所有的具体心理活动来看，有时以认识活动为主（虽然同时总有一定的意向活动主导着），有时则以意向活动为主（虽然也总有一定的认识活动指引着）。但是，意向活动和认识活动的统一是暂时的，而两者的矛盾则是绝对的。意向活动和认识活动总是经常处在对立统一的状态之中。

辩证唯物主义告诉我们，人对待客观世界的任务有二：一是认识世界，这反映到心理上就有了认识过程；二是改造客观世界，这反映到心理上就有了意向过程。心理发展是在认识和改造世界的实践活动中发展的，这也是符合辩证唯物主义观点的。

以上两种意见，都是我国著名心理学家关于心理发展动力的观点。下面我们介绍第三种意见——法国瓦龙学派关于儿童心理发展动力的观点。

$$内因 \xleftarrow{\quad 不断相互作用 \quad} 外因$$

瓦龙学派是法国现代心理学界的一个进步学派，瓦龙（H. Wallon）是这个学派的主要代表。瓦龙认为，外因和内因不断相互作用是儿童心理发展的动力。所谓内因，是指个体的机体生长与成熟、兴趣与学习；所谓外因，主要是指社会环境和教育。瓦龙虽然很重视内因的作用，但他从未忽视过外因。瓦龙指出，儿童的心理发展就是在外因和内因不断相互作用、不断矛盾和平衡的过程中进行的。他认为，人从出生起就一直受着社会环境和教育的影响。例如，一个人能否说话，或在什么时候开始说话，都由机体生长所决定；至于他究竟掌握哪一种语言，则是看他处在哪种语言环境。

应该肯定的是，瓦龙认为外因和内因不断相互作用是心理发展的动力，这个观点是符合辩证唯物主义的。但是，瓦龙认为内因包括机体的生长与成熟、兴趣和学习，这个观点则有失偏颇。我们说，机体生长成熟对心理的发展有重要意义，但不等于说机体成熟了心理就必然发展，心理的发展与机体的生长不完全是成正比的；兴趣和学习固然是内在的因素，但它还包括外因和其他因素在内。所以，瓦龙在揭示心理内部矛盾的问题上，只是迈出了第一步，并没有完整地把心理的内部矛盾揭示出来。

# 第四节　影响心理发展的基本因素

## 一、生理遗传因素

人的心理是在一定的生物遗传的基础上发展起来的，它是心理发展的内部条件或自然前提，它为心理发展提供了可能性。

遗传是一种生物现象，生物遗传为心理发展提供了必不可少的先天素质。所谓素质，是指一个人生来所具有的解剖和生理上的特点。解剖和生理上的特点，主要指身体结构的解剖生理特点（如人的相貌、头发和眼睛的颜色、个子高矮、手和大小腿的长短、血型、血清蛋白等）、感觉器官和运动器官的特点（如视力和听力的敏感度、四肢的灵敏性等）和神经系统的特点（特别是大脑的结构和机能的特点，以及每个人特有的高级神经系统类型的特点）。素质也可包括遗传素质和出生前因环境影响而造成的素质。这些素质就成为儿童后天的生理发展的物质基础。我们大多数人的先天遗传条件是差不多的，但也不完全排除素质的某些差异。

从个体发展来看，遗传即父母（亲代）将自己的生物特征（生物性状）通过遗传物质传递给子女（子代）。所以，遗传素质就是人从自己父母的遗传基因中获得的生物特征。早在 20 世纪二三十年代，人们就肯定了存在于细胞染色体上的基因是遗传的基本单位，认识到染色体结构和数目的变化会影响遗传。近二十年来，又弄清楚了基因的化学基础，发现存在于细胞核中染色体的主要成分脱氧核糖核酸（DNA）是遗传物质，由于它上面的碱基不同的排列变化组成各种不同的遗传信息或遗传密码，从而使生物表现出各种不同的遗传特征。

　　遗传素质是心理发展的生理前提和自然条件，没有这个条件是不行的。良好的遗传素质无疑是心理正常发展的物质基础。遗传在心理发展上的作用主要表现在两个方面：第一，通过素质影响能力和智力的发展。素质影响人的能力形成和发展，素质的差异对智力发展的快慢也有一定的影响。例如，听分析器的特性对于音乐才能的发展、视分析器的特性对于绘画才能的发展都是重要的。先天或后天某些因素造成儿童感觉器官，特别是脑的结构与功能的严重病态现象，会影响儿童才能的正常发展。生来是全色盲的儿童，不能辨别颜色，更不能培养成为画家；生来就聋哑的人，不可能成为歌唱家。遗传因素相同的同卵双生子在思维能力、记忆能力、语言发展和智力品质的程度上，具有相似的水平。用智力测验的方法，可以证明兄弟姐妹之间、父母子女之间在智力方面有一定的相似性。亲属关系越密切，相似程度越高。中国科学院心理研究所发现，50%以上的低能与呆傻儿童是由先天遗传因素决定的。第二，通过气质类型的因素影响儿童的情绪和性格的发展。儿童自出生时起，高级神经活动的类型就表现出明显的差别。在产房中可以观察到，有的孩子安静些，容易入睡；有的孩子手脚乱动，大哭大喊……长大后，他们中有的情绪和活动发生得快而强，表现非常明显；有的情绪和活动发生得慢而弱，表现不很明显；有的情绪和活动发生得快而弱，表现也明显；有的情绪和活动发生得慢而强，表现都不明显。这些虽然不是儿童情绪和性格发展的决定条件，但对情绪和性格的发展能起一定的影响作用。只有具备正常人特点的（先天）素质，才可能使儿童在社会生活条件下，发展成为一个具有高度心理水平的人。当然素质的个别差异（主要是高级神经活动类型及感觉器官的结构和机能上的差异）为心理发展的个别差异提供了最初的可能性。

　　不仅遗传素质是心理发展的自然基础，生理的发展与成熟在一定程度上也制约着心理的发展，生理的自然成熟直接影响心理发展。儿童所具有的一定遗传素质的身体各部分及器官的结构和机能，在初生时并没有发育完善。在之后一两周的生长发育中，随着条件反射的建立，儿童才产生了初级水平的心理，并经过一个很长时期的生长和发展过程才能达到结构上的完善和机能上的成熟。因此，儿童心理的发展随生理的发展（主要是神经系统的发展）而发展。

　　生理发展的规律在一定程度上制约着心理发展的规律。

　　生理发展有着一定的顺序性和阶段性，这一规律在一定程度上制约着心理发展的规律，使心理的发展也是由简单到复杂，由低水平到高水平，并且呈现出阶段性。①生长发育的顺序是从头部到脚，从中轴到边缘。从身体的结构看，头部发育最早，其次是躯干，再就是上肢，然后是下肢。儿童出生时头部和身体的比例是1：4，而成人是1：8。②从机能的发展来看，如动作的发展，婴儿先会抬头，后会翻身，再会坐、爬、站，最后才会独立行走；先发展臂部动作，后发展手指的动作。③儿童及青少年脑的发展有严格的程序性，基本是渐进的与连续性的，但不是等速的与直线的。新生儿的大脑皮质还未发展成熟，不仅脑细胞体积小，突起的分支少，而且神经纤维还没有髓鞘化，因此影响脑的生理活动。当神经兴奋沿着神经纤维传导时会到处扩散，使新生儿的大脑皮质难以形成明确的、有一定范围的兴奋中心，也就不能形成比较精确的感觉，这时任何刺激只能引起新生儿的手脚乱动。一个月以后，在外界生活条件的影响下，婴儿脑细胞和神经纤维的髓鞘化逐渐发展，条件反射开始建立，就产生最初的心理。在4~20岁期间，大脑存在着两个显著的加速时期：一个是5~6岁期间，一个是13~14岁期间。在这两个显著的加速时期，儿童脑的发展在一定程度上呈现出一种"断续"或"飞跃"。儿童大脑发展成熟的程序大体是从枕叶到颞叶，再到顶叶，最后到额叶的。④心理水平的高低与生理发展的顺序也有一定关系，并呈现出一定的阶段性。儿童在婴儿时期身体与动作发展较快；学前阶段语言与感知发展较快；小学阶段社交与逻辑思维的发展较快；青春期生殖系统的发展较快，这是发展的一般规律。愈是低级的心理活动，愈是直接反映外界；愈是发展到高级的心理活动，愈转向内化；其内化联系愈紧密，完整性愈高。这就是说，心理发展是和生理发展直接相关的，是以生理发展为基础的。

心理的发展固然离不开遗传和一定的生理条件，但是它只能给心理发展以可能性，不能保证心理的发展。历史上记载的狼孩，虽然有着与人一样的遗传与生理条件，但是，由于他长期脱离了人类社会生活条件，过着狼一般的生活，因而不具备人的心理。这说明，心理发展不能只寄希望于遗传生理条件。

我们应当恰如其分地看待生理、遗传在心理发展上的作用，不承认遗传的作用，是不正确的；但过分夸大遗传的作用，也是不正确的。

## 二、社会环境因素

前面说过，遗传素质在儿童心理发展上仅仅提供一个发展的可能性，但是这种可能性能否转化为现实性，则关键取决于儿童后天的社会生活环境的影响和其所受的教育。

人的心理是在一定的社会环境的影响下发展起来的。社会环境是心理发展的外部条件，它促使心理发展的可能性转化为现实性。

人类的环境包括两个方面：一是自然环境，二是社会环境。自然环境指气候、地理条件等。如生活在热带地区的人早熟，寒冷地区的人肥胖；生在南国水乡的人清秀、聪敏；生在山区的人体健、能吃苦；生在沙漠、草原地区的人性格粗犷、豪放；生在海边的人勇敢、心胸开阔。环境条件、时令节气的变化也影响人的心情。如阳光明媚、秋高气爽，心境就快乐；夏日炎热，心境容易烦躁；冬天寒冷、雨雪纷飞，心境容易抑郁。但自然环境对人的身心影响不是主要的，影响一个人的身心发展的主要因素是社会环境。

社会环境指人以及与人有关的事物。社会环境因素是很复杂的，包括社会的生产方式、经济制度、政治制度、社会组织、风俗习惯等社会生产力和生产关系。俗话说"近朱者赤，近墨者黑"，就形象地说明了社会环境对儿童心理发展的影响。古代曾有过"孟母三迁"的故事，也说明了人们对环境影响在儿童心理发展中的作用早就有了认识。

那么，社会环境对心理发展起什么作用呢？它在很大程度上决定着儿童心理发展的方向和个别差异。

首先，在不同的时代和社会生活条件下，儿童心理发展的方向、速度和水平都是不同的。总体来说，在西方资本主义国家，儿童从小所受的教育是引导他们搞个人竞争，追求金钱、美女，出人头地。而在社会主义的我国，对儿童从小进行的教育是引导他们树立远大理想，努力掌握科学知识，学好建设祖国的本领，积极为社会主义祖国贡献自己的力量。

其次，不同的社会生活环境决定了儿童心理发展的个别差异。儿童的知识经验、兴趣、爱好和特殊才能的发展，同他所处的生活环境（尤其是家庭影响）是密切相关的。例如，河南开封一个超常儿童五岁半进入小学二年级，七岁半升入初中一年级，就是因为他从一岁半起，就生活在丰富多彩的知识海洋之中，拥有大量的玩具、形形色色的画报、书刊；此外，他还朝夕和外祖父谈天说地，参与接待客人、访亲问友、长途旅行等丰富的社会生活。我国的心理学工作者对许多有一定才能的儿童（如爱好音乐、绘画、体操、武术）的调查发现，家庭环境的影响是形成儿童特殊才能的关键因素。至于儿童的思想意识、道德品质和行为习惯的形成，就更容易从他的家庭的生活方式以及周围的生活环境影响中得到证明。

我们了解社会环境对心理发展的决定作用，目的是为了创造有利于儿童心理发展的环境，改变那些不利于儿童心理发展的环境，促使他们更好地成长。但是，环境决定论者夸大了社会环境因素的作用，完全抹杀了别的因素，否认遗传、生理的因素，否认教育和儿童的主动性。环境决定论的思想，在有的教师头脑里是存在的，他们对一些表现不好的孩子，过分强调家庭环境的作用，因而对其失去教育的信心，有时产生厌烦、急躁情绪，有时用粗暴生硬的方法进行"教育"。

二因素决定论认为，心理发展是由遗传和环境两个因素共同决定的，它是遗传决定论和环境决定论的混合体。例如，美国心理学家吴伟士认为，人的心理发展等于遗传和环境的乘积。施太伦则认为，儿童心理发展是由于儿童内部性质和外界环境两者的"辐合"。实质上，这都是把先天遗传和社会环境看成是两个同等的共同决定儿童心理发展的因素。

## 三、学校教育因素

社会环境对儿童心理发展的决定作用是通过教育实现的，尤其是通过有目的、有计划、有组织的学校教育实现的。它是心理发展的外部条件，在心理发展中起主导作用。

学校教育也是一种社会生活条件，但是它和其他的社会生活条件不同，学校教育的主要特点是：①学校教育是一个有目的、有计划、有系统地对儿童心理施加影响的过程。它的影响与环境影响不同，环境影响是自发的，不是有目的、有计划的影响。学校教育有两层含义：积极的含义是引导；消极的含义是矫正。②学校教育可以减低心理发展的自发性和盲目性，增强心理发展的自觉性与目的性。③学校教育是由教育者按照一定的教育目的，组织一定的教育内容，采取一定的教育方法把历史上积累的社会经验传递给下一代。通过教育，儿童能够在短期内掌握前人千百年来积累的知识经验，使心理得到健康的发展。所以说，学校教育比一般的社会环境影响更为重要，它能决定学生心理发展的方向和水平。

学校教育在心理发展中起主导作用。①学校教育能够利用学生素质，对其心理发展施加影响。它既可以利用学生良好的遗传素质来充分发展儿童的智力和才能，又可以对一些大脑发育健全而存在一定生理缺陷的学生进行特殊的训练，以弥补他们在心理发展上某些遗传素质的不足。②学校教育对社会环境因素在学生心理发展上的影响是有选择性的。当社会环境的某些影响与学校教育一致的时候，学校教育就可以充分利用它来配合自己，巩固学校教育的效果；当社会环境中的某些影响与学校教育不一致的时候，学校教育就要通过加强正面教育来控制和抵制这些不良侵蚀和毒害。

学校教育在儿童心理发展上起着主导作用，这种主导作用还要受两个条件的限制，即受社会性质和制度，以及教师能动作用的制约。教育的主导作用主要体现在教师的主导作用上。

我们强调教育的主导作用，但是也不能过分夸大这种作用，如把教育看成是可以任意决定儿童心理发展的万能工具。美国行为主义心理学家华生就曾经公开吹嘘："给我一打健全的儿童，我可以用特殊方法任意地加以改变，或者使他们成为医生、律师……或者使他们成为乞丐、盗贼……"这就夸大了教育的作用，认为教育万能，可以不问儿童的接受能力和当时的心理状态，完全忽视或否认外因必须通过内因起作用的客观规律。

## 四、实践、活动因素

马克思主义认为，人的认识，人的知识与才能，人的一切心理现象不是从天上掉下来的，也不是头脑中固有的，而是从实践中来的。离开实践，心理发展也是不可能的。人的一生，接受家庭教育和学校教育影响的时间不是很长，而更多的岁月是在从事某种劳动或工作，即使在接受学校教育的期间也参与了很多的实践活动。因此，对人的心理发展来说，实践、活动所产生的影响则是长期的、巨大的。不同的工作和劳动实践，对人的心理品质提出不同的要求。例如，染厂工人对颜色、色调有惊人的辨别力；汽车司机能够根据发动机的声音，判断它的运转情况；音乐家的音乐听觉、音乐节奏感、音乐表象，艺术家的形象思维，科学家的抽象思维等，都在各自的工作实践中得到了较好的发展。

儿童在周围环境中是积极活动者，而不是被动地接受周围环境的影响，其在活动中能动地反映现实。学龄前儿童主要是在游戏的活动中心理得到发展，学龄儿童是在学习活动中心理得到发展。随着儿童活动范围的扩大，接触事物更多，口头语言、书面语言进一步得到发展。因而离开了活动，就没有了儿童心理的发展。

儿童的活动和成人的实践活动是不相同的，成人的实践活动主要是改造自然和改造社会。儿童由于身心发展的限制，不可能像成人那样参加社会实践工作。儿童的活动主要是日常生活活动、游戏、学习和劳动等。但是随着年龄的增长，应该引导儿童参加社会实践，入学后的儿童正是通过这些实践活动的参与来认识客观世界、认识社会以及人与人之间的关系的。实践、活动是儿童心理发展的基础和源泉，教育工作者必须具体研究和积极组织儿童的活动，促进儿童心理的发展。

## 五、主观努力因素

人的心理发展是与个人的主观努力分不开的。有良好的素质和社会教育条件，个人不发奋努力，心理是不能得到充分发展的。个人的主观努力也是心理发展的内部条件，是关键的因素。外因通过内因起作用，就是要调动学生内部的积极因素，使他们能自觉、主动地接受教育，掌握知识，发展智力。个人主观努力对心理的发展可以起延缓或促进的作用，即可以起消极或积极的作用。对于主观努力中消极因素较多的学生，教育的主导作用表现在要利用、加强和不断扩大学生内部的积极因素的作用，努力发现"闪光"因素，调动其积极性，以此作为激发主观努力的起点，从而促进其心理发展。

学生的实践活动和主观努力是使遗传素质所提供的发展可能性和教育训练所给予的影响转化为智慧品质的中介因素。

先天的优异素质所提供的只是发展的可能性，它需要通过教育训练从而得到发展并转化为现实性，而在这个转化过程中，儿童的实践活动和主观能动性就是变可能性为现实性的中介环节。再好的先天素质和良好的教育条件，如果个人缺乏主观上的努力，也不会成功，因为外因必须通过内因才能起作用。对许多科学家和超常儿童的调查结果表明，他们之所以聪明、才智超群，与他们有丰富而深刻的实践活动，以及广泛的兴趣、强烈的求知欲、持久而又稳定的情绪、顽强的意志力、勤奋好学的精神是分不开的。

但是，心理的发展不完全以个人主观努力为转移，那种认为只要发挥主观战斗精神就一切可以如愿以偿的观点，过分夸大了主观努力的作用。人的主观努力绝不能"从心所欲""为所欲为"，还要受到一定条件的限制，如机体成熟（特别是神经系统和内分泌系统的成熟）、个体的知识经验和社会经验、教育条件以及个体智力和个性心理品质等条件的限制。

总之，人的心理发展离不开生理遗传因素、社会环境因素、学校教育因素、实践与活动因素、主观努力因素。生理遗传素质为心理的发展提供物质基础；社会环境制约着心理的发展；学校教育对心理发展起促进作用；实践活动是心理发展的基础和源泉；主观努力是心理发展的关键。人的心理发展不是单一的因素起作用，而是以上五因素综合作用的结果。

# 第五节　教育和发展的辩证关系

## 一、教育和发展是互相依存的辩证统一体

所谓教育，是教育者按照一定的教育目的，运用适当的教育方法，以客观的教育内容（知识、技能、道德规范等）去培养新生一代的过程。所谓发展，就是儿童个体合乎规律的、积极的，心理由简单到复杂、由低级到高级变化的过程。这个过程包括心理过程和个性特征的发展，其中智力发展是心理发展的重要一环。

教育和发展两者之间有着内在联系。一方面，教育是儿童心理发展的必要条件，教育决定着儿童心理的发展，因为教育总是指导着儿童心理的发展，不断地向儿童提出新的要求，儿童心理的发展（特别是智力的发展）总要以掌握知识、技能和道德规范为中介；另一方面，教育本身又必须从儿童的实际出发，从儿童心理水平或状态出发，才能实现教育的主导作用。这就是说，心理发展又是进行教育的重要前提，儿童掌握知识、技能、道德规范的快慢、深浅和牢固程度，又同儿童自身发展水平有重要的关系。所以，学生心理的发展离不开适当的教育条件，教育要实现它的主导作用也必须从学生实际出发。只有在适合学生心理发展水平和特点的教育影响下，通过学生自己的积极活动，才能使学生的心理有节奏地、循序渐进地从低级向高级水平发展。

## 二、教育和发展并非同步

从教育提出要求到心理获得发展，不是同步的，还必须通过"领会"这个中间环节。也就是说，当儿童反映了教育的要求，产生需要时，还必须有各种措施使儿童领会要求，并且在积极的活动中经过量变—质变的过程，心理才能向前发展。比如，教师对学生进行思想品德教育时，目的不仅是提高学生的思想认识，更重要的是培养学生具有良好的道德行为和习惯。但是，从道德认识的提高到行为习惯的养成是要有一个过程的。同样，教学工作也

有一个从知识掌握到智力发展的过程。因此，教育与发展并非同步，在教育和发展的关系中，可能发展落后于教育；可能发展超前于教育；可能发展与教育基本适应；也可能教育条件相同但发展有个别差异。因此，把教育和发展有机地结合起来，用教育去推动发展，用发展去促进教育，把发展学生心理（特别是发展智力）看做是教育的首要任务，这是必要的。

# 第二章

婴幼儿（0~3岁）的心理发展

# 第一节　胎儿的发展和出生

　　生命的发展过程开始于一个精子细胞和一个卵子细胞相结合，即母亲怀孕的一瞬间。生命从这一瞬间开始，在母亲的子宫内发育成长，大约需要 10 个妊娠月（一个妊娠月 28 天，4 周），即 280 天。怀孕期间母亲可以感觉到胎儿在腹内的运动，可能产生某种特殊的感情，但是多数人很容易忽视生命发展最初的这几个月。然而，胎儿在子宫内的 10 个月是极其重要的，是不能忽视的。

## 一、生命的起源

　　当一个精子（雄性生殖细胞）和一个卵子（雌性生殖细胞）结合，产生一个受精卵而开始在母亲子宫内发育时，人就从这一瞬间开始了其独特的生命发展道路。

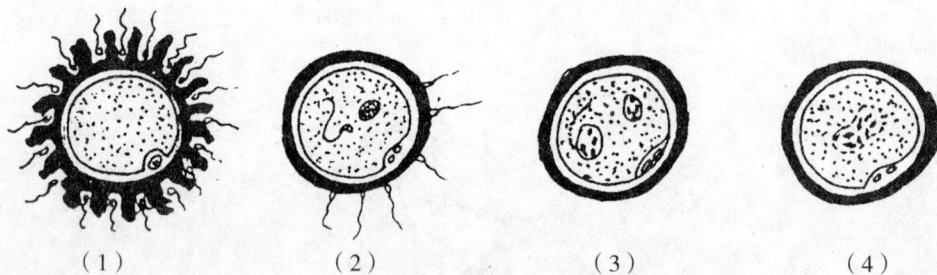

（1）　　　　　（2）　　　　　（3）　　　　　（4）

受精过程图

　　人的身体约由几百亿个细胞构成。人体的细胞，从生育角度可以分为两大类：一类是体细胞，构成人们的各种器官；另一类是生殖细胞，专管生育。人的生殖细胞和体细胞一样，也含有染色体。染色体的主要化学成分是脱氧核糖核酸（DNA），每个染色体上有数以千计的基因。基因是脱氧核糖核酸上的片断，负载着一代一代传递下去的遗传信息。

染色体的结构和数目，各个种族是不同的，并且各有特点。其数目可以少至2条，多至500条。人类细胞都含有23对染色体，其中22对是常染色体，男女两性共有的；另外一对是性染色体，男女两性是不同的。女性的性染色体是类似的，叫做X染色体；男性的性染色体则包括一条X染色体和一条比较小、比较轻、遗传信息可能比较少的Y染色体。（见下图）

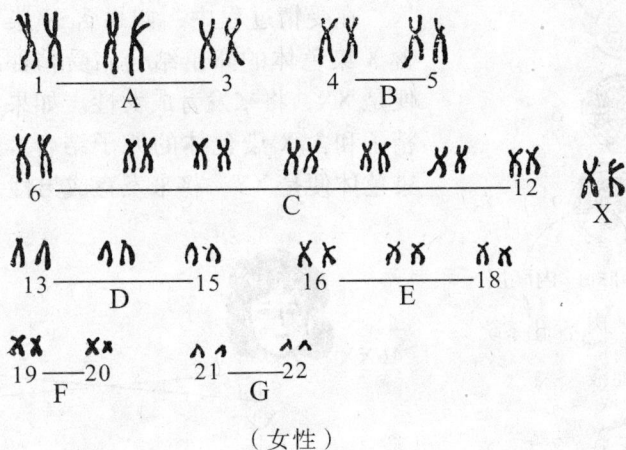

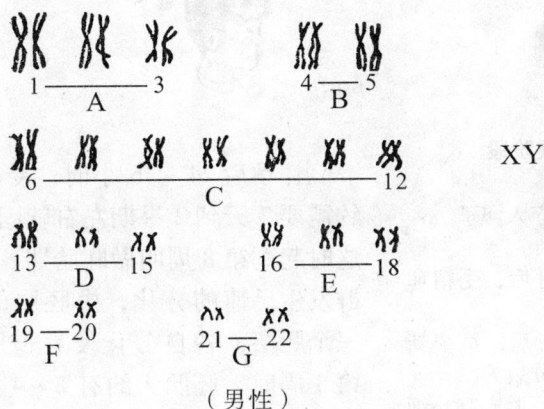

正常人的染色体①

　　每一对染色体含有两条染色单体。根据染色体的相对长度和着丝粒的位置，把染色体按顺序排成23对。标有A—G的是22对常染色体，标有X和Y的是一对性染色体。

---

① 李丹. 儿童发展心理学. 上海：华东师范大学出版社，1994.

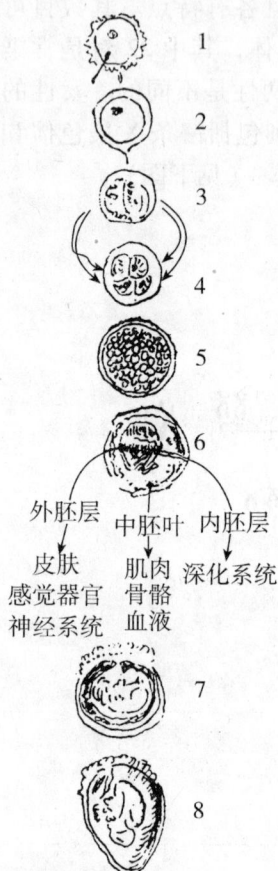

人类的生殖细胞经过减数分裂，形成精子或卵子，染色体的数目较一般细胞少一半，性染色体也只剩下一个。女性细胞中的性染色体是XX，因此卵子都同样含有一个X染色体。男性细胞中的性染色体是XY，所以精子有两种：一种含一个X染色体，另一种含一个Y染色体。

在受精过程中，如果含X染色体的精子和含X染色体的卵子结合，受精卵中的性染色体便是XX，将来发育成女性。如果含Y染色体的精子和含X染色体的卵子结合，受精卵中的性染色体便是XY，将来发育成男性。（见下图）

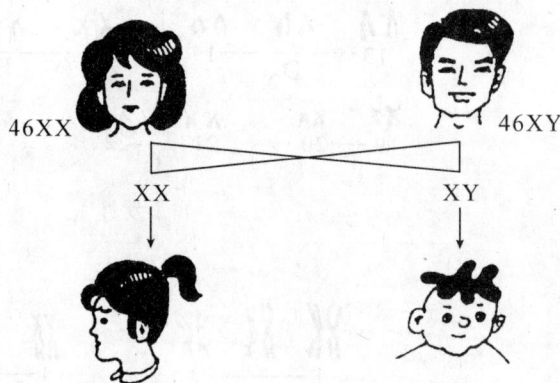

**人类早期发展阶段**

1. 受精，精子穿入卵子。
2. 细胞分裂。
3. 大约 24 小时后，受精卵一分为二。
4. 大约 48 小时后，每个新细胞又各自分裂为二。
5. 大约 9 天后，形成空心细胞球体。
6. 分化，大约 13 天后，细胞球体形成三层，各不相同。
7. 胚胎，2～8 周。
8. 胎儿，9～40 周。

怀孕后 24～36 小时，受精卵开始分裂，大约需要 7 天到 2 星期左右就固定在子宫壁上，从这时起到第 8 周叫做胚胎期。在胚胎期内，细胞群发生迅速的分化，由胚胎的板块状结构形成三个胚层，各自分化发育，形成各个器官。到第 8 周时，胚胎大约有 2～4 厘米长，并且形成了眼睛、耳朵、嘴、鼻、肝、心脏和循环系统、臂和腿，包括脚趾、骨骼、骨髓等各个部分，神经系统也开始出现一些反应能力，胚胎已具有人形了。

## 二、胎儿期的发展与出生

大约从怀孕的第三个月起，胚胎发育为胎儿，这以后的七个月就是胎儿期。在胚胎期，人的主要器官实际上已经有了基本的形态，在以后的七个月里将继续发展。

胎儿期的主要发展变化见下表所列。

**胎儿期的主要发展情况**

| 胎龄 | 胎儿的大小 | | 主要的新发展 |
|------|------|------|------|
| | 身长 | 体重 | |
| 12 周 | 7～9 厘米 | 20 克 | 能够确定性别，肌肉广泛生长，出现眼睑、嘴唇，脚有脚趾，手有手指 |
| 16 周 | 11～15 厘米 | 155～180 克 | 母亲第一次感觉到胎动，骨骼开始发展，形成了完整的耳朵 |
| 20 周 | 25 厘米 | 450 克 | 开始长出头发，像人的样子了 |
| 24 周 | 30～35 厘米 | 675 克 | 眼睛完全形成，指甲、汗腺、味蕾都形成，皮下有些脂肪，如果这时早产，能呼吸，但成活率低 |
| 28 周 | 35 厘米 | 1 125 克 | 如此时早产，在良好的条件下，可以存活，但睡眠—觉醒周期很差，呼吸也不规则 |
| 29～40 周 | 46～51 厘米 | 2 475～4 500 克 | 神经系统进一步发展，身体各个系统的发展基本成形 |

胎内发展最重要的一点是胎儿非常有规则，所发生的各种变化都是明显的。固定次序的固定时间，绝大部分胎儿的发展都是在一种可预见的固定形式中进行。

在各器官、各系统发展最迅速的时期，胎儿最易受到外界刺激伤害。例如，耳朵和听力系统在最初的 8～16 周期间发展最迅速，如果在这个时期外界有不良影响，它就可能受到伤害。又如，胎儿四肢的发展可能因母亲在怀孕期间服了某种药物而受到影响，导致孩子生下来缺臂少腿。由于许多器官和系统在胚胎期和胎儿早期发展迅速，因此最初几个月是最易受损伤的时期，这段时期不让孕妇受刺激是很重要的。

胎儿在母体内经过40周的生长后将要出生，与母体分离。大部分情况下出生是顺利的、正常的。但出生前后毕竟是一个艰难多变的时刻，它关系到母子双方生命的安危和健康。母亲临产时阵痛长或短的差异是很大的，这跟她的年龄、体质，以及过去分娩的次数有很大关系。特别长的阵痛常常和新生儿身体上的某种缺陷有关联。

胎儿出生时常见的危险有大脑缺氧，即生下来不能马上呼吸。出生时严重缺氧会引起大脑损伤，对以后学习说话、走路造成困难；出生时短期缺氧，也会影响以后的智力发展。其若在前5~7年能得到很好的照料，7岁后能追上同龄人。

对于早产儿，出生是关键的时刻，在刚出生的头几个小时能否得到很好的护理，不仅关系到他的存活，也关系到他以后的健康发展，因此要做好早产儿的护理工作。

# 第二节　新生儿的心理发展

胎儿出生后约一个月的时间叫做新生儿时期，这是一个具有明显特点的时期。

一般来说，新生儿出生时长约50厘米，重约3千克，皮肤单薄、干燥，啼哭时发红而且发皱，几乎都是鼻子扁塌、前额突出、下巴尖小，出生后仍然保持胎内的姿势（蜷曲着身体），大部分时间在睡觉。当他觉醒时，他的许多动作都是漫无目的的，但能够吮吸、流涎、排泄、呕吐、打喷嚏、打哈欠、伸懒腰、转头、眨眼、啼哭、喉鸣；并且对一些刺激能作出反应。

有的人认为新生儿的世界是一团"十足的混乱"，新生儿被大量新信息——视、听、味、嗅、感情等——弄得不知所措。其实不然，新生儿通过反射来适应新的生活。

## 一、新生儿具有的反射

反射是自动反应，是由某些特定的刺激不自觉地引起的。

成人也存在不少反射，如瞳孔在遇到强光和弱光时会扩大或缩小，灰尘刺眼会眨眼，膝跳反射等。新生儿有十多种反射。反射实际上是新生儿行为的一种特征。这些反射不仅在人类进化的早期具有意义，在个体发展中也明显地帮助新生儿适应新环境。

新生儿具有的几种反射如下：

（1）觅食反射：如果用手指轻轻触碰新生儿的脸部靠近他嘴边的地方，他就会转头寻找放在他嘴边的东西。

（2）吮吸反射：如果用手指或东西轻轻触碰新生儿的嘴唇，或把东西塞进他的嘴里，新生儿会自动做出吮吸动作。

（3）摩罗反射：突然地改变新生儿的姿势，或突然地出现一种响声，使新生儿失去支持或接受高噪音的刺激，他会先张开双臂，然后又收回。摩罗反射在婴儿三个月左右会自动消失。

（4）巴宾斯基反射：刺激新生儿的足蹠，就会出现脚趾展开然后又卷拢的现象。大一些的婴儿或成人在刺激他的足蹠时，只是卷拢，如果也出现上述新生儿先张开后卷拢的情况，则是神经系统出现某种异常的标志。

（5）抓握反射：如果碰到新生儿的手掌，他的手指会紧紧抓住碰他的东西，抓得紧的时候可以把他自己的身体吊起来。一般出生后六个月就消失。

（6）防御反射：出生后最初几天对痛刺激产生泛化反应，即刺激一处，全身都动。

## 二、新生儿的感知觉

新生儿的心理是在什么时候产生的呢？

心理的产生标志是条件反射的建立，而条件反射总是建立在一定的无条件反射的基础上。条件反射是由脑来实现的一种信息机能，它反映和提示刺激物的意义，从而使人能按照事物的信息和意义来调节自己的行为。

研究证明，新生儿的条件反射是在儿童出生后两周左右的时间产生的，也就是说，儿童出生后两周才开始有了心理现象。

新生儿最初的条件反射的特点是：形成的速度慢，形成后不稳定，不易分化。

## 1. 视觉

新生儿看某一点的最合适距离大约是离他头部 8 寸的地方。因为婴儿在出生最早几个星期里不能改变对远近物体的焦距，在新生儿视觉范围内的许多物体是模糊不清的。有趣的是，在喂奶时，孩子的脸和母亲的脸之间的平均距离是 8 ~ 10 寸，正是最合适的距离。因此，婴儿认识的第一个人是妈妈，对妈妈的感情也就最深。

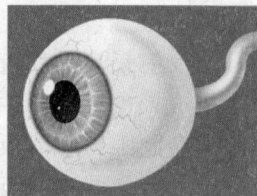

大脑接受光学信号，被感知和理解

新生儿在出生后的最初几天里，对有明显轮廓线条的图形看的时间长，而对没有轮廓线条的图形看的时间短。他们的视线容易集中在轮廓线条上或有明显对比的地方。

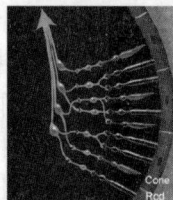

视网膜

· 视杆细胞感受光

· 视椎细胞感受色彩

新生儿在出生后的几天里首先用视觉探索世界，因为他对眼睛的控制比对身体其他部分的控制要好。

眼睛的最内层是视网膜层，它上面的细胞对光很敏感，并且与大脑直接相连

新生儿视觉上具有的特点：①能够把两只眼睛集中在一点上。（发展较晚一点）②眼睛随着移动的东西做同步的移动。③对不同的颜色能加以辨别，即在出生第 15 天以后能辨别颜色。④对不同的亮度能作出不同的反应。遇亮光缩小瞳孔，遇暗光扩大瞳孔。

## 2. 听觉

新生儿能对人的说话声和铃声作出区别。如果在新生儿的耳朵附近摇一下铃铛或拨浪鼓，他会以某种方式活动他的身体或转过头，以表示他听到了响声，这说明新生儿的听觉发展很好了。以后他对人的说话声（特别是妈妈的声音）反应特别

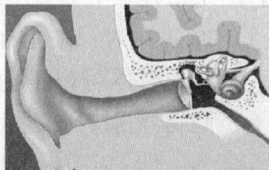

声间使鼓膜震动既而引起甲中的听小骨震动通过像蜗牛一样的耳蜗将机械震动转化为神经冲动传至脑内

灵敏，并微笑对待。婴儿对 60 分贝左右的声音反应正常。

新生儿对声源没有定位的能力，这种能力约在 6 个月以后才出现。

新生儿对有节律的声音特别敏感，这种声音对新生儿似乎具有一种安抚作用，可能与他在胎内听到母亲有节律的心跳声有关。许多母亲都以有节律的声音使孩子安静下来，因此，摇篮的"吱吱嘎嘎"声、重复的催眠曲对新生儿都有安抚的作用。

## 3. 嗅觉

新生儿对强烈的气味有强烈的反应，因此可知他们有嗅觉。他们对茴香、醋酸、阿摩尼亚等怪味能够分辨，但对玫瑰花和茉莉花之间的差别就不能

分辨。

因此，我们很难对新生儿嗅觉的比较细微的敏感度进行研究。

#### 4. 味觉

据研究材料表明，新生儿能区别甜、咸、酸、苦四种基本味道。一般来说，新生儿喜欢奶味和甜味，不喜欢咸的，更不喜欢酸的和苦的。

- 口内有大约10 000个味蕾
- 对甜和咸不太敏感
- 对苦味最为敏感

舌头可以感知四种味觉：甜、酸、苦、咸

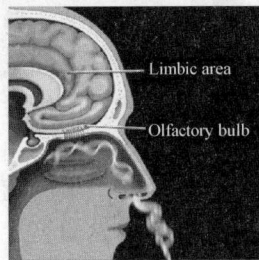

Limbic area
Olfactory bulb

鼻子闻到气味后引起嗅觉信号传至大脑

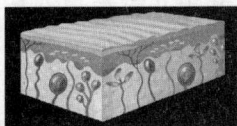

#### 5. 肤觉

新生儿一出生就能对高于或低于其体温的温度有反应，对非常低的温度比对非常高的温度反应要更灵敏一点。

新生儿对痛觉刺激比较迟钝，但不是说没有痛觉。对新生儿做某些外科手术时，不用麻醉就可进行，而对成人则不行。

新生儿的触觉非常敏感，尤其是嘴的周围和手。由于大部分最早的反射都是由身体不同部位的触觉引起的，因此，触觉对新生儿来说是一种非常重要的刺激方式。

皮肤上至少有六种触觉感受器，分别感受：热、冷、疼痛、压力、粗触觉和精细触觉

#### 6. 睡眠

新生儿一天的睡眠为16~18小时，觉醒为6~8小时。其中大约有两个小时处于相当清醒的状态，这两个小时可用于交往和学习。新生儿有五种不同的睡眠和觉醒状态（如下表所示）。

**新生儿睡眠和觉醒的五种基本情况**

| 状态 | 特　　点 | 每种状态所耗的时间 | |
| --- | --- | --- | --- |
| | | 出生时 | 一月龄 |
| 深睡 | 闭眼，呼吸有规律，除了偶然的惊跳，无运动 | 16~18小时 | 14~16小时 |
| 浅睡 | 闭眼，呼吸有规律，身体有小颤动，无躯干运动 | 16~18小时 | 14~16小时 |
| 安静睡眠 | 睁眼，呼吸有规律，无躯干运动 | 6~8小时 | 8~10小时 |
| 活动睡眠 | 睁眼，呼吸有规律，有头部、四肢、躯干运动 | 6~8小时 | 8~10小时 |
| 啼哭与烦躁 | 全闭或半闭眼，全身躁动，哭啼吵闹 | 6~8小时 | 8~10小时 |

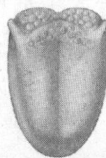

睡眠是新生儿一天生活中最重要的部分。

如果新生儿睡眠不规则，可能是某些异常问题的征兆。新生儿的睡眠有助于他的大脑和身体的生长发育。

7. 笑

笑和语言一样，是人类特有的交际手段。它和语言又不一样，语言受民族、地区的限制，而笑可以用在所有人之间的交际而不受民族和地区的限制。

有人认为，笑早已储存在遗传信息之中，并按一定的发展顺序出现。笑是天生的，如果儿童失去笑，就会失去发展。

新生儿在出生后会出现自发性的笑。这种最初的笑，即使没有外界的刺激也会出现。

新生儿出生后第三周就产生诱发性微笑，即新生儿可因人声、铃声或其他声音而引发微笑。

新生儿出生后第六周，会出现整个脸部的笑的表情。这时人的脸比其他任何东西都能更有效地诱发新生儿的微笑。

新生儿需要与人接触，尤其是良好的亲子关系。儿童没有母亲的照管，是不可能正常成长的。这可以从许多动物研究和婴音堂孤儿的研究中得到证实。

事实上，新生儿出生几天后就寻求与人接触，如同他需要食物和其他生活照顾一样。这可以说是新生儿的精神需要吧。新生儿被人抱在怀里，就会停止啼哭。出生后几个星期，当有人走近时，他就会停止乱动，看着来人或倾听声音。在生命的早期，婴儿就需要有人接近他，即使在他感到很舒服、很暖和，没有尿湿，又吃得饱的时候也是这样。他们乐于被人抱在怀里，乐于听人说话，对他哼哼曲子，唱唱歌，把他摇晃摇晃，抚摩抚摩，拥抱在怀里。新生儿出生后不久就渴望这些柔情蜜意的母子接触。这种要求出现得特别早，非常强烈，在儿童的心理发展过程中，良好的母子关系起着十分重要的作用。

总之，新生儿具有以下特点：

第一，从生理上的寄居生活转变为独立生活。

胎儿生活是一种寄居生活，胎儿的营养、呼吸、排泄等新陈代谢机能都是通过母体来实现的。出生以后，他开始直接与外界环境发生关系，必须独立地进行生理活动，使主体适应外界客观现实生活。

第二，心理现象开始发生。

心理不是先天的东西，它是脑对客观现实的反映。新生儿心理现象发生的时期，是人心理活动的起点。

第三，新生儿本身的软弱性和发展的巨大可能性是一对矛盾。

新生儿是软弱无能的，适应环境的能力很差，处处需要成人的照顾和关怀。但是他又有无限发展的前途，是社会生活的新的血液，将发展成为社会成员。

为使孩子心理得到良好的发展，应从以下七个方面启发孩子的天赋：

音感——以轻音乐刺激孩子的神经发育，这是一种感觉力的训练。

色感——给孩子买的玩具和图书色彩要鲜艳，印刷要精美。穿的衣服宜以明亮鲜艳的颜色为主。

形态感——所谓形态感，就是用眼睛辨别图形、图案、大小、长短等。

触感——触感就是用触摸来识别热、冷、硬、软等感觉。这着重在体验。

语感——就是与父母的接触对话。大人应以正确、清楚和缓慢的语音对孩子讲话。

情感——当孩子听话、做对了事时，给予微笑、点头等赞许；当孩子哭闹、做错了事时，给予皱眉头等否定情感。孩子长大了，要让他干力所能及的事情。

训练身体——做体操、跑步、跳舞、玩球等。

# 第三节　乳儿期儿童心理的发展

儿童从出生至一周岁为乳儿期，这一年是儿童出生后发展最快的时期，在这一时期进行着四个方面的过渡：从吃母奶过渡到断奶，处于生理上的断乳期，通过自己吃普通食物而促进生理上的发展；从躺卧状态过渡到直立行走；从完全没有随意动作过渡到学会用手操纵物体；从完全不能说话过渡到能够用简单的词来跟成人进行初步的言语交际。这些过渡使孩子出现了人类的特点——直立行走、双手动作、言语交际能力，为孩子心理的发展奠定了良好的基础。当然，这要在成人正确的养护和教育的条件下才能实现。

## 一、乳儿神经系统的发展

神经系统分为中枢神经系统和周围神经系统两部分，中枢神经系统包括脑和脊髓。心理是脑的机能，是客观现实的反映，要了解儿童心理的发展，必须先了解儿童脑的发展。

## （一）神经系统结构的发展

（1）脑重量不断增加。婴儿出生时，脑还未发育完全，脑的沟、回还不十分明显。大脑皮质上的神经细胞体积还很小，神经纤维的长度和分支也不够发达，髓鞘化还没有完成。新生儿的脑重约为390克，相当于成年人脑重的1/3（成人脑重平均为1 400克）。婴儿出生后，脑细胞的数量不再增多，但体积不断增大，形态不断变化，机能不断分化，神经纤维日益增长，所以脑重也增加。9个月的时候，脑重增加到660克（约增加一倍）；2岁半至3岁的时候，脑重增加到900～1 011克，相当于成人脑重的2/3；到7岁的时候，脑重达1 280克，已基本上接近成人脑的重量。比较起来，乳儿期是脑重量增加最快的时期。

（2）神经突触的数量和长度增加。保证皮质细胞形成联系的神经突触在数量上和完善程度上随着年龄的增长都在不断增加，并且以不同的方式向皮质各层深入，这就给儿童跟外界环境发生复杂的相互作用提供了物质前提。

（3）神经髓鞘形成。保证神经兴奋迅速传达的神经髓鞘在1岁以内就开始形成，到7岁时逐步接近完成，它是脑内部结构成熟的重要标志之一。神经纤维的髓鞘就像电线外面的包皮，能使神经兴奋沿着一定通路迅速传导，而不至于蔓延泛滥。

## （二）皮质抑制机能开始发展

按照巴甫洛夫的观点，一切反射活动的进行都是由兴奋和抑制两种基本神经过程的相互关系决定的，大脑皮质某个部位发生了兴奋，身体上受该部位支配的效应器官就会进入活动状态；反之，大脑皮质某个部位发生了抑制，则身体上受该部位支配的效应器官就会减弱或停止活动。这两种神经过程，虽然性质相反，但又互相依存。从儿童大脑皮质的兴奋和抑制过程的关系来说，儿童年龄愈小，兴奋过程比抑制过程愈占优势，这就是年龄愈小愈容易"激动"的生理原因。不过，随着年龄的不断增长，婴儿皮质抑制机能也开始发展起来。所谓皮质抑制，就是中枢抑制或内抑制机能。它的发展是大脑机能发展的重要标志之一。皮质机能的发展使大脑有可能更细致地分析、综合外界刺激，对于儿童心理发展来说，皮质抑制机能是儿童认识外界事物和调节、控制自身行为的生理前提。

### （三）定向反射的形成

由新异刺激所引起的一种期向性的反射叫做定向反射，它的皮层机制是优势兴奋中心。人有了优势兴奋中心便会产生一种相应的运动，从而对刺激作出全面的反应。

第一批条件性的定向反射，在儿童出生后第三个月已经出现，在第五个月它们就非常巩固了，而到第七个月，只要经过几次结合，定向反射就能形成。儿童起初对周围的新鲜事物（发声的、光亮的、活动的东西）产生定向探究反应。到了第二个月末至第三个月初，就可以明显地看到儿童对照顾他的成人作出一种特有的"天真快乐反应"了，即当他见到熟悉的成人时，总注视着成人的脸，手脚乱动起来，有时还会微笑，而对其他人则无此反应。这是人特有的反应，是儿童最初的"人际交往"。在乳儿期后期，可以看到语言强化的定向作用，这种强化是语言与动作之间相联系，如成人让"拍手"，他就会拍手，但表现不显著。

由于儿童神经系统、大脑皮质机能一天一天地增强，儿童每天非睡眠的时间也逐步加长，睡眠时间相对减少。儿童到一周岁的时候，每天非睡眠的时间一般可以达 7～8 小时。这样，儿童积极活动的时间就逐步增多了，这为儿童的心理发展提供了有利条件。

## 二、乳儿期心理发展的特点

### （一）认知过程

感觉是一种最简单的心理过程，它是对当前事物的个别属性的反映，如颜色、气味、味道、大小、触感等。知觉是对当前事物总体特性的反映，比如，知觉客体是一只皮球、一面红旗、一盆菊花等。

#### 1．触觉

新生儿的触觉很早就表现出来，他能对任何不舒适的刺激表示出强烈的反应，特别敏感的是嘴唇、手掌、脚掌、前额、眼帘等处。如物体接触嘴唇时，就会有嘴部动作；物体接触手的时候，就立刻把它抓住。

新生儿对温冷的感觉比较敏锐，如出生时因外界温度低于母体，他会哭叫，放在温室则不哭；牛奶太热他会拒绝喝。

在痛觉方面，当新生儿遇到痛刺激时，他会出现全身或局部的反应。

### 2. 嗅觉和味觉

嗅觉和味觉很早就发生，嗅觉在儿童寻找母乳时起一定的作用。4 个月的乳儿就能比较稳定地区别好的气味和不好的气味。

乳儿对不同的味觉物质会产生不同的反应，对苦、酸的东西作出皱眉、闭眼、张嘴等消极的表情，4 个月后能细微地区别苦、酸、甜等不同的味道。吃惯了母乳的儿童就拒绝喝牛奶。

### 3. 视觉

眼睛往往被人们称为"智慧之窗"，它是婴儿与成人交往中最早的渠道。

婴儿出生后，对光就有反应，但视觉不能集中，常常出现两个眼球不协调的运动（一左一右）。这种不协调在两三周后便消失了。在 40 天左右，可以看到婴儿集中而较持久的注视活动，并能对色彩鲜艳的物体有强烈的反应（追踪活动），2 个月后能跟踪物体移动 180°。

两三个月的儿童对人脸（亲近的人）更为喜爱，注视的时间比看物体的时间长，开始喜欢看复杂的图形。

4 个月的儿童可以分辨颜色，喜欢彩色（但认不出颜色名称），特别是红色的物体最能引起儿童的兴奋。五六个月后，他能辨别深度、大小，开始可以注视远距离的东西，如电视、街上行人等。之后就是他对事物的积极的观察。

### 4. 听觉

婴儿出生后不久就可以听到声音，但找不到声源。

三四个月的儿童能倾听音乐，并对乐音（催眠曲）表示出愉快的情绪，对强烈的声音则表示不快。

4 个月开始，儿童能区分成人发出的声音，听见母亲或亲近的人的声音就格外高兴，并且发出一种"咿呀"的声音，似乎是对成人的回答。之后他辨别声音的能力不断提高，为语言的发展准备了条件。

### 5. 注意

注意是对一定对象的有意识的指向和集中。它是一种心理的特征，是心理过程的一个特殊的方面，并伴随着感知觉。例如，婴儿听见铃声马上把眼睛转过去，这就是注意；一个玩具放在桌子上，他立刻会看，这也是注意，是不随意注意。

约在 3 个月时，儿童开始可以短暂地集中注意于一种新鲜事物，这是随意注意。

五六个月后可以稳定地注意一件事物，但不能持久，往往容易被其他事物所吸引。

### 6．记忆

过去经验的反映就是记忆。它包括识记、再认、回忆（再现）三种方式。

乳儿期的记忆还纯粹是无意记忆。就记忆表现来说，首先是再认，儿童在五六个月时见到妈妈可以辨认，这就是再认。最初的再认是妈妈、亲人，以后是周围的事物。

至于回忆，在乳儿期则不发展。

### 7．语言

语言是人类相互交往的工具，也是表达个体思想的工具，它是人类特有的心理现象。就个体语言发展的年龄规律来说，乳儿期是一个快速发展时期。

语言可分为三个方面：语音——发音、称呼；懂话——感受或理解，即把别人的话与现实的东西或行为活动联系起来；表达——用自己的话把思想讲出来。

从个体语言的发展看，大体上也经历着三个阶段：从发音到理解，再到表达。

（1）语言准备期（出生到1岁）。

整个乳儿期是语言的准备时期。婴儿出生后发出的第一声就是哭声，这是最早的发音，也是以后语音的基础。从第四周开始，哭声可以作为一种用来表示身体状态，以得到注意的手段，它多数是表示一种消极状态的声音，如饿、冷、热、温、寂寞等。哭声也可以表示一种积极状态，如舒服、高兴等。两三个月的儿童看见人走近他，会主动地笑，有时还会笑出声音来。到两三个月以后，发音增多，能连续发音，有了一些辅音。当大人与他逗乐时，他可以发出"哦哦""啊啊"的声音，表示愉快。三四个月时，当成人逗引他，他会"哦哦"地答应。到四五个月时，他会发出"ba ba，ma ma"的音节，但无所指。八九个月时，他可以形成第一批词与动作的条件反射，比如成人说"拍手"，他会拍手（动作）；成人说"欢迎"，他会拍手（动作）；成人说"再见"（词），他会挥手（动作）——这时，词成了物体的信号，有了这种条件反射，就有了学习与人交往的可能。

从第11个月起，是词——动作条件反射形成的快速时期，此后儿童就会模仿成人的语言。一岁时，儿童能听懂的词就更多了，但能说的词却不多，往往一个词代表许多意思。如"拿拿"代表"拿苹果""拿牛奶""拿帽子"；"猫猫"表示"小猫来了"或"把小猫赶走"；"帽帽"表示"要帽子""戴帽子""把帽子挂起来""摘下帽子"等等。

一岁的孩子对母亲的声音有偏好，能分辨生人、熟人的声音。

（2）理解语言阶段（1岁到1岁半）。

这一阶段儿童对成人语言的理解能力迅速发展。例如，成人问："灯灯在哪呢？"小孩就会转眼去找。这一阶段他理解的词主要是名词或人的称呼，其次是动词，其他词类还很少。他自己也能发出少量的词或不完整的句子。如果在这个阶段不提供有利条件，甚至剥夺他与人交往的机会，就会妨碍他的语言发展。

（3）表达语言阶段（1岁半到3岁）。

这是语言发展的跃进阶段，儿童可以用词来表达自己的思想和与人交际了。这时他会讲三四个字的短句和十来个词的句子；并逐步掌握语法结构，如"妈妈抱""皮球来了"等；也会使用名词、动词以外的词，如形容词、副词、代词等。这时他喜欢与人谈话；喜欢听简单的童话、歌谣、故事；也能用词来调节自己的行为。此时教育儿童积极地掌握语言，并通过语言来丰富儿童的经验，培养儿童的道德品质，不但是可能的，而且是必要的。

## （二）情绪的发展

情绪是人们对所认识事物和所做事情的主观态度的体验。比如，满意或不满，快乐或悲哀，喜爱或憎恨，惊慌或镇静等等。

情绪大致可以分为两种，即积极的情绪和消极的情绪。人出生时，开始应对新环境，消极的情绪较多，这时的哭多数是一种消极的情绪反应。以后不断与人接触，在交往中产生愉快的体验。笑是一种积极的情绪反应，当儿童吃饱了，感到温暖的时候，会表现出一种比较活泼而微笑的表情，对妈妈和亲人有一种特有的愉快情绪。哭和笑是情绪反应最早、最一般的表现。到6个月以后，儿童开始有害怕、厌恶、爱好的情绪；1岁时又有得意的情绪；2岁时有忌妒的情绪。无论是消极的情绪还是积极的情绪，都带有一种易变的特点，即情绪不稳定，一会儿在哭，一会儿在笑。

如果儿童没有活动的自由，没有适当的玩具，不跟成人交往，即使能满足他的生理需要，也不会有良好的情绪。呆傻、爱哭对儿童身心发展是不利的。

## （三）意志的发展

意志行为是一种有指向的行为。

新生儿没有指向性的行为，他还不能用词来调节自己的行动，因此说不上有意志的行动。乳儿期间的儿童只能说逐渐有一些随意运动，这都是在母亲的影响下才有的。

### （四）个性特征的形成

个性特征即一个人在气质性格上的特点，也可以说是个别差异。

在乳儿时期，可以看到儿童之间有很大的个别差异，有的灵活，有的呆板，有的活泼，有的安静……这与遗传因素有密切的联系。不过，这些特点很不稳定。

儿童出生后的第一年，说不上有什么自我意识，他甚至还不知道自己的存在。到一岁末，他才能把自己的动作和动作的对象区别开来。

一岁以内的孩子不可能有什么道德行为，因为他不可能与其他孩子有来往交际，也不可能主动把玩具给别人玩，或把别的孩子推倒、夺取玩具等。

### （五）乳儿动作的发展

儿童各种动作的发展是儿童活动发展的直接前提。从心理来看，活动是由动作组成的。早期动作发展过于迟缓可能预示以后智力有障碍，因为动作是在大脑皮质直接参加和控制下发展的。乳儿时期是动作发展最迅速的时期，这时的发展有几个重要规律。

（1）从整体动作到分化动作。新生儿最初的动作是全身性的、泛化的，以后随着神经系统和肌肉的发育，逐渐发展成局部的、精确的。如把毛巾放在2个月儿童的脸上，就会引起全身性的乱动；5个月的儿童就能用双手向毛巾方向乱抓；而8个月的儿童就能毫不费力地把毛巾拉开。

（2）从上到下。即从头部运动到躯干运动，到坐，到爬，到站，再到走。

如果使乳儿俯卧在平台上，他首先的动作是抬头；3个月后开始能翻身；6个月能够坐起；八九个月开始会爬；1岁时会站，并有可能开始行走。

（3）从中轴到边缘。

指大脑有意识地控制，先是躯干，接着是手臂和大腿，然后是手和脚，最后才是手指和脚趾。

（4）从不准确到准确。这个规律从四五个月开始逐渐明显。例如，婴儿想去钩一件东西，开始钩不到，渐渐触碰到了，但还钩不起来，再发展到想钩什么就能钩什么，比较准确。这是因为肌肉的发展是由大肌肉发展到小肌肉的，开始是头部、躯干、双臂、腿部动作，然后才是灵巧的手部小肌肉的动作，以及准确的视觉动作等。

为了发展乳儿的动作，应该使他有一定的练习动作的机会，这就要求提供适当的设备。如让儿童在干净的地板上爬来爬去，在有木栏杆的床上学习站立和迈步。同时，也要提供一些适当的玩具，如活动的、颜色鲜艳的、发声的、大的玩具，以及乳儿喜欢的图片（大公鸡、小白兔等）。

乳儿期正是一个刺激感官、启发孩子的潜在智力的启蒙教育时期。

# 第四节　智力开发与关键期的教育

智力发展问题，在家庭教育和学校教育工作中是一个十分重要的问题。教育是开发智力的手段，少年儿童正处在智力发展的黄金时代，只有抓住关键期的教育，才能更好地开发儿童的智力，使它放出奇光异彩。

## 一、什么是智力

什么是人的智力？人们对这个词并不陌生，通常所说的聪明与愚笨，就是指智力高低。若要给它下一个定义，概括起来主要有以下几种：智力是对新环境的适应能力；智力是一种综合的潜在的能量；智力是一种抽象思维能力或判断推理能力；智力是解决问题的能力，是一种创造力；而多数人认为智力是指人的认识方面的能力，它是各种认识能力的总和。也就是说，智力是高度的观察力、注意力、记忆力、抽象逻辑思维能力（特别是思维的创造力）和想象力的总和（见下图）。其中，思维力是智力的核心成分，思维的创造力是智力的高级表现。

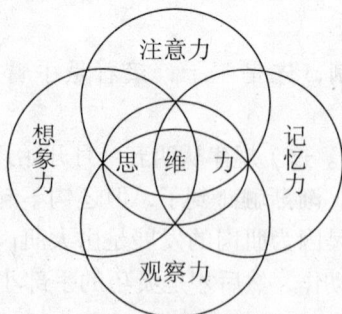

智力结构模式图

这里不妨参考一下我国丰富的词汇中有关聪明才智的描述，这方面常用的成语有：一目十行、一览无余、一目了然、过目成诵、足智多谋、深谋远虑、随机应变、举一反三、料事如神、匠心独具等。这些赞美之词都反映了智力，但又表示了不同的内容。一目十行、一览无余、一目了然是说观察力快而准确，不遗漏；过目成诵意味着不同凡响的记忆力；足智多谋指的是思维的深度；随机应变反映了思维的敏锐性与灵活性；举一反三说明了高明的推理能力；料事如神指预见性；匠心独具则牵涉到超常的创造能力。提法如此众多，正说明智力不是单一的心理活动，而是观察、注意、记忆、想象、思维等多方面心理过程综合活动的结果，其中以抽象逻辑思维能力为核心。因此，培养儿童的智力，必须在向儿童传授知识、训练技能的同时，大力培养儿童的观察力、注意力、记忆力、想象力、思维力和创造性地分析问题、解决问题的能力。

人的智力与人的面貌、气质、性格一样，是有个别差异的，这些差异表现在智力的类型、智力水平和智力表现迟早三个方面。

（1）智力类型的差异表现在知觉、记忆、思维的不同。

知觉方面：有人是综合型的，观察事物时能很快抓住事物的中心，但对事物的细节不太注意；分析型的人恰恰相反，观察事物时，能抓住事物的细节，却抓不住事物的中心主题。

记忆方面：有人视觉记忆突出；有人听觉记忆突出；有人运动记忆强；有人情绪记忆强；有人擅长理解记忆；有人擅长机械记忆。当然，现实生活中综合型的人较多。

思维方面：有人属于艺术型，即形象思维活跃，如艺术家、文学家；有人属于思维型，抽象思维能力强，如数学家、哲学家。当然也有中间型的人。

（2）智力水平的差异，在日常生活中也可以看出。有的人聪明一点，有的人智力一般，有的人比较迟钝一些。在国外，心理学家通过智力测验来进行智力评估，用智商（IQ）表示智力水平。智商的求法是智力年龄与实际年龄之比，即

$$智商 = \frac{智力年龄}{实际年龄} \times 100$$

$$IQ = \frac{MA}{CA} \times 100$$

如果一个儿童的智力年龄与实际年龄都是 10 岁，其智商 = 10/10 × 100，即 IQ 是 100，他的智力是中等的；如果一个 10 岁儿童的智力年龄是 12 岁 6 个月，其智商是 12.5/10 × 100 = 125，就属于聪明的了；IQ 低于 80 的儿童，智力属于低下。智商越高越好，智商在 138 以上就非常聪明，智商在 140 ~

150 就算是天才。智力在全国人口中呈正态分布，两头小，中间大（如下图所示）。

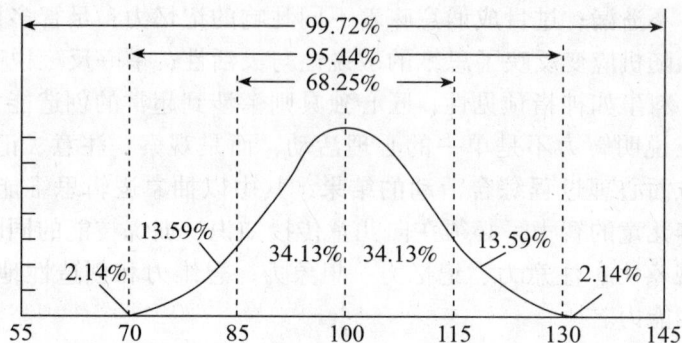

智力常态曲线示意图

16 岁以后智力发展到一定限度，智力年龄基本不再增长，而实际年龄还在增长，因而用它来测定 16 岁以后的智力就失去了智商的科学性。美国的韦克斯勒编制的儿童智力量表（WISC）就不再用旧的智商概念。他提出了离差智商，即按同年龄的平均数和标准差的关系来计算，高于或低于平均数的按标准差进行比较。

从智力分布的模式中，我们得到的启示是：①应当通过遗传优生的手段，减少智力低下儿童的出生，以提高人口素质。②对智力偏低的儿童，应因材施教，使其各尽其能。③对大多数智力平常的儿童，应加强教育，使其成为优秀人才。④对智力偏高的或超常儿童，应及早发现，早期培养，使其能对祖国的建设多作贡献。

（3）智力表现迟早的差异也很明显。有人很早就表现出超常的智力，这就是我们所谓的"早慧"。如高斯 3 岁时能纠正父亲算账的错误，7 岁时就能用简便算法计算出 1 至 100 的总和是 5 050，即等差数列求和。但有的人的智力表现较晚，这就是我们平常所说的"大器晚成"，如历史上的苏洵，27 岁才发奋求学，后来父子"三苏"齐名；齐白石 40 岁才表现出绘画能力；爱因斯坦 3 岁才会说话，小学念书时老师说他"笨"，可后来成为著名的科学家；达尔文 50 多岁才写出《物种起源》一书。智力表现早固然好，但本人也要努力，同时社会要加以关心、培养。对智力在早期没有突出表现者，也不要歧视，本人也不要失去信心。

人的智力有类型差异，水平有高有低，表现有早有晚，这是一种客观的现象。

## 二、儿童智力的开发

在个体成长过程中，儿童智力的形成与发展要受多种因素的影响，如遗传因素、环境因素和教育因素等，下面就教育方面谈谈如何开发儿童的智力。

### （一）观察力的培养

（1）激发儿童主动观察的欲望和兴趣，使儿童想看、想摸、想闻，养成爱观察的习惯。欲望和兴趣是观察的动力，会使儿童积极主动地观察。比如，先提出问题：什么是虹？天上什么时候有虹？是白天还是黑夜？是雨天还是晴天？是有太阳时还是没有太阳时？进而指导儿童用三棱镜观察阳光可以分解成7种颜色的光，再带领儿童在阳光下喷一口水，造一条人工小虹，让儿童通过观察得出结论：虹是太阳光以一定的角度照在水滴上产生的折射、反射等造成的自然现象。成人应该经常用这样的方法去培养儿童爱观察的好习惯。

（2）创造良好的观察环境，提供适宜的观察对象。研究表明，单调的环境不如丰富的环境利于培养儿童的观察力，植物不如动物能引起儿童的观察兴趣。比如，让儿童观察盆景，一般只能持续 1 ~ 2 分钟；而观察金鱼，却可以持续 5 ~ 6 分钟。如果是观察正在变化的动物，如正在脱皮的蝉、蜻蜓等，持续时间就会更长。经常接触比较熟悉、色彩鲜艳、轮廓清晰的事物，对儿童身心健康大有好处。

（3）教给儿童有效的观察方法。观察的方法多种多样，下面介绍几种：

顺序观察法，即从上到下、从前到后、从左到右、从头到尾、从近到远、从外到里或从里到外等有顺序地观察。这样能使观察全面、细致、不遗漏。比如，观察动物，可以从头、身体、四肢到尾部依次观察，从而掌握动物的外形特征，再观察其周围环境、生活习性等。

典型特征观察法，即先观察最明显的特征，再到一般特征。比如观察蝴蝶时，先观察蝴蝶的翅膀和美丽的颜色，再去观察其他部分。

放大观察法。有些熟悉的东西，看来已经没有什么可观察的了，但放大以后就会发现新的东西。给儿童买一个小放大镜，让他透过放大镜观察各种熟悉的事物。比如，将手指放大，观察平时看不清的指纹图形；将树叶放大，观察叶片的脉络结构；将雪花放大，观察漂亮雪花的六角晶体；将苍蝇放大，观察它爪子上的脏东西等。

缩小观察法。有些事物的特征在扩大了的范围内不容易看清楚，可以把它缩小。比如，水是透明的液体，但江河、大海的水似乎不透明。可以用碗舀一碗水，缩小了观察，就会发现水果真是透明的。

比较观察法，即同时观察两种或两种以上的事物，比较其异同，从而培养儿童辨别、分析、概括的能力。比如男孩与女孩、鸭与鹅、公共汽车与卡车的比较等。

深入观察法。有些事物从表面上看，难以确定它的性质，那就需要进一步深入地观察。比如，儿童不明白为什么苹果、梨一类算植物的"果实"部分；而土豆、白薯则不算"果实"。此时可以将它们切开，让儿童观察到里面：苹果、梨里面有种子，这是果实部分，而土豆、白薯没有种子，故不是果实部分。

除此之外，还有演示法、操作法、追踪法等，这些方法都和思维分不开，这是人类与动物视听的极大区别。在培养儿童观察力时，要特别注意这种联系，使观察力成为儿童创造性智力活动的重要内容。

## （二）注意力的培养

（1）促进儿童良好注意品质的发展。良好的注意品质包括注意的稳定性、较大的注意范围和较强的分配能力。

提高儿童注意力的稳定性。主要是利用一切手段培养儿童自我控制的能力，在这方面突出目的性的作用，效果良好。还要为儿童提供有利于注意力稳定性的环境和教育条件，当儿童注意力集中时，不要干扰他。儿童注意力稳定性是成才的条件。

扩大儿童注意的范围。比如，儿童到动物园时，会比较注意动物，而不注意身旁的花草树木；注意动物的动态，而不注意动物的静态；注意动物的饮食，而不大注意动物的饮食习惯和特性。父母和教师要有意识地引导他们注意这些容易被忽视的事物特性。

加强注意的分配能力。在日常生活中有意识地训练儿童的动作和技能，这对儿童适应复杂多变的环境，增强其注意分配能力是十分有益的。

（2）充分利用儿童有意注意和无意注意的转换作用。注意是一种心理品质，但不是一个独立的心理过程，它总是和其他心理过程联系在一起。比如，注意听、注意看、注意记、注意想等。不管这些心理过程是在无意注意的情况下进行，还是在有意注意的情况下进行，都需要消耗一定的能量，时间久了，会引起脑神经的疲劳。而有意注意需要付出一定的意志努力，就更容易引起脑的疲劳。在这种情况下，利用两种不同的注意带来的心理过程的转换，有利于减轻或消除疲劳。

（3）培养注意的习惯。日常生活中，可以看到有的孩子做什么事都容易集中注意力，而有的孩子做事就很难集中注意力。这种现象与孩子的注意习惯有关。家长要注意，当你同孩子谈话或要求孩子做什么事情时，绝不允许孩子有漫不经心的态度。如果出现你说你的、他玩他的这种情况，你既不纠正，事后也不检讨，天长日久，孩子慢慢就会养成不注意听大人讲话的不良习惯。同样的情况也会发生在孩子做事、学习、看书、锻炼等各种活动中。所以，必须从小培养孩子注意目标明确、做事专心的好习惯。俗话说"习惯成自然"，一旦成为习惯，孩子不需要什么意志努力就能集中注意力，专心地完成要做的事情了。

## （三）记忆力的培养

（1）加强识记的目的性。有意识记的形成和发展是儿童记忆发展中最重要的质变，识记的目的性直接影响效果。儿童的识记需要成人的具体要求，这有利于调动儿童识记的积极性，记忆效果会更好。比如，为了当好汽车司机，就需要记住开车的动作和行车规则；为了当好售货员，就需要记住商品的名字和价格；为了当好图书管理员，就需要记住书名。

（2）提高识记活动的动机。识记的效果与识记活动的动机强弱有密切关系。比如，儿童面前摆了各种动物和动物爱吃的食物图片，如果泛泛地看图记物，效果就不一定好。如果提醒儿童，有意地为某些动物找到它爱吃的食物，这时儿童有意识记的动机就会增强，有意识记的效果也更好。

（3）在积极思维过程中识记材料。记忆不是孤立的过程，它常常包含着复杂的思维活动。许多材料靠死记硬背并不容易记住，或记得不牢，但通过思维活动，通过对材料的分析、综合来消化理解、融会贯通，则能记得好一点。因此，帮助儿童寓"记"于"思"，让儿童在记忆过程中弄懂新学的知识，启发他们将新旧知识挂钩，在理解的基础上进行识记，记忆的效果会更好。

（4）学会运用多种记忆方法。

归类法，即把许多同类的事物归为一类，将记忆的材料整理成有适当次序的材料系统。这样能扩大记忆的容量，使材料更易于记住、记牢。如把苹果、梨、香蕉、橘子归为水果类，把糖果、饼干、面包、冰淇淋归为食品类，就容易记住。

比较法。比较是确定事物之间的异同点的一种思维方法，通过比较，能使我们精确地认识各种事物固有的特点。比较可以同中求异，也可以异中求同，如四边形包括正方形、长方形、平行四边形、菱形、梯形等。稍大一点的儿童，还可以比较它们的面积公式，通过比较加深记忆。

熟记法。熟记就是把材料记得滚瓜烂熟，从而回忆起来能够畅通无阻，运用起来得心应手。熟记分三步：第一步理解学习材料，第二步采取反复阅读与尝试背诵相结合的办法进行记忆，第三步就是及时复习。

联想法。即借助某些中介建立多种联想，进行间接识记。比如在教幼儿认识数字时，引导他们利用某些形象为中介来识记。如"1"像棍子，"2"像鸭子，"3"像耳朵，"4"像国旗，"5"像钩子，"6"像哨子，"7"像拐棍，"8"像葫芦，"9"像烟斗等。

当然，记忆方法很多，在此就不一一介绍，下面推荐一首记忆歌。

**记忆歌**

目的明确兴趣高，形象理解记得牢。

集中注意强记忆，意义机械结合好。

五官协同齐动作，联想复习遗忘少。

记忆方法要灵活，劳逸结合巧用脑。

### （四）思维力的培养

（1）丰富儿童的观察内容。儿童从小就有一种要看、要听、要闻、要摸、要尝的要求。为儿童创造丰富的生活环境，提供更多的认识对象，并且注意色彩要鲜艳，形状要多样，音响要丰富，活动性要大，形象鲜明、生动，富有吸引力，这样就有助于儿童思维的发展。当儿童被观察对象所吸引时，他就会接近它、触摸它、玩弄它。

（2）教给儿童正确的思维方法。家长和教师在给儿童传授知识的同时，要教给儿童有效的思维方法。比如，在教会幼儿2、3、4是相邻的数后，可启发幼儿寻找与5相邻的数是什么。在让幼儿练习分类时，启发幼儿去发现分类的规律，并说明理由。这样做有助于幼儿掌握分析、判断、推理等方法。幼儿一旦掌握了思维的方法，就犹如插上了思维发展的翅膀，思维能力就能得到提高。

（3）激发求知欲，保护好奇心。好奇、爱提问题、喜欢探究活动是幼儿思维积极性的表现。成人应该保护、培养幼儿这种好奇心和求知欲，主动、热情、耐心地对待孩子提出的问题，决不能采取冷淡、压制的态度。要鼓励孩子多问、好问、多动脑筋，还要经常向幼儿提出各种各样他们能够接受的问题，引导他们去想、去探究结论，这样使幼儿的思维经常处于积极的活动状态，有助于思维的发展。

此外，不断丰富幼儿的感性知识，发展幼儿的语言，在解决问题过程中锻炼幼儿的思考力，帮助孩子理解事物的性质和关系，都有利于幼儿思维能力的提高。

### （五）想象力的培养

（1）利用大自然培养儿童的想象力。儿童想象中许多最美丽的图景、素材都来源于大自然。在大自然中让孩子观察四季的星空，想象各种星座构成的不同图景。春天，开冻的河上有冰凌；夏天，高大的树上有鸣叫的知了；秋天，天空中有多变的浮云；冬天，玻璃窗上有由水汽凝结的冰花。这都是儿童观察、想象的好材料。

（2）游戏的陶冶。游戏是儿童想象的王国，在游戏中，儿童可以凭借想象扮演各种角色，表现各种生活情境。从儿童在游戏中扮演的角色的变化所表现出的情境的复杂化，可以看到他们的想象力在不断发展。比如，幼儿玩"开车"的游戏，小班的孩子只是一个人坐在一个凳子上开车，自玩自乐；而大班的孩子开车，不仅有司机，还有售票员、乘客，甚至警察，包括红绿灯和有关的交通规则。这就反映了儿童想象的角色复杂化、系统化。因此，要鼓励儿童多做游戏，在游戏中激发他们想象的欲望。

（3）绘画的锤炼。儿童是喜欢画画的，这种兴趣经久不衰，利用画画发展儿童的想象力是一种好的手段。画画可以是添笔画，也可以是想象画。添笔画，即大人画一个简单的圆圈，让儿童在圆圈上添笔，画成其他图形或图像，如太阳、向日葵、钟表、娃娃、小鸡等；又如画一个长方形，让儿童添笔画成黑板、窗户、练习本、汽车、小房子等。当然还可以让儿童画想象画，即根据儿童的所见所闻触景生情，想画什么就画什么，这可以使儿童的思路开阔，想象丰富。

（4）故事的启迪。故事是语言的艺术，它利用语词描绘形象和情境，受到幼儿的普遍欢迎。父母可以通过续编故事和对接故事的方法，激发他们的想象力，即父母开一个头，孩子接编一个情节，父母再接着编下一个情节，相互交替地接编下去，直到把故事编完为止。

除此之外，儿童智力的开发还要与培养良好的个性结合起来。"勤奋出天才"，科学家事业上的成就，无一不是他们付出艰苦的脑力劳动的结果，但一个人的个性品质不仅指他的勤奋，还包括他的意志品质、自信心、进取心、坚持不懈的精神。当然，父母要照顾孩子智力发展的差异，要因材施教。

## 三、关键期的教育

"3岁看大，7岁看老"这种说法虽然有点绝对，但也有一定的道理。我们说 7 岁以前是教育的黄金时期，机不可失，时不再来。我们在开发儿童智力的同时，一定要重视对儿童关键期的教育。

什么是关键期？怎样抓好关键期的教育呢？

关键期就是关键年龄，它指人生学习效率最高的年龄阶段。也就是说，关键期是儿童某种能力开始发源并且迅速发展的特殊时期。各种能力的关键期出现的先后不同。在不同的关键期内给儿童提供相应的信息，是能力充分发展的必要条件。如果错过关键期的发展，某种能力的发展需要更多的补偿才可能达到正常水平。人的身体的发育也有个年龄年限的问题，大脑作为一个生理器官，一样也有个最佳的发展时期，这就是脑的发展以及智力发展的关键期。

我们在教育孩子时，有哪些关键期呢？下面略举一些：

8 ~ 9 个月是分辨多少、大小的开始。

2 ~ 3 岁是计数能力发展的关键年龄；是学习口头言语的第一个关键年龄。

2 ~ 6 岁是婴幼儿良好品行形成的关键期。

3 岁左右是培养独立性的关键年龄。

3 ~ 5 岁是发展儿童音乐能力的关键年龄。

3 ~ 8 岁是学习外语的关键年龄。

4 岁以前是发展儿童形象视觉的关键年龄。

4 ~ 5 岁是开始学习书面语言的关键期。

5 岁前后是口头言语发展的第二个关键年龄；也是掌握数概念的关键年龄。

5 ~ 6 岁是掌握汉语词汇能力的关键期。

6 ~ 7 岁是运动锻炼中速度、灵敏度发展的最佳时期。

这些关键期是就一般而言的，不同地区、不同条件以及不同儿童之间都是有差异的。

近来，我国心理学、医学工作者对早期教育的关键期做了不少的研究。中国科学院心理研究所荆其诚教授认为儿童心理发展的几个关键期是：双眼视觉，0 ~ 5 岁；情绪控制，1 ~ 5 岁；反应的习惯方式，0.5 ~ 5 岁；同伴交往社会技能，3 ~ 7 岁；语言发展，0.5 ~ 7 岁；认知技能——符号，1.5 ~ 5 岁；认知技能——相对数量，4 ~ 7 岁。在上述 7 项能力中，有 4 项的关键期发生在 1 岁以前，2 岁、3 岁和 4 岁以前各有 1 项。

北京福康人生儿童教育研究中心、北京大学医学部福康之家科学育儿指导机构的冯国强教授认为 0 ~ 3 岁婴幼儿早期发展有 8 个关键期，即

第一关键期：0 ~ 1 个月。

重点发展能力：目光交流、视听适应能力，俯卧、触觉刺激、三浴锻炼。

第二关键期：1～3个月。

重点发展能力：头部运动和控制，主动伸手够取和拍抓，视觉追踪和听觉分辨，视听觉刺激、触觉刺激、健康操。

第三关键期：3～6个月。

重点发展能力：自由翻身和坐起，准确抓握和手眼初步协调，提高视听及其分辨的能力，发元音和对话交流，培养有规律的生活习惯。

第四关键期：6～9个月。

重点发展能力：自由游戏的能力，坐位平衡和爬行能力，双手配合和手指抓、握、捏，提高手眼协调性，提高发音表达能力，发展具体形象认知能力和客体永存观念，积极表达自己的欲望和要求。

第五关键期：9～12个月。

重点发展能力：适应伙伴交往，提高爬行能力，练习站立和迈步行走，发展手眼协调和相对准确的操作能力，学习更多词汇和主动开口，认识具体事物，自我意识的训练。

第六关键期：12～18个月。

重点发展能力：尝试独立思考和探索，提高行走和控制平衡的能力，练习高级的手眼协调能力，更多地利用语言表达思想和要求，发展自我控制能力、记忆能力、自己动手和穿衣配合能力、大小便自我控制能力。

第七关键期：18～24个月。

重点发展能力：提高身体动作能力，学习使用游戏工具，学习更多词汇，发展语言表达能力、基本的自我服务能力，发展人际交往能力，认识和躲避危险的训练，保护和培养创造力。

第八关键期：24～36个月。

重点发展能力：参与社会生活，提高身体协调的运动能力和复杂、精确的动手操作能力，丰富词汇，准确表达，提高认知和学习能力，引导训练想象和创造力，训练自我控制能力，培养劳动精神与合作精神。

下面就儿童良好品行形成和言语发展谈谈关键期。

2～6岁是婴幼儿良好品行形成的关键期，这就是说婴幼儿时期是学会做人、养成良好行为习惯的关键时期。曾听一位幼儿园老师讲了这样一件事：一次，幼儿园发给小朋友每人一块很可口的点心，老师发现班上（中班）有个男孩光喝水，不吃点心，最后把这块点心装进衣兜。后来老师问他为什么不吃点心，他说："我爷爷病了，我要把它带给爷爷吃。"多么好的孩子！他为什么这样热爱爷爷呢？这位老师通过家访得知，孩子的父母对爷爷十分孝敬，家中有好吃的总是先想着爷爷。爸爸妈妈孝敬爷爷的行为潜移默化地影响着孩子，形成了这个孩子能想到他人的好品质。一个四五岁的孩子能够克制自己不吃很好吃的点心而留给生病的爷爷，这确实不容易，我们可以推想，这样的孩子长大之后，会是一个富有同情心、乐于助人的人。所以我们说，学龄前儿童是学会做人的关键期，做人是成才的基础，是成才的前提。因此，这个时期是一个人品行教育的起步教育的关键阶段。（关于儿童品德的起步教育后面有专题论述）

儿童发展言语的关键期是在3岁左右，如果这个时候没有提供足够的语言环境的刺激，将会大大妨碍儿童大脑言语机能的充分发展。大家都知道狼孩的故事，它清楚地说明了幼儿关键期对人的智能发展的重要性。从森林里找回的狼孩，由于错过了言语和智能发展的关键期，尽管人们付出相当巨大的努力，但是他的言语和思维机能始终未能达到一般儿童的水平。所以对2～3岁的儿童，父母要经常地、充分地与他交往，多跟他说话，多放广播、电视节目，同时教孩子正确地发音，丰富他们的词汇，让孩子说话完整、连贯。充分发挥成人语言的榜样作用，对促进儿童言语发展是相当重要的。

在我国，早期开发和关键期教育的热潮方兴未艾，的确为儿童的成长提供了积极的社会环境。值得注意的是，由于某些极端的功利主义文化背景和条件的限制，目前早期教育和关键期教育中违背儿童身心发展特点的现象相当严重。比如，有的幼儿园和家长把识字多少、会不会演算作为衡量早期教育和智力开发的指标，家长盲目地让孩子参加许多艺术教育（如弹钢琴、拉小提琴、舞蹈、体操、游泳、绘画、音乐等）学习班，把孩子的周末时间和业余时间安排得满满的，这不仅会剥夺儿童童年的欢乐，甚至会扼杀儿童的好奇心、主动精神和创造力，窒息儿童的天性。当前早期教育中存在两种不良倾向：一是超前，即认为早期开发，越早越好；二是超量，认为早期教育、早期学习学得越多越好。这种超前和超量的早期教育，将会给儿童带来极大的危害。比如，导致孩子对什么都没有兴趣，产生疲劳感，对学习产生焦虑与恐惧，以致厌学，这样大大降低了学习动机，无法有效地集中注意力。超前、超量的学习，可能影响孩子左右脑的均衡发展，这对儿童的全面发展极为不利。

总之，我们主张早期教育、智力开发和关键期的教育，目的是在儿童先天潜质、遗传禀赋基础上，通过适宜教育刺激使其身心得到最大限度的全面发展。早期教育反对的是超前、超量的教育，提倡的是适龄、适度、适宜的教育，只有这样才能有利于儿童身心健康地发展。

请您记住：童年只有一次，成长不能重来，让每个孩子拥有人生最佳开端！

# 第三章

学前期儿童（3~6岁）的心理发展

# 第一节　人生的第一次反抗转折期

什么是转折期？人的身心发展，从出生到衰老是经过无数次的量变到质变的过程。人的一生中，身心发展要经历几个比较大的质变的过程，我们称之为转折过程，也就是转折期。如一个人从出生到成年是一大转折，从中年到老年又是一个明显的转折。就是在出生到成年这一阶段内，儿童随着身心发展的"飞跃"，也经历了三个比较大的转折期，这就是：

第一次转折期：2~3岁，人生的第一次反抗期；

第二次转折期：6~7岁，以游戏为主导活动转入以学习为主导活动时期；

第三次转折期：13~14岁，少年的过渡时期，第二次反抗期。

为什么2~3岁是人生的第一次转折期呢？因为这个时期的身心发展是区别人与动物心理的关键时期。人与动物的根本区别在于人能使用工具和制造工具，人有思维，有言语，而2~3岁正是儿童动作发展向人的本质特征——能使用工具——发展的时期；另外，也是言语产生的关键时刻；还是数概念形成，延迟模仿产生的时期。这个时期是自我意识进入第一次反抗的时期，因而这是身心发生质变的时期。

两三岁的儿童在身体发育上，体重虽然没有婴儿时期增长得那么快，但相对来说还是较快的。一般2岁的孩子体重在12千克左右，其身高接近成人身高的1/2。根据对大脑的研究，两岁半儿童的脑重已相当于成人脑重的2/3，成人脑重为1 400克，两岁半儿童的脑重大约为930克。

人生第一次转折的主要表现是：

## 一、动作的发展——初步学会使用工具和做游戏

儿童出生后开始只能躺在床上乱动，2岁以后才逐渐会走、会跑、会跳，会用手灵巧地拿东西，这是动作的发展过程。两三岁孩子最明显的特点是动作增多和复杂化。

儿童动作的发展，虽然是肌肉和骨骼活动的发展，但是它和儿童心理的发展是有密切关系的。因为儿童是在活动过程中，通过动作与周围环境、事

物接触，从而认识周围世界，产生和发展他们的心理活动，同时通过动作和活动来表现他们的心理活动。

儿童动作的发展，在3岁以前已基本完成，以后是向更准确、更有组织、更匀称协调的方向发展。

两三岁儿童动作的发展，是有规律地按一定顺序发展的。

## （一）儿童动作发展的规律

（1）从上到下。儿童动作的发展是先发展身体的上部，后发展下部，是从头部动作开始发展，从上肢到下肢发展的。

（2）从大到小。儿童最初发展的是与大肌肉相联系的动作，以后才逐步发展与小肌肉相联系的动作，如手的动作，先会把手举起来，后会抓、握、拿。

（3）从简单到复杂。儿童的动作先是简单、个别的动作，如抬头、伸手、踢腿，以后发展到同时转头、伸手，手眼协调地拿取物体，再进一步发展到参与由多种动作组成的游戏活动。

（4）从不随意到随意。动作的随意性与不随意性，是从动作的主动性和目的性来区别的。儿童的动作开始是不随意的，动作无目的，是由客观刺激引起的。比如，头部随着光线的方向（或声音的方向）转动；有东西接触儿童的手，儿童的手就抓摸。以后，随意动作逐渐发展起来，客观刺激不在眼前或没有直接接触儿童时动作也会出现，这时，儿童通过动作，主动、有目的地去认识周围事物。比如，儿童在"藏猫"活动中，主动地把头转来转去寻找"猫"就是随意动作。这时孩子的"服务精神"特别可爱，如帮助父母拿报纸，客人要走时主动地把门打开等。

## （二）儿童学会使用工具的过程

2岁以后，孩子逐渐学会拿各种东西的动作，不再是敲敲打打，捡了又扔，这时孩子能端起碗喝汤，拿起小勺把饭送到嘴边，能用积木搭"高楼"，能用小毛巾洗脸，拿起笔来"画画"。这个时候，是人开始使用工具的年龄。两三岁是儿童由不会按用具的特点去动作，到学会根据用具特点去动作的过程。

儿童掌握使用工具的本领，要经过以下四个阶段。

第一阶段：完全不按用具的特点支配动作。这个阶段的动作有两个特点：一是把拿到手里的物品简单地当做自己手的延续。如拿勺子盛了东西送到嘴里，就像把他的拳头送到嘴里一样。二是不断地改变运用物品的方式，有效动作方式不能巩固。比如，拿勺时紧握勺把的低处，甚至连手指也塞进嘴里；盛了东西，却把勺斜着送，没到嘴边，大部分食物都洒掉了。有时也会出现一些有效动作，但变化无穷，不能巩固。

第二阶段：进行同一动作的时间有所延长，不再连续换新方式。这就是说，在尝试错误后，偶然碰上一种有效的方式，会立刻抓住它，而且比较小心地完成某种动作。如拿盛满食物的勺子，会慢慢地平着端起来，达到嘴的高度时才向嘴里送。虽然动作比较"笨拙"，但孩子在握饭勺吃饭的动作上已前进了一步。

第三阶段：有意地重复有效动作，可以说主动地掌握经验中有效的动作。有时候也会固执地使用某种失败动作，不肯放弃他认为的有效方式。比如，两三岁的孩子常常要自己穿鞋袜，又经常穿错，而得不到父母的理解，从而产生矛盾。

第四阶段：能够按照用具的特点来使用。比如拿勺的姿势，会使用筷子，能拿笔画画，此时动作如不正确，很快就会纠正。

对孩子动作的发展，家长应注意以下三点：

（1）孩子学习使用工具时，家长不要急于求成，应该根据孩子动作发展的规律耐心引导。如果孩子一时固执地运用某种动作方式，这是孩子动作发展过程中的正常现象，经过正确引导是会得到改正的。

（2）孩子在学习使用工具的过程中，有时会出现倒退现象，家长也不要责怪。例如，孩子已经掌握了用勺吃饭的动作，忽然有时就不好好地用勺吃饭，把饭粒洒满了一桌。这是前进中的倒退，原因是孩子对熟悉的动作已失去新鲜感，又对新动作感兴趣了，喜欢用手去捡起来吃，这有助他手指的肌肉发达。孩子每学习一种新动作，劲头是十足的，学会后又可能把精力转移到别处。

（3）要鼓励孩子的"服务精神"，安排力所能及的活动。两三岁的孩子能够学会许多动作，而且非常喜爱活动，喜欢做事，这个年龄孩子的"服务精神"是特别可爱的。比如，孩子见爸爸下班回家了，头也不回地赶紧走到房间，爸爸说："他怎么理都不理我？"话音未落，孩子就把拖鞋送到爸爸跟前了。又如，客人要走了，孩子抢着去开门，并说："送送叔叔。"这个年龄阶段的孩子喜欢干活，如拿报纸、搬小凳子、开门、关门，家长应该保护孩子的这种积极性。要有意识地引导孩子去做事，让他做一些力所能及的劳动，既发展了他的动作能力，又满足了他的情绪，还养成了他爱劳动的好品质。如果大人总是跟在孩子后面，这个不许，那个不能，就会影响孩子身心的健康发展。

好动是孩子身心发展的需要。活动不但能使全身的骨骼、肌肉、筋腱系统发展得更好，而且能促进手、眼、足的动作更加协调，促进情绪和智力的发展。如果限制孩子的活动，会引起他本能的发怒。对成年人也是这样，假如固定成人的头部使之不能转动，但允许他随意交谈，不限制其视觉、听觉活动，其智力活动的效率会显著降低，情绪受到扰乱。而两三岁的儿童，由于肌肉、骨骼、神经系统发育尚未成熟，不能长时间维持某一个固定的姿势，而变换姿势可以使他受刺激的部分轮流休息。同时，活动过程又使孩子接触更多事物，对扩大知识面、发展智力与独立性是有益的。

### （三）儿童动作发展的顺序

儿童动作发展的顺序大体上是头部动作发展（抬头）→躯体动作发展（翻身和坐）→运动动作发展（直立行走和手的抵抗动作）。

运动动作发展对心理发展最重要的是手的动作和直立行走。

手可以说是认识的器官。儿童一开始是用手来感知外界事物的某些属性和事物之间的各种关系的。比如，物体的软硬，光滑与粗糙，小的东西可以放到大的东西里面去，东西与东西敲击会发出响声等。

直立行走在幼儿心理发展上占有重要位置。儿童两岁时行走自如，能大步稳跑，会踢皮球，能自己上楼下楼；两岁半时能双脚跳，能用单脚站立片刻，能踮着脚用脚尖走几步，能从椅子上跳下；三岁时能单脚站立，会踮着脚走，跑步稳当，会骑三轮脚踏车。

直立行走在幼儿心理发展上的意义是：①幼儿可以主动地接触各种物体，更有利于各种感官和言语器官的发展，扩大认识范围。②发展幼儿的独立性，他可以独自想到哪里就到哪里。③为定向知觉的形成和发展准备了条件。空间知觉主要是动觉与视觉的联系，会走就为这种联系的形成准备了条件。④幼儿在多方接触事物的过程中，对事物的分析、综合能力也就发展了，这就为早期的思维活动提供了可能性。⑤与人的交往范围大大扩展，有助于形成幼儿的社会性行为。

## 二、言语的发展——学会说话，开始与人交往

语言是人和动物相区别的主要标志之一。恩格斯说："首先是劳动，然后是语言和劳动一起，构成了两个最主要的推动力，在它们的影响下，猿的脑髓就逐渐地变成人的脑髓。"从个体发展来看，正常的儿童在正常的条件下到了适当的年龄都能学会他所在社会的通用语言。掌握了语言，儿童就得到了

一种有效的工具，可以通过与成人的交往增进对外部世界的认识，也可以借助语言把这些知识更好地储存起来以供应用。同时，掌握了语言也便于儿童抽象地思考问题。因此，语言的获得是儿童心理发展中的重大转折。一至三岁是儿童开始掌握语言的时期。儿童学习语言的规律是先听懂，后会说。一岁前儿童对成人的语言只有简单的动作反应，一岁半以后理解语言的能力有了较快的发展，两三岁是真正开始说话的年龄，但不能自如地用语言清楚地表达自己的意思。

## （一）儿童言语的发展经历两个主要阶段

### 1. 理解语言的阶段

儿童理解语言一般是从语音的感知到意义的获得。人类的语言是有声语言，语声是语言的物质外壳，词语的意义是靠声音表达出来的，婴幼儿分辨和发出语声都有个发展过程。婴儿很早就能区分人的语声和其他声响（闹钟声、哨声），这表现在听到有人说话他就不哭了，而听到别的声音就没有这种反应，这种区别不同声音的能力是他以后学习语声的前提。儿童最早辨别的是元音［a］、［i］、［u］，以后是元音和辅音的区别。儿童对语言的辨别能力是他发出各个不同语音的基础。一岁半左右的孩子，对成人说的许多词句都能作出正确的反应，说明他能够听懂许多话，但是他说出的词不多，说话的积极性也不高。有人认为，1 岁儿童平均说的词为 3 个，2 岁为 272 个词，3 岁为 1 500 个词。2 岁以前的孩子常常用动作和表情示意，比如，看见妈妈在找东西，他常常会把东西拿出来，但不开口。

理解语言有以下特点：

（1）由近及远。孩子最先理解的是他经常见到的物体，如"灯灯""奶奶"（牛奶）；其次是对成人的称呼，如"妈妈""爸爸"等；再则是玩具和衣物的名称，如"球球""帽帽""积木""鞋鞋""钟""钥匙"等；然后是身体和脸上各个部位的名称，如"手""眼""耳""鼻子""脚"等。

（2）特定化。即理解的词往往是某个范畴的典型实例，有时把物体同某种特定的情境联系在一起。比如，鸟——专指儿童家阳台上鸟笼中的"画眉"，以后才包括其他的麻雀、鸵鸟等；妈妈——就是自己的妈妈，而且必须是戴上眼镜的、年轻的妈妈，以后逐步才把别人的母亲也理解成是妈妈，老年人也会是妈妈等。

（3）一词多义。以一个词代表其想说的一句话，因此，这个词在不同的情境下具有不同的意思。如"帽子"，当孩子要出去户外活动时，可以表示为"我要戴帽子"；在玩耍时，帽子掉了，代表"我的帽子掉在地上了"；回到家里要取下帽子，代表"把帽子摘下来"或"把帽子挂在衣钩上"；当别人玩他的帽子时，代表"他拿我的帽子"。

语词意义获得的特点是：儿童最初的词义和成人的词义并不完全相同，一般来说有以下几种情况：

（1）儿童的词义把成人的词义扩大了。如把"狗"这个词扩大到指牛、羊、猫等一切有四条腿的动物，这种词义扩展现象在一岁到两岁半儿童中较多，这是他们掌握的词太少的缘故。

（2）儿童的词义把成人的词义缩小了。如把"狗"这个词缩小到只指某一只狗，或只指躺在某处的特定的一只狗。

（3）儿童的词义与成人的词义只有部分重叠。如儿童把"狗"理解为大狗，而不是小狗，另外还指牛、羊、猫等。前面是不重叠的，当然也有扩展。

（4）儿童的词义与成人的词义一致，这占一岁半到两岁半儿童的词汇的2/3。这样的词多数是界限分明的，或者是儿童接触到的，因而容易表达，如电视机、录音机等。

（5）儿童的词义与成人的词义完全不同。儿童的词义之所以不同于成人的词义，可能是因为他可供使用的词汇不足，想表达的意思多，而且对成人的词义又没有充分掌握；也有可能是儿童对某些词产生误解所致。如有个孩子把水洒在地上，妈妈生气地盯着他说："你简直是故意这么干！"后来问他："故意是什么意思？"这孩子说："故意就是你盯着我看。"这显然是把意思领会错了。

**2. 学会说话阶段**

孩子在一岁半以后，有一个似乎是突然开口的阶段，在这之前则很少说话。孩子2岁以前的说话出现重叠音、以音代物、多义词和单词句的现象。

重叠音——一个词是由两个音组成的。如"帽子"，孩子往往只说一个音而且把它反复重叠起来，说成"帽帽"、"奶奶"（吃奶）、"糖糖"（糖果）、"包包"（面包）。

以音代物——孩子喜欢用象声词来代表物体的名称。如把汽车叫做"嘀——嘀"，鸡叫做"咯——咯"，狗叫做"汪——汪"。

多义词——儿童常常用一个词代表多种意思。比如"嘀嘀"代表汽车，也代表小轿车、大卡车、公共汽车、面包车等。

单词句——以一个词代表一个句子。如"妈妈"既可代表要妈妈抱，又可以代表要妈妈穿衣服，还可代表要妈妈给他吃东西。

2岁以后，孩子变得爱说话，喜欢模仿大人说话，如果有良好的语言环境，经常有人和孩子说话，教他说话，那么，两三岁就成为人生初学说话的重要时期。3岁是儿童积极的言语活动的发展阶级。这个时期的儿童喜欢说话，主动要求学习语言，常常问这问那，要求成人教他说物体的名称等。所以3岁是儿童语言发展的质变阶级，是儿童口头言语发展最佳的年龄期。这个时期儿童学语言快，也容易学会。

这个时期儿童的言语经历了由简单句到复杂句、由掌握最初步的言语到掌握最基本的言语的发展过程。

儿童的简单句的句子很短，不完整，所表达的意思被简化了，一句话中可能短缺几个字，也称为"电报式语言"。例如，"爸爸马"代表爸爸给我买小马；"妈妈班"代表妈妈上班去了；"妹妹糖"代表小妹妹要吃糖。

儿童最初的复合句是两个简单句的组合，如"妈妈上班，平平自己玩"。这段时间儿童的词汇量在急剧增加，到3岁已达一千个左右；掌握词类，先是名词，后是动词，再就是形容词，以后副词、代词的比例也在增加。随着词汇量的增加和开始模仿成人说话，儿童逐渐掌握了言语的语法结构和基本的句型，所说的话已基本符合语法。所以，儿童已发展到掌握最基本言语的阶段了，当然，此时儿童的言语水平还是比较低的。到7岁时，儿童语言的发展进入一个新的时期。

### （二）怎样促进儿童言语的发展

父母与孩子朝夕相处，是儿童言语发展最好的老师，父母在促进儿童言语发展中，应注意以下几点：

（1）创设良好的语言环境，提供学习与模仿语言的机会。

孩子出生以后，父母应该与孩子多说话，尽管孩子听不懂，但也要多给语言刺激，放广播、录音给孩子听。为了让孩子言语正确地发展，父母说话要发音正确，用词恰当，表达清楚，为儿童做言语模仿的好榜样，不要说重复音和单词句，如"笛笛""帽帽""果果"，这样会妨碍孩子言语的发展。

（2）父母应当注意纠正儿童语言表达中的错误，不能采取无所谓的态度，或者故意模仿孩子不准确的语言，逗乐取笑。若孩子不能自如地用语言表达自己的意思，或当别人不理解孩子的意图时，他会显得着急或发脾气。此时，大人应该耐心地听孩子说话，努力了解他的意思，并且帮助他更好地用语言表达。

（3）帮助孩子学说话，可用提问、回响、扩展的方法。

所谓提问，就是用问题启发孩子说话，如"这是一本什么书呀？""里面讲了什么故事呀？"回响，就是孩子回答问题时说对了，父母就要重复他的话表示肯定和强化。比如，孩子说"这是一本连环画""说小马过河的故事"

时，父母要说："你讲得很好，这是一本连环画，是讲小马过河的故事。"假如孩子的话是"电报式"的句子，父母就要用扩展的方法，把孩子缺漏的话补齐，使句子完整化。如孩子说"妈妈上班班"，父母要对他说："对了，妈妈上班去了!"

（4）父母可以对儿童提出用语言表述一件事发生的经过的要求。这可以让儿童仔细回忆事情的经过，再按事情经过的先后顺序连贯地把它说出来。比如，参观动物园的经过，走访小朋友家的经过。如果儿童讲述有跳跃、断续的情况，要启发孩子去想事情发生前后的关系，提示事情前后经过的细节，并要求孩子语言表述清楚，有连贯性，句子要完整。经常这样做，可以很好地促进儿童连贯性言语的发展。

（5）多带孩子进行户外活动。经常在户外活动，可以开阔孩子的眼界，增长孩子的知识，有助于孩子词汇量的逐渐增加。孩子在户外活动时，会看见什么就想说、想问，这有助于孩子言语的发展。到户外活动，经常与人接触交往，在交往中也能发展孩子的语言表达能力。

# 三、数概念的形成

## （一）什么是数概念

掌握数概念有三个指标，即说出数目名称，知道某数在自然数中的位置，知道这个数的组成。数概念就是数的实际意义、数的顺序和数的组成。比如，3 是三个人、三个苹果、三支笔、三张纸，3 在 2 的后面、4 的前面，3 是由 1+1+1，或 1+2，或 2+1，或 3+0 组成的。

幼儿要掌握数概念，首先要学会数数。幼儿在没有掌握口头数数之前已经有了关于数量的模糊概念，他们懂得一块糖、三个苹果，对数量明显不同的两块糖果有不同的选择反应。研究表明，3~7 岁儿童计数能力的发展顺序是：口头数数，按物点数，说出物体的总数。一般来说，3 岁幼儿已能口头数 10 以内的数（超常的可数 100）。

幼儿最初的数数和运算能力是在感知动作的基础上完成的。例如，家里来了一个小伙伴，后来又来了一个小伙伴，他会说"我有两个好朋友"，这是 1+1 的运算。孩子手里拿了两个苹果，向他要走一个苹果，问他手里还有几个苹果时，他会说"一个"，这是 2-1 的运算。这种运算是不能脱离实物的，不能离开动作的，3 岁以后在良好的教学条件下，儿童开始逐步摆脱动作和实物，利用具体形象思维进行运算，并由图形的逐步抽象最后过渡到抽象出数概念，用数概念运算。

## （二）幼儿数概念发展的基本过程

### 1. 阶段性与连续性

幼儿数概念的发展从感知动作到表象，最后到掌握抽象的数概念是一个连续的发展过程。但又有一定的阶段性，即前一阶段是后一阶段的基础，后一阶段是前一阶段的延伸。3～7岁儿童数概念发展分三个阶段：

第一阶段：对数量的感知动作阶段（3岁左右）。这个阶段的特点是：①对大小、多少的笼统感知，对明显的差别能区分，对不明显的差别不易区分。②会念数，范围在1～10以内。③点数时逐步做到口手协调，但点数后不能说出物体的总数。

第二阶段：数词和物体数量间的联系建立阶段（3～5岁）。其特点是：①点数后能说出物体总数（4岁能说出10以内，5岁能说40左右）。②能正确区分10个以内的实物多少和比较两个数字的大小。③能按数取物（一般5～15以内）。④逐步认识数与数之间的关系（有数序观念，能比较数目大小，能运用实物数数，10以内的数能进行组成和分解）。⑤能做简单的实物运算。

第三阶段：数的初期运算阶段（5岁以上）。其特点是：①对10以内的数大多数有守恒概念。②大多数儿童从表象运算向抽象数字运算过渡。③运算能力扩大和加深，会20以内的加减运算。

### 2. 不稳定性的过渡阶段

在儿童从不知到知、从低水平到高水平掌握数概念的过程中，总有一个表现为矛盾、动摇、不稳定的过渡阶段。

比如，把两堆珠子一个一个地分别放入两个等量的容器内，这时儿童知道两堆珠子是相等的量，然后试着把一个容器内的珠子倒入另一个不同形状的容器内，再问儿童两者是否相等，儿童明显地表现出动摇和犹豫不决。这个过渡阶段对教育工作者来说是很有意义和有趣的，我们要善于引导儿童在从不知到知的过程中产生矛盾、揭示矛盾、解决矛盾，使儿童的认识水平进一步提高。

### 3. 表象在数概念中的作用

儿童思维是从直观形象向抽象发展的，对儿童进行数概念教育时，应多用直观形象教具，这有助于他们从具体到抽象逐步形成数概念，而表象在其中起中介作用。表象是在知觉基础上形成的感性形象，是在对实物和现象的知觉过程中获得的，所以表象具有鲜明性和形象性的特点。它高于感知水平，低于抽象思维水平。

比如，问一个 5 岁孩子"3 + 4 = ?"时他回答不了，接着问他："你爸爸给你 3 块糖，你妈妈给你 4 块糖，你一共得到几块糖？"孩子想了想说："7 块糖。"那么为什么第一次问他"3 + 4 = ?"时他不会，而第二次改用了 3 块糖加 4 块糖就会了呢？原因是，虽然当时他没有直接感知，但糖块他是熟悉的，能唤起头脑中糖块的表象，于是他就借助于表象正确地回答了问题。这个例子可以看出表象在直观到抽象过程中的中介作用。

应用表象这种中介作用的方法很多，如先给儿童看着皮球数数，再一个一个把皮球放进包里，不让他直接看到，让他用表象来计算；也可以用"投信封"的游戏，一封信一封信地投入信箱后就看不见了，投完后再问他一共投了几封信……用这种方法教儿童进行计算，能更快地促进他的认识从具体过渡到抽象。实物——表象——抽象的教学程序，有助于数概念的形成。幼儿数概念的形成与发展是从感知动作开始的，经过表象阶段，最后达到掌握抽象的数概念。

### （三）幼儿数概念的培养

#### 1. 数概念的启蒙教育

数是比较抽象的，要让两三岁的儿童理解数概念是比较困难的，因此，父母和老师不要急于教儿童数数，而要在日常生活、游戏中给儿童灌输一些数的大小、数的多少等感性概念。比如，爸爸、妈妈是大人，小孩是小人，动物园中的大老虎和小鸟等；日常生活中，父母有意识地拿一个大苹果和一个小苹果，问孩子哪个大，让孩子在对比中认识大与小；吃饭时让孩子注意一碗饭中有许多的一粒粒的米饭，让孩子了解"一"和"许多"的概念；家里有一张床、两张桌子、三把椅子、四把凳子……在日常生活中，可以找到很多给孩子以数概念的萌芽知识的机会，因此，先不要急于教孩子数 1、2、3、4……而要在日常生活中丰富孩子的感性知识。

#### 2. 让幼儿正确认识"1"

儿童总是从数一个苹果、一块糖开始学数数，"1"是最早认识的一个数，但要正确认识 1 也是不容易的。儿童能正确认识 1，不仅有利于对数概念的掌握，而且能更好地通过数概念的学习来促进儿童智力的发展。

首先，当儿童认识 1，2，3，4……时，要使儿童懂得任何自然数都是由 1 组成的，如 3 是由 3 个 1 组成，7 是由 7 个 1 组成。3 个 1 合起来是 3，3 里有 3 个 1。

其次，让儿童懂得 3 比 4 少 1，而 3 比 2 又多 1，1 ~ 10 的自然数从左到右，后一个数比前一个数多 1，反过来，前一个数比后一个数少 1。

再次，让儿童认识整体"1"的概念。比如，一块糖、一盒糖、一个班、一个学校、一个家庭，都可以作为整体"1"的概念。

最后，让儿童认识"1"的可分性。对幼儿来说，认识这一点是比较困难的，他们认为"1"已是最小的了，怎么能再分呢？这就要用直观图片和日常生活的经验初步给儿童一点感性认识。如一个苹果给两人吃，而且吃得要一样多，可以分吗？孩子说"可以用刀切开来"。如果把其中的一半，再分给两人吃呢？孩子说"再切一刀"。这表明儿童能从感性上认识整体"1"的不断可分性。儿童在逐步认识分与合这些数量关系的同时，也发展了他的智力。

**3. 让幼儿在关系中、在变化中认识一个数**

不要让孩子孤立、机械地认数，而要让孩子在一个数与数的关系中来认识。比如，认识4，就要把3、4、5三个数一起认，4在3的后面、5的前面，4比3多1、比5少1。揭示数与数之间内在的规律，有利于整体的认识。

## 四、自我意识——人生的第一次反抗期

两三岁的孩子开始意识到自己，知道自己是男孩还是女孩，自己是谁的孩子，叫什么名字，能从镜子中、照片中认识自己，还能从别人的评价、批评和表扬中意识到自己是个什么样的孩子。自我意识对心理活动和行为起着调节作用。幼儿的自我意识，反映着儿童对自己在周围环境中所处地位的理解，反映着儿童评价自己实际行动的能力和对自身内部状态的注意，自我意识使每个儿童具有自己独特的个性。

依赖是要求被爱抚、帮助、安慰、被他人保护，或在情感上靠近他人，或受到他人赞许的愿望。3岁的儿童开始试图摆脱依赖性，而要求独立性。幼儿常常表示自己的意愿，并且非常固执地强调它。如什么都要"我自己来"，早上不要母亲帮忙而要自己穿衣、系鞋带；吃饭不要妈妈"喂"而要自己吃，总是说"我愿意"；游戏时，常常不遵守游戏规则，而是"我行我素"，一切按自己的意图去办，甚至在意识到自己的执拗是不正确的时候，还常常坚持这样做。这时，孩子在活动中不再满足于按照成人的直接指示来行动，而开始渴望像成人一样独立行动。这在心理上称为人生的第一次反抗期，这种反抗的积极意义在于开始要求独立。但由于孩子年龄小，知识、经验少，人生的第一次反抗很快就被父母"镇压"下去了。

两三岁孩子的自我意识还表现在下面几点：①出现自己行为的意愿，什么都要自己来。②开始知道自己的力量，如能推门和把门关上。③能说出自己的行为，抱着娃娃说："娃娃不哭，要睡觉。"④出现占有的意识，"什么东

西都是我的",与别人争玩具。

孩子掌握"我"字,要经过三个阶段:

第一阶段:孩子把人称代名词当做具体名词来理解。比如,母亲和祖母谈话时,把孩子称为"他",如说:"他又淘气了。"孩子懂得是指自己,但不会说:"你们说我淘气。"而只会复述:"他又淘气了。"

第二阶段:出现对人称代名词的模糊理解。对"你""我"等代名词似懂非懂,有时用得对,有时又用错了。如称自己的奶奶,有时能说对:"这是我奶奶的鞋。"有时听妈妈对他说"你奶奶",他又会称自己的奶奶为"你奶奶"。妈妈对他说"你不要说你奶奶,要说我奶奶",孩子则会说:"不说你奶奶,要说妈妈奶奶。"

第三阶段:逐渐学会正确运用"我"字,但常把自己的名字与"我"字并用,如说"小红我自己来"。

如何对待孩子的第一次反抗期呢?

第一,让孩子在"反抗"中求得独立。

孩子开始摆脱父母的依赖,许多事情想自己实际动手去做,按自己的意愿去活动,他们对父母在起居饮食等方面的包办、摆布表示不满,而是想通过自己摆弄玩具、工具以及全身的活动来求得身心的发展,所以,此时父母不要采用包办一切的方法对待孩子,而要让出部分主动权给孩子。父母要有意识地引导孩子做事,让他自己开始自理生活小事,如穿衣,穿鞋袜,摆好桌椅,整理自己的图书、玩具,帮助家里做点力所能及的事,如拿报纸、关门、搬椅子等。让孩子在一定的范围内摆脱对父母的依赖,逐渐培养自己独立的精神。

第二,对孩子要有耐心,不要急于求成。

孩子处在第一次反抗期时,会在许多方面表现出不听话,会给父母出许多难题,倘若不够耐心,则会引起父母与孩子的矛盾。父母急于求成处理某个事件,不高兴,时间长了,将会影响孩子的性格,使孩子任性、执拗,产生急躁和不愉快的情绪。

父母的耐心首先表现在要耐心理解孩子的语言,只有理解了孩子的语言才能教育孩子。比如,孩子说"洋娃娃",妈妈可问他:"是不是要那个洋娃娃呀?"孩子点头是,就教孩子说:"我要洋娃娃。"千万不要因没有听懂孩子的语言,就斥责孩子啰唆。

其次,要耐心帮助孩子发展动作。两三岁的孩子既喜欢做事,又做不好事,父母不要认为孩子笨,催孩子快做,这样孩子在父母的催促中会哭闹,反会效果不好。当孩子的坐、立、行走或抓握动作不对时,父母应耐心地加以纠正、引导，而且要在孩子情绪愉快时给予纠正为好。即使孩子的动作出现一些倒退现象，也不要惊慌，不要斥责孩子。比如，有时孩子总是倒拿小人书看，父母不必强求，因为这是两三岁孩子出现的正常"倒视"现象（即倒看时是正的），过一段时间后，会自然恢复。

再次，采用"以退为进"的方法。所谓"以退为进"，是暂时顺从孩子的意愿，实际上却达到父母的正确要求。"以退为进"也叫做"暂时让步"，这是对两三岁孩子坚持己见、不按成人正确意见办事的一种行之有效的方法。它可以避免儿童形成任性、执拗的性格。当父母意识到在短时间内说理无效，又没有更多时间说服时，可以采用这种办法。比如，孩子自己单独睡小床，每天都很顺利，有一天忽然哭闹着要跟妈妈睡，劝说无效后，有经验的妈妈就对孩子说："小平平会听话的，今天让你跟妈妈睡，但是你要跟妈妈唱几首你会唱的儿歌。'嘀嗒嘀嗒嘀嗒嘀，一二三四五六七。'"孩子一听让他跟妈妈睡，慢慢地不哭了，唱起儿歌来，不知不觉就入睡了，仍睡在自己的小床上。家长对孩子作暂时让步不等于迁就或放任，这是一种教育技巧，能使矛盾得到解决，以后还要有意识地在孩子心情愉快的时候，跟他讲道理，从而达到父母对孩子的正确要求。

# 第二节　学前期儿童心理发展的特点

## 一、观察力的特点

学前期儿童的观察力是不成熟的，表现出以下一些特点：

### 1. 笼统

幼儿观察事物往往有两种偏向。一种是只注意轮廓、忽视细节。比如幼儿画人像，往往画了一个大体上的人，却忽视画人的脖子，把头和躯干直接连在一起，这是因为脖子夹在头和躯干中间，是不大为孩子注意的细节。

另一种是只注意某细节，而忽视整个轮廓。比如，当幼儿注意到衣服上的纽扣后，他们把扣子画得特别大，完全不顾扣子与口袋、领子的关系。这大概是孩子在穿、脱衣服时，手指反复触动纽扣的动觉刺激，引起了孩子更大的神经兴奋的缘故，使得扣子给他们留下的印象太深了。这说明那些生动的、容易为幼儿抓住的事物，及引起幼儿自我体验的事物，往往首先被幼儿观察到。

### 2. 不稳定

由于幼儿的观察缺乏目的性，观察过程中受周围的情景干扰大，加上注意力不集中，因此幼儿的观察活动往往不稳定。研究表明，3～4岁儿童坚持观察图片，一次的持续时间平均为5′8″；5岁增加到7′6″；6岁可到12′3″。总的来说，持续的观察时间都比较短。

### 3. 不深入

幼儿容易观察事物的表面现象，比较肤浅、粗糙。这和幼儿的思维特点有关，他们的思维具体、形象，缺乏抽象逻辑思维能力的组织和指导，很难把观察引向深入。比如，幼儿看到大人给花浇水，看到花一天天长大，于是他们也天天浇水，希望花一天天长大，但是由于他们浇水过多，花被淹死了。这就可以看出他们的观察只停留在表面现象，过于肤浅，他们没有观察浇多少水，花就长得好。幼儿不仅需要观察，还要在思考的指导下深入地观察。

### 4. 缺少观察方法

幼儿喜欢观察，却不知如何科学地观察。例如，带孩子外出，孩子总是东张西望，左顾右盼，指东问西，恨不得一下子把周围的一切尽收眼底，很明显，他们的观察是杂乱无章、没有方法的。

## 二、注意力的特点

### 1. 注意力不稳定

幼儿很难长时间把注意力稳定在一个目标上。研究表明，5岁孩子有意注意完成某一任务的持续时间在5分钟左右。6岁以后最长稳定在10分钟。因为他们的注意受外部情境的影响大，不善于有意识控制自己。

### 2. 注意以个人的需要和兴趣为转移

幼儿对需要和感兴趣的事物特别容易引起注意；对不需要、不感兴趣的事物就不易引起注意。那些生动、形象、变化多、活动性大的对象容易使幼儿感兴趣，如电视中的动画片、木偶戏；而那些死板、缺少变化的对象则不易引起注意。

### 3. 注意范围小

幼儿的注意范围比成人小，如果在1/20秒时间内看毫不联系的黑点，成人能看到4～6个，而幼儿只能看到1～2个。幼儿注意范围小的原因是：

①经验贫乏；②难于了解事物之间的各种联系，因而只能孤立地一个一个地去注意，而不是联系起来认识事物。

### 4. 注意分配能力差

成人可以在同一时间里，同时注意两件或两件以上的事情，而幼儿这种分配能力差，他们在同一时间里往往只能注意一个目标或一件事情。比如吃饭时，听大人谈话入了迷，就忘了吃饭；只顾着看电视，而忘了吃饭。

幼儿注意分配差的原因很多，如：①无意注意强，有意注意弱；②注意受兴趣、客观刺激物强度大小的影响，而目的性制约不够；③自我控制力不强，意志力不强；④缺乏从事各种活动的必要的熟练技能等等。

### 5. 注意的情绪色彩重

幼儿的注意带有浓厚的情绪色彩，那些能激起孩子情绪的事物最容易引起孩子的注意。比如，夏天上街，幼儿在万事万物中最注意冰棍；逛动物园最爱看猴子、熊猫表演。又如，幼儿听故事，常常因听到某个情节而情绪激动、议论纷纷，忘记了再继续听下去，或者急于询问故事的结局而不愿听中间的故事情节。

## 三、记忆的特点

### 1. 擅长对形象事物的记忆，而不善于对抽象事物的记忆

幼儿对具体形象的事物记忆较好，有时大人找一个东西，但忘记了存放地点，这时孩子会告诉他这个东西放在什么地方，因为生活中的小物品是具体形象的，常常是孩子摆弄的对象。而对抽象的词，幼儿的记忆就较差。

### 2. 习惯机械地背诵，而不善于理解地记忆

理解是加强记忆的基础条件之一，这对幼儿也不例外。但幼儿机械记忆好，其原因有三：①幼儿经验少，无法事事在经验的支持下进行理解记忆；②幼儿理解能力差，无法对学习材料进行逻辑加工；③幼儿大脑皮质细胞的反应性高，机械反映事物的能力强。

可以利用儿童机械记忆强的特点，多让儿童背一些儿歌、童谣，同时尽可能发展其理解记忆的能力。比如，教阿拉伯数字1、2、3时，就可以让幼儿联想："1"像小棍，"2"像小鸭，"3"像耳朵。

### 3. 识记受情境、情绪因素的影响大，无意性强

研究表明，通过有趣的游戏活动无意识地记15张图片，中班孩子平均能记9.6张，大班孩子能记11.3张。如果取消游戏方式直接记忆，中班孩子平均能记4.8张，大班孩子能记8.7张。这说明记忆受情境的影响。

具体、形象、生动、鲜明的事物能引起孩子的注意，激发他的兴趣。

## 四、思维的特点

### 1. 直觉行动思维在起质的变化

直觉行动思维的特点是在动作中进行。动作开始，思维开始；动作停止，思维结束。质的变化是在幼儿后期，思维解决问题较婴儿期复杂化和概括化了。复杂化在有情节的主题活动中表现出来；概括化表现在：①某些动作可以省略和压缩，计算 10 以内就不用从头数起。②言语指导作用增强。

### 2. 具体形象思维开始占主要地位

开始以表象来思考、解决问题，用事物的具体形象的联想来进行思维。如"儿子"一定是小孩，而不是长了胡子的大人；"医生"必定是某个医生；幼儿所能理解的文艺作品，必须是能够在他头脑中引起具体形象的作品。

### 3. 抽象逻辑思维在萌芽

抽象——找出同类事物的共同属性，而舍弃非共同属性。如幼儿对各种鸡进行比较后，找出鸡"有鸡冠，有羽毛，是家禽"等共同属性，而舍弃"不同颜色和大小，公鸡和母鸡"等非共同属性。

概括——把具有共同属性的事物归类的过程。如幼儿凡是"有羽毛""有冠"的都归入"鸡"这一类，认为肉鸡、来杭鸡……都是"鸡"类。

幼儿概括的特点：①概括的内容比较贫乏。②概括的特征很多是片面的、非本质的，大多是反映物体功用的特征。③概括的内涵往往不精确。

## 五、想象力的特点

儿童最初的想象有以下特点：

（1）想象和回忆区别很小，想象的形象只是记忆形象的简单改变。如能把娃娃想象成"孩子"，但不会把积木想象成"孩子"。想象的内容很贫乏，往往需要成人提示："这像什么？"

（2）想象的创造成分很少。想象过程往往是根据别人语言的引导而产生的。例如，一边听故事，一边想象，随着成人的讲述，孩子头脑里浮现有关人物及其动作的形象。

（3）想象过程是在无意中进行的。儿童最初的想象往往因与外界事物外形相似而引起。比如，看见石头想起"手拍弹"，看见树枝想到"当枪打"，看到咬过的西瓜瓣想象"军舰开过来了"；孩子画画，往往是先画出来后，看看像什么，才说画的是什么。

（4）延迟模仿的产生。模仿是幼儿行为的特点，模仿也是幼儿学习别人行为的重要方式之一。幼儿经常模仿周围的人，喜欢模仿电影、电视中的人物。2 岁前儿童已经会模仿别人，那是直接模仿，即榜样在眼前，边看边模仿。比如，模仿别人的动作、语言。2～3 岁开始出现延迟模仿。

## 六、情绪、情感的特征

新生儿有没有情绪、情感呢？这是有争议的，有的人认为出生后有三种原始情绪反应，即爱、怒、惧；有的人认为新生儿只有一些杂乱无章的未分化的反应，是"一般性的激动"。3 个月后，儿童先从激动反应中分化出高兴和苦恼，6 个月时从苦恼中分化出惧和厌，1 岁时从高兴中分化出得意和喜爱。6 个月左右的婴儿在条件反射的基础上，与社会需要相联系的情绪逐渐产生。他们见了熟人就高兴，见了生人就怕生，反应特别明显。15 个月时的婴儿基本上就不怕生，1 岁半后就主动地与人接近，特别喜欢与大一点的小孩接近，开始了交往活动。

学前期是"情绪期"，孩子最不喜欢接受毫无兴趣的事物，父母和教师应该像魔术师一样，把无味的事变得有兴趣，在与孩子接近时，放下工作，跟孩子快快乐乐地玩。

### 1. 情感具有外露性

人产生情感时，有机体的外部是有表现的。如在激动、愤怒和紧张时心跳加快，眼嘴张大，毛发竖起；恐惧时面色苍白；忧愁时愁眉苦脸；欣喜时手舞足蹈；震惊时目瞪口呆；羞愧时面红耳赤……成年人能意识到自己的情感并加以控制、掩饰，学前期儿童却意识不到，他们的情感完全表露于外。比如，父母买了糖果回来时，儿童会又说又笑、拍手起跳地要求吃糖果。当客人买了糖果送给儿童时，把糖果放在桌子上，儿童的眼睛会一直盯住糖果，过了一段时间就会说："妈妈！叔叔买来的糖果是甜的吗？"儿童还会把小人书上坏蛋的面孔涂掉，或把坏蛋的头撕成一个窟窿，表示厌恶的情感。看电影时，当公安人员出动抓坏蛋时，他们就会拍手跳起来。这些都说明幼儿的情感是毫不掩饰的，往往情绪色彩鲜明。

### 2. 情感富有易变性

学前期儿童的情绪、情感易受外界事物变化的控制。两种对立的情感（两极性）在很短的时间内可互相转换，或由怒变喜，或由哀变乐。当儿童的某种需要没有得到满足而哭泣时，给他心爱的玩具，他就立刻转为笑，这种破涕为笑在年幼的孩子身上是常见的。儿童情感易变、不够稳定，往往与一定的情境性和受感染性相联系。所谓情境性，就是情绪受外界情境支配，随情境的出现而产生，随情境的变化而消亡。如幼儿跟随父母外出就要求抱，跟客人外出时只好自己走，就是这个道理。所谓感染性，就是情感容易受周围人的情感的影响，以情动情就是感染性。如别的孩子大声嚷嚷，幼儿自己也大声嚷嚷；别的孩子表现惧怕，幼儿自己也会表现惧怕；周围人发笑，幼儿自己有时也莫名其妙地跟着笑。

### 3. 情感富有冲动性

在日常生活中可以看到，儿童由于一点小事而感情冲动，哭个不停或倒在地上打滚，他们不善于控制、调节自己的情绪。这与幼儿大脑皮质兴奋过程扩散占优势有关，也与幼儿没有意识到自己的情绪、情感有关。所以儿童的情感是不易控制的，他们的意识性或有意性很低。

### 4. 情感的肤浅性

一般来说，学前期儿童的情感是不深刻的，对客观事物的体验是表面的、片面的。比如，说阿姨好，就是因为阿姨喜欢他；说阿姨不好，就是因为阿姨批评了他。

# 第三节　独生子女的心理特点与教育

## 一、国外关于独生子女问题的研究简况

19 世纪下半叶，国外对独生子女的研究尚未重视起来，当时家庭中只有一个孩子的情况是罕见的，独生子女常受到特殊的看待。

1898 年，美国心理学家博汉农从特殊儿童的研究中发现，独生子女容易出现一些不良的品行问题。他发表了世界上第一篇独生子女研究的论文——《家庭中的独生子女》，认为独生子女缺乏社会交际的能力，存在自私、早熟、娇惯、嫉妒、固执和神经质等缺点。博汉农认为独生子女是特殊儿童，他的主要观点有：

（1）独生子女健康状况是不佳的。对 300 个独生子女进行研究，健康优

等的只占 40%，其中 48 个独生子女是畸形的、发育不正常的。独生子女患病率比非独生子女高，常患的病有神经质、心脏病、呼吸病、消化不良、眼病等。

（2）智商比较高。研究认为，智力优秀的独生子女占的比例大，在讲道理、抽象思维、动脑筋方面比较好，但平时的实际操作能力差。独生与非独生子女比较，在留级生中后者的占有率是最低的。独生子女在教育上是否有优势呢？博汉农认为，在需要顽强意志努力和完成比较难的作业中，独生子女经常落在后面，原因是他们缺乏认真的学习态度。

（3）性格特点。独生子女性格的特点是正直、温和、顺从、宽大，但也有很明显的性格缺点，如自私、利己（39.5%），爱空想（20%），嫉妒（10.5%），易发怒（9.2%），爱虚荣（8.4%）等。

独生子女最大的问题是社会性的发展较差，即社会能力差。与朋友相处和睦的独生子女只有 31%，50% 不会与人相处，15% 可勉强相处。在游戏中，25% 的独生子女不参加游戏，只旁观，或喜欢单独玩。他们缺乏理解同龄人的心理，不能建立良好的朋友关系。

博汉农认为独生子女是特殊儿童，独生子女本身就是一种病，这个观点被大多数人接受，在当时影响很大。

对独生子女研究得较早的第二个人是德国的小儿科医生尼特尔。他从临床经验、医学角度研究独生子女，1906 年写了一本书，书名为《独生子女及其教育》。

尼特尔对独生子女的观点有三大方面：

（1）由于父母的特殊心理产生的特点。母亲的眼光过分集中在唯一的孩子身上，这过分的关心、无数的烦恼束缚了孩子的自由，压抑了孩子的主动性和冒险的尝试，影响了孩子自然的发展。父母总是站在孩子的前面，把令孩子不愉快、不安全的因素尽可能在孩子前进的道路上挪开，不让孩子遭到威胁，使得孩子变得过分地依赖、脆弱、缺乏经验。

（2）由于没有兄弟姐妹，过多地与成人（父母）交往，生活的伙伴不是儿童而是成人，因此，独生子女就显得早熟。尼特尔认为，独生子女的早熟是一个灾难。许多东西孩子没有消化，缺乏感性经验，实际知识不多。过多的成人刺激，使得孩子厌烦，看什么、听什么都没有吸引力。

（3）被过分地溺爱、迁就。不是父母教育子女，而是子女指挥父母，使孩子的以自我为中心、任性、骄傲自大的性格发展起来。

由于只有一个孩子，父母唯恐失去他，唯恐他不高兴，所以总是保护过多。由于独生子女没有兄弟姐妹，他没有与人分享的思想和习惯，不会考虑别人，也得不到与同龄孩子在一起玩的机会和欢乐，这使得独生子女往往孤僻、内向。

20 世纪 20 年代以后，美国的许多心理学家对独生子女和非独生子女进行了许多比较性的研究，开始出现了否定独生子女特殊的意见。如吉尔特、乌斯特等人的研究认为，独生子女和非独生子女无论在健康状况、智力活动、社会交往、性格等方面几乎没有差别。

美国心理学家弗顿按儿童在家里的排行研究他们神经症状的比率，得到如下的百分比：幼子 49%，长子 41%，中间孩子 36%，独生子女 32%，证实独生子女有神经症状（头痛、恐惧、手发抖）的比例反而比较少，得出了与过去截然相反的结论。

尽管中期研究推翻了早期研究的某些结论，但影响不大。早、中期的研究结果表明：①独生子女的智力发展相对要好，智商比较高；②健康上的好与差争论小；③性格和社会性发展争论大。

近十年来，西方国家持少生优育观点的人越来越多。由于经济压力、工作负担、婚姻关系等原因，独生子女的数量在全世界处于增加趋势。独生子女的研究在经济发达国家引起了教育学家、心理学家、社会学家广泛的重视。研究结果虽不一致，但是人们的观点正在发生变化，比如在美国，1972 年的民意测验中有 80% 的人认为生独生子女是不利的，而在 1982 年以后，人们认为独生子女获得的教育程度要比非独生子女高，在心理健康、自私、孤独感方面，与非独生子女相比没有明显的差别。

## 二、独生子女的心理特点

### （一）独生子女家庭的分析

独生子女是"少生优育"思想的结晶。孩子都生长在家庭这个环境中，下面我们分析一下，在同等条件下，独生子女家庭对儿童的有利因素和不利因素。

1. 有利因素（积极因素）

（1）独生子女家庭的经济条件好。由于独生子女家庭人口比多子女家庭人口相对减少，人均可支配收入自然就比非独生子女家庭的高。

（2）家庭教育条件好。独生子女家庭教育条件好表现在两个方面：一是由于经济条件好，独生子女容易获得较好的物质、文化生活。家中有足够的玩具、儿童读物，有利于丰富儿童的知识，开阔其眼界，促进其智力发展。

另一方面是父母有更多的时间、精力教育独生子女。

（3）独生子女体质好。由于经济条件好，加上良好的教育条件，在正常情况下，独生子女的体质比较好。这是因为：①物质条件、经济条件好，许多独生子女每天可以饮用牛奶及其他种类的营养品。营养的充足，保证了独生子女大脑的发育和身体的健康成长。②父母有较多的时间和孩子一起玩，如春天春游，夏天游泳，秋天打球、踢球，冬天到户外散步、堆雪人、打雪仗，让孩子在大自然中而不是在温室中成长，这大大有利于孩子体质的增强。

（4）父母期待成才心理影响。由于只有一个孩子，父母总是"望子成龙"或"望女成凤"，把希望寄托在唯一的孩子身上。这种期待成才的心理，使得家长要把孩子教育好、培养成才的愿望特别强烈。一般来说，对孩子的要求高，能及早地定向培养，注重早期教育，重视对子女进行理想教育和前途教育，从而导致独生子女进取心强，具有较强的好胜心、自豪感。这些因素引导得当，教育方法好，就能使独生子女向健康方面发展。

2. **不利因素（消极因素）**

（1）孤独。

由于独生子女在家里没有兄弟姐妹，无法建立兄弟姐妹的伙伴关系，没有"手足之情"，即独生子女缺少这样一个家庭中的"儿童集体"的条件，因而显得孤独。由于没有"儿童集体"的环境，独生子女也就没有相互体贴、照顾，相爱互助，相互尊重，共同努力和共同享受的经历，因而不合群、感到孤独。请看以下对独生子女的调查：

**"没有兄弟姐妹好还是不好"**

| 认为没有兄弟姐妹"好"的答案 | 认为没有兄弟姐妹"不好"的答案 |
|---|---|
| ①不吵架好，一旦有了兄弟姐妹就光吵架 | ①没有兄弟姐没意思，寂寞得很 |
| ②父母什么都给我买，一旦有了兄弟姐妹，东西就少了 | ②没有人与自己说话、游戏，真没意思 |
| ③对学习没有影响，一旦有了人吵架，烦死了 | ③学习时，遇到不懂的地方没人教 |
| ④一个人可得到父母更多的宠爱 | ④长大以后，遇到什么事情没有人帮助 |
| ⑤不用照料别人，如果有了别人就不得不照料他们 | ⑤看到别人兄弟姐妹很亲热，羡慕得很 |
| ⑥可以任性，可以为所欲为 | ⑥希望要一个哥哥或弟弟（姐姐或妹妹） |
| ⑦其他 | ⑦其他 |

从独生子女上述答案可以清楚地看到，独生子女对自己的处境并不满意，内心存在着一种强烈的社会交际欲望，存在着一种与别人进行接触的热切的希望；也可以看出，独生子女本身最不满意自己所处的地位。

（2）在家庭中的独特地位。

独生子女生活在"一切以我为中心"的家庭中，成为家庭中的"小太阳"，成了父母长辈的唯一希望。在这种环境里，家里所有的人都关心他、疼爱他，使他处于特别的地位。这种独特的地位使独生子女不是受教育者，反而成了支配、指使者。他支配着父母，使父母长辈都围着他转。比如，要买菜了，父母先问孩子："你要吃什么菜？"饭菜做好了，先放在孩子面前让他先吃第一口；当看到孩子皱起眉头，父母就赶紧给他换个菜。吃水果，孩子要吃最大、最好的；好吃的食品都属于孩子。有的孩子要在被窝里玩积木，白天不准叠被子，父母都依着他；有的孩子睡觉要咬被角，母亲就天天给他咬，咬烂了再换一个新的；有的孩子喜欢站在桌子上玩，而且一定要在桌子上大便，母亲也只好拿着痰盂去接……孩子在家享有一切特权，只有别人为他做各种事情，他却从来不为别人做一点小事情。这样以孩子为中心的家庭，造成了孩子心目中只有自己，而无他人的心理。

（3）独占一切而显得自私、独霸、占有欲强。

由于是独生子女，父母和家庭成员为他添置的任何东西，都属于他个人，从一开始就受"一切都属于我"的影响，在心灵上打上了"个人所有高于一切"的烙印。若问孩子："这么多好吃的东西是谁的？"孩子回答："是我的。""这么多好看的书是谁的？""我的。""这么多玩具又是谁的？""都是我的。"这就很容易使孩子形成自私的品性，甚至看到别人的玩具、图书、食品也想占为己有。目的达不到时，就吵着嚷着让父母给买新的。

独生子女的自私性，主要是由父母对孩子采取娇生惯养的教育态度导致的。娇生惯养形成了孩子的任性，任性又产生了自私性。

当然，只要家庭教育得当，父母有好的榜样，独生子女是不存在必然的自私心理的。只有被父母奉为至宝，娇惯放纵，置于特殊地位又没有更多的与人交往的机会，且潜移默化地受到成人"私有"观念影响的孩子，才会形成自私的品质。

（4）怕"独苗"难保的教养态度。

在家庭对孩子的影响中，母亲发挥着重要的作用。母亲无微不至的关怀，过分的溺爱和无谓的烦恼，不断地影响着这唯一的孩子。她的整个身心紧紧地束缚着孩子，这种无形的压力强加在孩子身上，使孩子无法自由活动。

孩子想动、想跑、想闹、想爬树、想荡秋千、想玩单杠，但是，当他们一向母亲提起，母亲就说："危险哪！危险哪！"却不知道孩子们那种"试一下看看会怎么样"的好奇心和冒险的愿望，对他们的成长来说是很重要的。母亲不必要的干涉，完全不给孩子自己活动的余地，这样就把孩子决心冒险以培养勇气的机会给剥夺了。如果孩子有兄弟姊妹，母亲就不能如此专心地对待一个孩子，而孩子也就能得到活动的自由。

（5）因极端的依赖而缺乏独立性。

由于母亲的百般照顾，独生子女就成了一个缺乏独立性的孩子，一个极端依赖的人。母亲始终以那种担忧似的目光提心吊胆地跟在孩子的后面，只要孩子遇到什么不愉快的事，或者碰到什么障碍，母亲总是自己替孩子解决、挪开；无论遇到什么样的危险，母亲都会把孩子保护起来，绝不让孩子去碰。孩子生活在"这样不行""那样危险"的警告声中，断绝了同周围的直接联系。母亲的这种干涉使孩子越来越依赖于他的保护者，而成为极端依赖的人。

## （二）独生子女的心理特点

### 1. 独生子女智能发展情况

对独生幼儿的注意力、观察力、记忆力、思维与语言能力的测试结果如下。

**独生子女与非独生子女智能情况对比表**

| 项目<br>通过率（%）<br>年龄（岁） | 辨别几何形体 | | 数扣子 | | 说出颜色 | | 说出物体名称与用途 | | 完成差遣 | | 摹画方形 | | 复述语句 | |
|---|---|---|---|---|---|---|---|---|---|---|---|---|---|---|
| | 独 | 非 | 独 | 非 | 独 | 非 | 独 | 非 | 独 | 非 | 独 | 非 | 独 | 非 |
| 4.6~5 | 70 | 74.3 | 84 | 78.6 | 68.3 | 74.3 | 100 | 100 | 88.6 | 92.8 | 71.9 | 28.5 | 35.7 | 18.7 |
| 5~5.7 | 87.8 | 80 | 100 | 87.5 | 63.5 | 60 | 100 | 100 | 97 | 96 | 88 | 75 | 33.3 | 25 |

从上表看出，一般来说，独生幼儿智能测查通过率高于非独生幼儿，其中差距较大的是摹画方形与复述语句两项，又以4岁半至5岁幼儿突出。

根据调查的情况，不能笼统地说独生子女的智力好与坏。独生子女的智力差异既决定于遗传素质，又决定于环境；既决定于家庭熏陶，又决定于学校教师的水平。以家庭影响而言，独生子女与其他孩子比较，家庭经济宽裕，有较好的物质条件，而家长又有更多的时间、精力来关心孩子的智力培养。如果早期教育跟上，又在孩子入学后与学校教育配合，独生子女的智力就有可能得到更好的发展；但如果认为"独生"，怕孩子累坏，不督促其勤奋刻苦，独生子女的智力必然落后。

## 2. 独生子女兴趣、爱好的调查

兴趣和爱好都是人的个性心理特征。幼儿兴趣、爱好的倾向性，主要表现为兴趣指向对象的直观形象性与社会交往需要的迅速发展。

独生子女与非独生子女兴趣、爱好情况对比

| 人数百分比　　　　　类别<br>项目 | 独生子女 | 非独生子女 |
|---|---|---|
| 爱听故事 | 98% | 95% |
| 爱绘画 | 95% | 62% |
| 爱唱歌 | 93% | 85% |
| 爱跳舞 | 71% | 67% |
| 爱看图书 | 98% | 85% |
| 爱玩游戏 | 98% | 95% |
| 热爱大自然 | 76% | 67% |

上表说明，独生与非独生幼儿在爱好、兴趣方面差距不大。他们在"爱听故事"与"爱玩游戏"方面的兴趣比较大，说明学龄前儿童在兴趣方面的年龄特征与兴趣爱好的倾向性。

但在游戏形式上，以独生幼儿为例存在性别上的差异。女孩爱玩表演游戏，男孩爱玩建筑游戏。以角色游戏而言，大多数女孩爱玩"娃娃的家"和"幼儿园"的游戏，男孩爱玩"打仗"和"开汽车"的游戏。

## 3. 对劳动的态度——不勤快，缺乏生活上自我料理的能力

独生子女没有兄弟姐妹，理应多承担一些家务劳动。而事实上却相反，更多的独生子女家长，因为"疼""爱"而娇惯孩子，什么都不让孩子动手；或者因为家里孩子少，家务负担相对要轻一些，很多事情家长嫌孩子小、"碍事"，宁可自己做。结果，许多独生子女劳动观念不强，不会料理自己的生活，自我服务能力差，如不会叠被子，不洗袜子、手帕，连红领巾都要父母系。就这样养成了饭来张口、衣来伸手的习惯，缺乏生活上自我料理的能力。

### 4. 行为品德上的特点

**独生子女与非独生子女行为品德情况对比**

| 项目 \ 人数百分比 \ 类别 | 独生子女 | 非独生子女 | 独生子女高出百分比 |
|---|---|---|---|
| 挑　　食 | 83% | 71% | 12% |
| 爱吃零食 | 66% | 48% | 18% |
| 挑　　穿 | 63% | 40% | 23% |
| 不尊敬长辈 | 78% | 57% | 21% |
| 不关爱朋友 | 76% | 67% | 9% |
| 不关心他人 | 80% | 71% | 9% |
| 逞　　强 | 56% | 48% | 8% |
| 爱　　哭 | 73% | 48% | 25% |
| 任性固执 | 71% | 57% | 14% |
| 不爱护玩具 | 85% | 71% | 14% |
| 自理能力差 | 75% | 50% | 25% |
| 文明礼貌 | 85% | 85% | 0 |
| 讲　卫　生 | 85% | 85% | 0 |

从上表可以看出，除在讲文明、讲卫生方面外，独生幼儿在行为习惯等方面的缺点较非独生子女更为严重，其中以挑穿、不尊敬长辈、爱哭、自理能力差最为突出。挑穿和爱哭是娇气的具体表现，不尊敬长辈是自我中心的心理反映，自理能力差是劳动观念差、娇生惯养所致。因而，加强对独生子女的品德教育更为重要。

### 5. 性格上的特点

**家庭结构对独生子女性格的影响**

| 家 庭 结 构 | 性 格 特 点 |
|---|---|
| 1. 纯独生子女<br>（与亲生父母生活在一起） | 任性、固执、热情、活泼、自我中心 |
| 2. 父母一方是亲生的 | 好胜、神经质、有勇气、有意志力、依赖心、腼腆、易动感情 |
| 3. 养子<br>（与养父、养母在一起生活） | 自命不凡、爱吹牛、缺乏观察力和注意力、易动感情、诚实、早熟 |

（续上表）

| 家 庭 结 构 | 性 格 特 点 |
|---|---|
| 4. 母子<br>（只与亲生母亲生活在一起） | 孤僻、自卑、自爱、好斗、温顺、善良 |
| 5. 父母一方的父母<br>（与祖父母或外祖父母生活在一起） | 自负、诚实、固执、有社交性 |
| 6. 父母一方的多家庭<br>（包括祖父母或外祖父母在内的大家庭） | 好胜、自私、有社交性 |
| 7. 双亲的父母<br>（与祖父母、外祖父母生活在一起） | 自负、忧郁、神经质、爱找碴儿、虚荣心、嫉妒心 |
| 8. 双亲的多家庭<br>（包括父母各方的父母在内的大家庭） | 利己、有勇气、爱吹牛、缺乏观察力和注意力、腼腆、诚实、固执、有社交性 |

生活在家庭成员多的家庭里的相互交往机会多，促进了儿童社会性能力的发展。而在纯独生子女家庭中（家中只有父、母、儿三人）则显示出自我中心的特点。

**家庭类型与独生子女的性格**

| 家 庭 类 型 | 性 格 特 点 |
|---|---|
| 溺爱型 | 任性、依赖心强、固执、反抗、幼稚 |
| 严格型 | 利己、缺少宽容、冷淡 |
| 放任型 | 易动感情、无目标、不尊敬长辈、无同情心 |
| 民主型 | 独立、爽直、协作、亲切、有社交性 |
| 矛盾型 | 不诚实、爱找碴、反抗 |

# 三、对独生子女的教育

## 1. 进行集体主义教育，培养孩子的合群精神

独生子女因为在家中受到父母的疼爱，环境优越，加上上无兄姐、下无弟妹，处于孤独的地位，容易形成任性、不合群的性格。父母要及早送孩子到幼儿园，让其过集体生活，用集体的力量来带动和帮助他们前进；还应该

让独生子女和邻里街坊的小朋友多接近，多在一起玩，一起做游戏，把自己的小人书、玩具和小朋友一起分享，认识他在"伙伴关系"中的地位。家庭也是一个小集体，父母除了跟孩子一块讲故事、猜谜语外，还可让孩子当"助手"，帮助父母完成某些任务，让他在和父母的共同活动中体验人与人之间的交往关系。

作为教育机构的幼儿园和学校，要重视把校园布置得漂亮，教室布置得干净整洁，让孩子一来到就爱上这个集体，再通过老师的关怀，使他们不感到生疏。老师要善于观察，要有针对性地进行教育。以下是比较成功的例子。

独生子女小红在家里很娇气，离不开妈妈，一上幼儿园，眼里含着泪水，坐在一边不吭声。老师知道，只要谁过去一问，她准会放声哭起来。于是，老师就装作没看见，利用孩子容易转移注意的特点进行教育。老师打开幻灯机，教室银幕上出现一张张有趣的图片，老师结合这些图片给孩子们讲一些动人的小故事，吸引他们的注意力。慢慢地，小红的泪水就没有了，反而拍着小手哈哈地笑起来。

男孩小刚身体很健康，长得也可爱，就是不守纪律。他一玩转椅，总是抢在前头，一个人玩个没够，而且只要一上去，就再也不肯下来，如果硬把他拉下来，他会又哭又闹。老师根据他的特点，把小朋友组织起来，让他们排队来玩转椅，请小刚当组长，让他帮助老师来数数。游戏规定：一组小朋友只许转十圈，然后换位。小刚工作很认真，一转到十圈他就喊"停"，最后轮到他玩时，他也转了十圈就下来了。他虽然不是自觉地守纪律，但他意识到：在集体中每个人都应该这样做。看到这种情况，老师立刻表扬了小刚，表扬他能帮助同学一齐玩，同时也能遵守纪律，经过几次活动，小刚有了进步。

课下，老师带同学们玩滑梯，小平个子小，不敢爬上去，老师立即问：谁愿意帮助小平呢？小朋友都争着去。老师有意识地让小芳去帮忙，让两个孩子体会彼此之间的互助友爱，过去小芳在家里只是让别人照顾自己，从来不会关心别人，今天她能完成这个任务，感到非常高兴。

为了对孩子进行集体主义教育，学校里开展"你愿意为集体做好事吗？想做点什么"的活动。不少小朋友都提出来为集体擦黑板、摆桌椅、拖地，给小朋友分点心……只有大鹏坐在那儿一语不发。大鹏是个一向好胜的孩子，今天怎么不积极呢？没想到第二天他找到老师，交出一本小人书，说："老师，把这本小人书放到班上给小朋友们看吧。"原来，他回家后向妈妈要主意，他说："小朋友抢着为班集体做好事，好事都让他们做了，我干什么？"妈妈给他出主意，让他把小人书送到班里，大鹏很痛快地答应了。对他来说，这可是个不小的进步，他的东西一向是谁也不许动的。老师知道了这个事情，立刻表扬了大鹏爱集体的好思想。这样一来，很多孩子受到启发，都把自己的小人书、故事书带到班上来，小小的图书馆成立了，集体主义思想的火花也在孩子们的心灵中点燃起来。

独生子女很大一个弱点，就是"独"，"独"是成长的障碍。把孩子置于集体之中，独生子女也可以不"独"，要善于利用集体教育他们。有个家长做得很好，他勤于观察孩子，特别是注意在游戏中观察孩子，因为在游戏中，孩子们的个性长处、缺点都会暴露出来。有一次，孩子们玩打仗的游戏，他的孩子连续几次都是当总司令，总是指挥别人。那位家长就把孩子们叫到一起，说："玩打仗就像演戏一样，应该装什么像什么，还应该什么都装才行。""你们应该玩一会儿换一个角色，那多有意思。"于是，孩子们照办了。事后，他对孩子讲了"为什么不能总当司令"的道理，教育他多听别人的意见。从此，在玩打仗游戏时，他的孩子总是抢着当士兵、当坏蛋，这样，别的小孩也能有机会当司令，小朋友和他的关系更加密切了。因此说，集体主义教育也要寓于活动之中。

### 2. 进行热爱劳动的教育，培养孩子的生活自理能力

一般独生子女由于父母照料得比较周到，很少料理家务和自我服务，因此，他们这方面的能力较低，依赖性比较强。针对这些问题，应该向他们进行热爱劳动的教育。比如，有一天，小立跑到老师面前，把脚一抬说："给我系上鞋带！"完全是命令式的口气。老师发现，原来他是由爸爸背着上幼儿园的，从不走路，家里人过分疼爱他，什么事情都替他做，因此养成了处处依赖别人的坏毛病。面对这种现象怎么办呢？是批评他，还是给他系上鞋带？老师想了一会儿，问："你自己怎么不系呢？""我不会。""每天早上谁给你系呢？""妈妈给我系。""老师教你系好吗？""不，我要你给我系！"这时，老师找来了三个小朋友问："你们会系鞋带吗？"三个人齐声回答："会。""你们把鞋带解开，系给我看看！"这三个小孩子照办了，老师表扬了他们系得好，自己的事情自己能做。老师接着说："你来比一下，看谁系得快。"三个小家伙立刻比起来了，小立在旁边看得发呆了。老师说："小立，你一定会系，现在我们大家看你系好不好？"他点点头，一会儿的时间就系上了。他系得虽然不如其他孩子那样快，但是也能系上，说明他会系。这样一来，他知道自己的事情应该自己做了。针对这些情况，老师向每个小孩子提出："自己洗自己的手绢和袜子、叠被子、穿衣服、梳头、洗脸、洗脚、收拾玩具。凡是自己能做的事情在家里一定要自己做。"于是，孩子们在幼儿园里也开始

学着扫除、擦黑板、摆桌椅等，渐渐地培养了爱劳动的习惯，有了自我服务的能力。

### 3. 进行文明礼貌教育，培养孩子尊重他人、关心他人的好品德

一般来说，独生子女是不大懂礼貌的，在他们家长的面前更显得娇气。有时老师去家访，等老师到了家里，他们不知道要跟老师打招呼，还有的直呼父母的姓名。针对这些情况，幼儿园可对孩子提出要求：

每天见到老师要行礼说："老师好！"回家离园时要说："再见！"

对老年人和长辈要称呼"您"，或称呼"爷爷""奶奶"。

让人帮助做完事后要说"谢谢"；别的小朋友分给水果后，也要说"谢谢"。

不小心碰撞了别人，或踩了别人的脚，要主动说"对不起""请原谅"；别人致歉意时要说"没关系""不要紧"。

在公共汽车上，不硬要叔叔阿姨让坐，或非要靠窗口处坐，要照顾别人，特别是老人和比自己小的小朋友。

这些要求，不仅在学校做、在家里做，在社会上也要做到。

此外，独生子女常常只知道要求父母关心自己，而不知道关心父母和他人，因为在家里他是唯一的孩子，常常成为父母照顾的对象；反之，却没有其他人需要他照顾。这时，父母要引导孩子关心他人。比如，妈妈洗衣服了，爸爸暗示孩子替妈妈搬个板凳，请妈妈坐下洗；爸爸干活弄脏了手，妈妈可以启发孩子送条毛巾，请爸爸擦洗。家里人休息时，不要去打扰。在家外，孩子也有许多关心别人的机会。比如，邻居的水烧开了，他应当告诉对方一声；报纸到了，他可以帮助送去。只要孩子力所能及的，应该鼓励他去做，培养他成为热心肠的人。

### 4. 引导孩子把注意力和兴趣朝向智力活动

从一些智力明显超出同龄儿童的孩子的调查看出，他们对于吃、穿以及与人相处时发生的生活琐事都不介意，他们的注意力、兴趣集中在智力活动上。这个事实给我们一个启发，做父母的不要过多地为孩子怎样穿得漂亮、吃得讲究操心，更不要引导孩子过多注意这些，应该把他的注意力和兴趣引导到智力活动上来，在孩子幼小的心灵里撒下爱学习的种子。随着孩子年龄的增长，将会结出丰硕的智力之果。

### 5. 教育者要爱中有教、教中有爱

家长和教师对独生子女只有宠爱没有教育的话很容易走向溺爱，只有教育而无宠爱则容易走向刻板的说教。正确的做法是把情感和道理融合起来，同时，把言传和身教结合起来。从孩子的吃、穿、行、住，到品德的培养、

智力的开发，都要坚持爱中有教、教中有爱的原则。

以吃、穿为例，孩子饿了，要及时准备好饭菜，并且争取把饭菜做得可口一些，花样多一些，但是不能让孩子有挑吃的毛病，更不能浪费饭菜，要养成孩子按时吃饭的习惯。此外，必须纠正孩子吃饭时边吃边玩的不良习惯。

# 第四节　幼儿品德的起步教育

家庭是社会的细胞，除了繁衍后代、从事生产等职能外，还有一个重要的职能就是教育子女。在教育子女上，家庭教育具有独特的功能，起着学校教育和社会教育不可替代的重要作用。特别对婴幼儿，从出生到上学前，婴幼儿基本上是在家庭的直接照料下生活和成长，所接受的主要是家庭教育。两三岁至六七岁是品德、个性开始形成的一个重要时期。这个时期是抓好品德教育的最好时期，这个时期孩子的大脑神经活动具有高度的可塑性，容易接受外界的各种刺激。从小进行良好的品德教育，做到先入为主，就会在孩子大脑中留下深刻的痕迹。在这个时期所形成的一切是非常牢固的，将成为人的第二天性。如果这个时期没有受到良好的品德起步教育，放任不管，溺爱迁就，甚至纵容护短，就会使孩子从小形成任性、好逸恶劳、自私自利和霸道的恶习。实践证明，对一个人的不良个性、不良品德的改造，往往比培养一种优良品德要难得多。因此，家长必须重视幼儿的早期品德的起步教育，既要抓早又要从严，还要注意方法，只有这样才能取得好的效果。

## 一、什么是品德的起步教育

品德的起步教育就是一开始就给幼儿灌输良好的、正确的道德理念和道德行为，给幼儿大脑留下牢固、深刻的痕迹，做到先入为主。比如电影《牧马人》中，李秀芝教育3岁的孩子时说："钱，只有自己挣来的，花得才有意思，花得才心里安逸。不是自己的钱，我们一个也不要，这叫志气。"李秀芝这段话，把中华民族勤劳、自立的美德灌输给孩子，教育孩子不要依靠百万富翁的爷爷，要靠自己的劳动创造美好的生活。这样对孩子进行品德起步教育会产生非常积极的作用。

幼儿的品德起步教育主要体现在家庭教育上。孩子最熟悉的人是父母，他们的第一次喜、怒、哀、乐，第一次学说话，第一次学走路，懂得第一个道理，做第一件好事，得到第一次的批评、表扬，都是父母这个第一任老师影响和教育的结果。不论父母是有意识或无意识地进行教育，孩子都在父母身边接受最初的起步教育，父母对孩子的起步教育，好比在纸上画画，第一笔怎么画，染什么颜色，对今后能否画出美丽的人生画卷是相当重要的。起步教育是随着家庭和孩子的生活，点点滴滴、潜移默化地进行的，品德的起步教育就像下围棋一样，行家是东下一颗，西下一颗，最后就能连成一片，发挥强大的作用。家庭教育就是在孩子成长的长河中，在各个方面以起步教育的方式把孩子培养成为社会所需要的合格人才。

家庭的起步教育对一个人会产生终身的影响。老教育家吴玉章在回忆家庭的起步教育时说："在我懂事的时候，父亲教育我长大后要做个'顶天立地'的人。祖母常说，小来偷针，大来偷金，不义之物宁可饿死也不接受，并经常要求我做事要'有始有终'。一有空闲，长辈就讲岳飞、文天祥的故事给我听，少年时代的教育多是'富贵不能淫，贫贱不能移，威武不能屈'。这些教育对我后来参加革命活动，培养民族气节和革命气节，对我生活习惯和作风的培养，都有积极影响。"从这里可以看出，家庭对子女的起步教育中，父母的言行确实起着潜移默化的作用。作家老舍曾写道："从私塾到小学、到中学，我经历过起码有百位老师吧，其中有给我很大影响的，也有毫无影响的，但是我的真正教师把性格传给我的，是我的母亲。母亲并不认字，她给我的是生命教育。"由此可见，老舍一生中的一些良好的习惯和品德，都是从他母亲那里学来的。父母对孩子的起步教育不是靠书本，也不仅是用语言和直接的教诲，而是浸注于家庭的全部生活，更重要的是父母怎样做人的行动。朱德同志在《忆母亲》一文中生动地描述了童年时期母亲给他的起步教育。他感谢母亲帮助他树立了坚定的革命信念。母亲的勤劳、善良，对为富不仁者的鄙视以及对贫苦劳动者的同情，培养了幼小的朱德爱憎分明的阶级感情，对他以后长期坚持从事无产阶级革命事业起了很重要的作用。从上述可以看出，一个人品德的形成，除了社会舆论、学校教育的影响外，家庭教育特别是家庭的起步教育是很重要的。

## 二、品德起步教育的三大法宝

品德的起步教育，要求父母一定要注意孩子身上开始萌发出来的品德上的幼芽，并给予正确的教育与引导。这就要重视品德起步教育的三大法宝。

### 1. 在表扬和鼓励中进行教育，把掌声献给孩子

当孩子第一次做好事时，父母要及时给予表扬和鼓励，在表扬和鼓励中进行教育。比如，当你的孩子帮助邻居老爷爷、老奶奶取牛奶、送报纸的时候；当邻居家里的小朋友到自己家里做客，孩子热情招待，把好的、大的苹果给小客人吃的时候；当孩子对叔叔阿姨很礼貌的时候等等。做父母的都要及时地给予肯定和表扬，鼓励孩子今后继续做好事。他们的行为得到父母的肯定和支持，就会激发内心的光荣感和自豪感。经常这样做，就可以使孩子形成良好的和稳定的品德。相反，如果父母对孩子做好事无动于衷，就会失去起步教育的良机。

孩子做了好事，父母不仅在口头上表扬和鼓励，还可以把掌声献给孩子。自信是成功的第一秘诀，把掌声献给孩子，可以帮助孩子建立一个健康的自我形象，让孩子感觉到你在欣赏他。心理学告诉我们，每当孩子取得点滴进步时，我们都要给予及时的表扬、鼓励、赞美和掌声，这在他的成长中有着不可低估的作用。在起步教育中，"以扬代抑""以掌声代替指责"被称为一种"黄金原则"。赞美固然是有效的教育手段，有时甚至能收到点石成金之效，但也不能滥用。表扬的生命在于实事求是，表扬要出自真诚，切勿虚情假意。成功时需要表扬，失败时也需鼓励。作为孩子的父母，要学会表扬和赞美，因为生活需要赞美，人生需要赞美，幼小的孩子更需要赞美。

### 2. 把错误消灭在起始时

当孩子第一次做了错事（例如拿别人的东西、骂人、打人、说谎等）的时候，要及时地给予批评与制止，要把错误消灭在起始时。孩子第一次做了错事，内心会产生一种自疚、自责和过失的情感。这时，父母如果能及时地制止和批评，便能引起他的羞耻感，以后不再发生不良行为。羞耻感是一个人形成良好品德不可缺少的心理品质。应该注意，当孩子第一次做了错事后，父母不应该不分青红皂白地横加指责，而应该仔细地分析原因，给予开导。比如，小孩说谎有时是因为害怕，想避免父母的打骂或同情他人而造成的。又如，幼儿打破了杯子怕受责骂，说是猫打破的，这显然是由于父母对儿童过分严厉，使儿童产生畏惧心理所致。可以说，孩子说谎有时根源就在父母身上。当孩子无意中或不小心打破了杯子，胆怯地看着父母时，父母应该笑着说："不要紧，小孩子手小拿不稳，以后留心点。"说完后轻轻地抚摸一下孩子的头部，或拥抱一下孩子说："宝贝，吓坏你了吧！"以安抚孩子，清除孩子的恐惧心理。当然，家长还要鼓励孩子勇敢地承认错误，给孩子改正缺点的勇气，千万不要训斥和打骂。但是，当孩子真正说谎时，就应该严肃地和孩子谈话，指出这种错误的性质，提出严格的要求，鼓励孩子以后改正，

不要马虎了事。如果父母对孩子做了错事视而不见，听而不闻，听之任之，就会使孩子的行为朝不良方向发展。因此，抓好起步教育，对幼儿品德的形成是很重要的。

**3. 正确对待"越轨"行为，保护孩子的好奇心**

由于好奇心的驱使，孩子往往会出现一些大人认为的"越轨""可笑"的行为，这时父母要保护孩子的好奇心，并加以培养和引导。比如，发明电灯的爱迪生并没有受过正式的学校教育，他是在妈妈的影响下、教育下成长起来的。他的妈妈研究过儿童心理学，非常珍惜和了解爱迪生的好奇心与探索精神。有一次，5 岁的爱迪生模仿母鸡蹲在鸡窝里孵小鸡。这是一件好笑的事情，但他的母亲没有一笑了之，而是鼓励他的好奇心和模仿。后来，爱迪生在母亲的引导下，终于养成刻苦学习、勤于探索的习惯。母亲的起步教育对他后来成为发明家起到很重要的作用。

# 三、品德起步教育的三大方法

## 1. 提供与孩子合作的机会

一个人的品德不是凭他说得多么动听，而是要看他的行为表现。父母要通过不断的训练，使孩子的许多好行为变成牢固的习惯，从而形成良好的品德。例如，周末打扫房间时，父母要与孩子一起去做，让他做些力所能及的事情，如在清理地毯时请孩子推一推吸尘器；擦皮鞋时让孩子开一开鞋柜，提提皮鞋；吃饭时，让孩子摆放筷子、碗，搬一搬椅子；外出乘车时，主动让位给老、弱、病、残者，而不要争抢座位；在公园散步时，不随地吐痰，扔纸屑、瓜皮等。这样的合作会使孩子不仅学到生活中的知识和技巧，还会养成热爱劳动、讲究卫生的习惯。不要害怕孩子"捣乱"，而让他们远离劳动场合，应该在与孩子共同参与中培养孩子良好的品德。

## 2. 让孩子接近、亲近成功人士

孩子的模仿性是很强的，父母要有意识地让孩子多接近、亲近成功人士，让孩子多与劳动模范、战斗英雄、科学家、艺术家接近；也可以利用假日带孩子到附近的高校里走一走，散散步，引起孩子对大学校园里认真学习的大学生的兴趣，并且有意识地为孩子介绍他们为什么要上大学。别看孩子才三五岁，他会听得非常仔细。若有条件，可以特意带孩子去拜访大学教授、院士爷爷，参观科学家的实验室，让孩子在参观过程中，把对科学的热爱留在记忆之中。让孩子接触各行各业的成功人士，耳濡目染，相信对他的成长会产生不可估量的影响。如果让孩子整天跟着父母打麻将，3 岁就立志要做赌王，或让孩子从小听父母谈论对社会不满或不健康的话题，孩子从小就学会说假话、发牢骚，这对孩子的成长是极为不利的。

### 3. 学会与孩子沟通的方式

在品德的起步教育中，与孩子的沟通非常重要。除了语言外，还有其他许多方式，如一个微笑、一个拥抱，可以将父母无限的情意传达给孩子。与孩子沟通的方式大致上有以下几种：

（1）蹲下来和孩子说话。在日常生活中我们感觉到，与一个高度差不多的朋友交往时，有一种平起平坐、轻松自如的感觉，而和一个比自己高的人谈话，或多或少有一种压迫感，那种仰头说话的感觉是不自然的，不断地抬头说话会感到非常疲倦。所以和孩子交谈时，尽可能蹲下来，使自己的身体与孩子处在同一高度，用温柔的表情、简单的解释与孩子沟通，使孩子感到亲切、平等、舒心，这样孩子就会很愉快地接受你的说教。

（2）注视孩子的眼睛。注视对方的眼睛说话，不仅是一种礼貌的表现，也可以从对方的眼神中得知自己的话语是否吸引对方，对方是否认同自己的观点，支持自己的见解。从孩子的眼神中，父母会读出他的需要，他对自己谈话的态度，他对自己谈话内容的兴趣和关心程度。所以，当父母与孩子谈话时，应该满足孩子此时被关注的心理，同样也注视孩子的眼睛，让孩子感到父母对他的尊重，对他的倾诉的重视。当然，父母注视孩子，眼睛不要瞪得很大，要有温情，面带微笑。

（3）微笑。一个微笑，包含了对孩子的信任与鼓励；一个微笑，可以消除许多不必要的争论、怨恨和冲突，它是世界上最友善和最有效的无声语言。向自己的孩子微笑，让他感到父母对他的友好、善意，体会到世界的和平、美好，体会到家庭的温暖、善意。当孩子从父母身上学会了微笑，他将会成为一个有自信、有善心，能善待别人、帮助别人的令人尊重的孩子。微笑着对孩子的行为肯定，有助于孩子良好品德的形成。

（4）拥抱。拥抱是表达父母对子女爱的最直接和最有效的方式。孩子只要在妈妈的怀抱里，便会感到无限的温暖与安全，知道妈妈会爱自己，会保护自己。当孩子做对了事，或有进步时，父母的一个拥抱，传递给孩子的是鼓励、自信，是一份认同，孩子的脸上会露出让人羡慕的满足的微笑，这有利于孩子继续做好事，有利于良好品德的形成。

（5）轻轻地抚摸头发。一边拥抱孩子，一边轻轻地抚摸孩子的头发，无限关心与喜爱都会从万千发丝传递到孩子身体的每一个细胞里，这种非语言的接触，不仅是爱护、关怀，也是友善的表现，再顽劣的孩子，遇到这种亲密的接触，都会自然驯服下来。

（6）轻拍肩头。成年人之间表示友善与支持的时候，会用轻轻拍肩头这一动作，孩子也希望父母用这种"你长大了"的表示来鼓舞、赞同自己。据一些幼儿园的老师反映，尤其是男孩子，到了中班、大班的时候，他们有一种强烈的"男子汉"的情感，特别是当孩子帮助了别人，或承认了错误、改正了错误之后，父母意味深长地拍拍他的肩头，这对孩子来说，是一种友善的情感，也传递着对孩子的支持、赞许、信任和鼓舞。

在孩子品德的起步教育中，父母应该时时处处、设身处地地从孩子的身心需要出发，针对自己孩子的特点采用多种多样的方式，让孩子健康、愉快地成长，让每个孩子都有良好的人生起步！

# 第五节　学前儿童的心理卫生

一个健康的儿童，不仅应该身体健康，而且应该心理健康，并具有良好的社会适应能力。学前儿童卫生保健，应该包括心理卫生保健。儿童时期，特别是学龄前时期是施行心理卫生教育的黄金时期。一个人在心理上的异常或出现一些心理障碍并不是无缘无故地突然发生的，其原因大多发生在儿童时期，尤其是学前阶段。因此，在学前阶段重视儿童心理卫生教育，有利于对儿童的行为问题和心理障碍进行早期干预或早期治疗，也有利于充分发展儿童的智能、情绪、情感和意志等，并使他们相互协调，构成完整的人格，维护和促进儿童心理的健康发展。

## 一、什么是心理卫生

心理卫生（mental health）又称精神卫生，是研究如何维护和增进人类心理健康的一门学问，也是应用有关心理学知识和技术来增进人们心理健康的一种服务。心理卫生有狭义和广义之分。狭义的心理卫生是指预防心理疾病的发生；广义的心理卫生是以促进人的心理健康，发挥人更大的心理效能为目标。由此可见，心理卫生的目的是要维护和增进整个人类的心理健康，预防心理疾病的发生。对个人而言，心理卫生要使个体具备健康的心理和完整的人格，树立正确的人生观和价值观，成为身心全面健康的社会成员。对社会而言，心理卫生有助于促进社会主义的精神文明建设。学前儿童心理卫生主要包括以下三个方面的内容：

第一，改善幼儿所处的家庭、托幼机构和社会的自然环境和文化环境。这主要体现在学前儿童赖以生存的各种自然条件和社会条件，如空气、饮水和膳食的质量，居住条件，托幼机构的建筑设备和活动场所，以及社会公共活动场地和娱乐设施。这些都要有利于学前儿童保持良好的情绪，陶冶他们的性情，使儿童的潜力得到充分发展，以保证学前儿童的身心健康发展。

第二，对学前儿童进行心理卫生教育。这主要是帮助儿童学会调节和表达自己的情绪、情感的方式，学习社会交往的技能，培养良好的生活习惯，杜绝心理障碍和心理缺陷的产生。

第三，对学前儿童进行行为指导和心理咨询。要尽早地发现学前儿童的各类问题行为，有针对性地进行早期干预，及早纠正他们的不良行为，并通过心理咨询，给咨询对象（学前儿童和家长）以帮助、启发或教育，缓解其心理紧张和冲突，提高社会适应能力。

从上述内容来看，心理卫生是以心理健康为研究对象的，心理健康是心理卫生的核心。那么，如何理解心理健康的含义呢？心理健康有没有检查的标准呢？

心理健康的含义，至今没有统一的看法。有人认为，心理健康是指个体与环境之间互动关系能否取得协调一致的适应状态；有人认为，心理健康就是充分发挥人的智能、情感、意志和人格，并使他们相互协调；还有人认为，心理健康的人必须具备完整的人格、充沛的活力、进取的精神、愉快的情绪、适当的行为、虚心的态度以及对现实环境的良好适应。1946年世界卫生组织认为心理健康是指"身体、智力、情绪十分调和；适应环境，人际关系中能彼此谦让；有幸福感；在工作和职业中能充分发挥自己的能力，过有效的生活"。1989年世界卫生组织又指出："健康不仅是没有疾病，而且包括躯体健康、心理健康、社会适应良好和道德健康。"从以上这些说法可以看出，心理健康有两个含义：一是无心理疾病；二是有积极的发展和心理状态。

我国大多数心理工作者认为，心理健康是指个人能够充分发挥自己的潜能，能够妥善地处理和适应人与人之间、人与社会环境之间的相互关系。

了解了什么是心理健康之后，再来了解一下学前儿童心理健康的标准。一般说来，学前儿童心理健康主要有以下5个标准：

## 1. 智力正常

智力正常是学前儿童心理健康的重要标志，这是因为，正常的智力水平是儿童与周围环境取得平衡和协调的基本心理条件，所以是心理健康的首要条件。人们常用智力测验中的智力商数（IQ）表示智力发展的水平。智商在80 以下为智力落后，在 120 以上为智力优秀，80~120 为智力正常。

**2. 情绪稳定，心情愉快**

积极健康的情绪是学前儿童保证心理健康和行为适度的重要条件。愉快、欢乐、喜悦、高兴等积极的情绪能使儿童的活动效能提到较高的水平，有助于儿童对社会生活环境保持良好的适应状态；而愤怒、恐惧、悲伤、忧愁等消极情绪会使儿童的心理失去平衡，这些消极情绪的长期积累，还可能使儿童产生神经系统功能失调及躯体的某些病变。

情绪稳定、心情愉快，表示儿童神经中枢系统兴奋与抑制活动处于相对平衡状态，表现为充满自信，积极进取，热爱生活，乐观开朗，积极向上。情绪不稳的儿童则表现为喜怒无常，愁眉苦脸，灰心丧气，整天哭闹，顺利时盲目乐观，受挫时盲目悲观。

**3. 乐于交往，人际关系和谐**

与人交往是人类的天性。学前儿童的交往活动能够反映他们心理健康的状况。儿童之间正常的交往、友好的往来不仅是维持心理健康的一个重要条件，也是获得心理健康不可缺少的途径。心理健康的儿童乐于与人交往、友好相处，善于理解别人、接受别人，也容易被别人理解和接受；善于与他人合作和共享，尊重别人的意见，以慷慨和宽容的态度待人。相反，心理不健康的儿童或对人斤斤计较、不能宽容，或对人漠不关心、无同情心，或沉默寡言、性情孤僻，或不能与人合作，甚至侵犯别人。由于心理健康的人喜欢别人、接受别人，所以他在人群中也总是受到欢迎。

**4. 社会适应良好**

学前儿童社会适应良好主要表现在了解现实、正视现实、有责任心、积极向上、遵守社会规范等方面。心理健康的学前儿童能够面对现实、接受现实，比如，周一至周五是上幼儿园的时间，他会积极乐观地、愉快地上幼儿园，而不是哭闹、拒绝上幼儿园；到了幼儿园，轮到他值日时，他具有较强的责任心，会帮助老师做好事先的准备工作，是老师的好助手；课堂上，他注意力集中，积极回答老师的问题，和小朋友团结互助，友好相处。心理健康的儿童不仅遵守幼儿园的规则，而且遵守社会规范。例如，爸爸开车时会提醒爸爸不要闯红灯，跟妈妈坐公共汽车时会提醒妈妈替自己买一张票等。心理健康的学前儿童在一般情况下，愿意努力实现社会认可的行为。

**5. 性格特征良好**

性格是个性的核心，也是最本质的表现。心理健康的儿童，具有热情、勇敢、自信、主动、谦虚、慷慨、合作和诚实等性格特征，对自己、对别人、对现实的态度和行为方式比较符合社会规范。相反，心理不健康的儿童与别人和现实环境会经常处于不协调的状态，表现为自卑、冷淡、孤僻、胆小、懒惰、执拗、依赖性强等不良性格特征。

## 二、学前儿童常见的心理卫生问题

孩子从一出生就面临适应新环境的严峻考验，要迎接许多新的课题，因而在身心发展与外界环境之间会有许多新的问题和矛盾产生。如果这些问题和矛盾顺利地得到解决，儿童心理的发展就会获得一些质的飞跃；若解决不好或根本就解决不了，儿童心理的发展就可能停滞不前，甚至倒退。因此，帮助儿童解决他们面临的问题和矛盾，是促进儿童积极向上发展的需要，也是婴幼儿时期心理卫生的目的。

日本的村松常雄根据儿童一般的行为问题的初发年龄，拟出了临床上儿童行为问题发生的年龄表（见下表）。

**临床上的儿童问题行为初发年龄**

| |
|---|
| 1 岁前：睡眠不安、夜哭、阵哭、愤怒痉挛、拒乳。 |
| 1 岁：睡眠不安、夜哭、夜惊、害怕、愤怒痉挛、咬东西、屏气发作、食欲不振。 |
| 2 岁：睡眠不安、夜哭、夜惊、害怕、恐惧、发怒、粗暴、攻击、咬东西、同胞相嫉、反抗、语言发展迟缓、沉默、口吃、食欲不振、爱睡、爱抚摸生殖器。 |
| 3 岁：躁扰、同胞争吵、咬指甲、撒娇、反抗、恐惧（怕虫、怕进厕所、怕食物中毒、认为食物中有细菌、怕电视里有鬼）、畏缩、多尿、食欲不振、呕吐、喘息、口吃。 |
| 4 岁：洁癖、吐唾癖（因觉得脏）、担心身体、妈妈不回家就不上厕所、老爱追问熄了火炉没有、在幼儿园怯生、不合群。 |
| 5 岁：洁癖、气量小、担心身体、担心花粉会惹病、反复模仿妈妈和哥哥的行为、躁扰、没有耐心、不爱接近双亲、语言含糊、沉默、口吃。 |
| 6 岁：自诉睡不着、夜怯、拘泥琐事、常嫌东西不干净、一件事不反复弄清就不能做下一件事、不向妈妈反复盘问清楚就不能开始行动、吃东西要妈妈先尝（怕毒）、在人前胆怯、被人一注视就不敢动脚、不沉着、不天真、淘气、无耐力、无气力、沉默、口吃、抽搐。 |
| 7 岁：自诉失眠、头痛、担心身体、畏怯、退缩、不肯上学、沉默、咬指甲、抽搐、任性。 |

麦克法兰的研究还提出了男女儿童在一般行为问题上存在着很大的差异。在心理发展过程中，男性儿童较为常见的问题行为主要是多动、发脾气、要求别人给予更多的注意等；而女性儿童主要是过分敏感、害羞、过分谨慎等（见下表）。

12 个月 ~7 岁正常男女儿童行为问题的差异[*]

| 年龄（岁） | 男 | 女 |
| --- | --- | --- |
| 1 岁 9 个月 | 遗尿、极度的情绪依赖，易激惹 | 过分拘谨 |
| 4 | | 特殊性害怕 |
| 5 | 发脾气 | 吮吸手指、对身体的羞涩感 |
| 6 | | 挑食、过分敏感、情绪波动大 |
| 7 | 偷窃 | 极度的情绪依赖、害羞、过分含蓄 |

[*] 指差异在 5% 以上者。

美国心理学家奎伊（H. C. Quay, 1979）在其早年研究的基础上将儿童心理问题分为 4 类，即品行障碍、焦虑—退缩、不成熟和社会化的攻击行为（见下表）。

儿童心理问题的分类

| 品行障碍 | 焦虑—退缩 | 不成熟 | 社会化的攻击行为 |
| --- | --- | --- | --- |
| 攻击行为 | 焦虑、害怕 | 注意不持久 | 结交坏伙伴 |
| 暴躁脾气 | 害羞 | 白日梦 | 参加流氓集团 |
| 不服从 | 爱隐居 | 沉湎 | 逃学 |
| 破坏活动 | 抑郁 | 缺乏恒心 | 逃离家庭 |
| 不合作 | 敏感 | 被动 | 夜晚不归 |
| 易激动 | 缺乏自信 | 漫不经心 | |
| 驾驭别人 | 常哭泣 | 缺乏兴趣 | |
| 不诚实 | 容易心烦意乱 | 笨手笨脚、协调不佳 | |
| 恶语伤人 | | | |
| 偷窃 | | | |

## （一）学前儿童的情绪障碍

学前儿童最多见的情绪障碍是：①儿童期恐惧，是一种依赖、退缩、胆小恐惧（特别是社交方面）的焦虑表现；②屏气发作，是一种得不到满足的发怒表现；③暴怒发作，形式多样，但都以哭闹要挟成人；④夜惊，是一种睡眠障碍。

### 1. 儿童期恐惧

恐惧的情绪在学前儿童中很常见，这种恐惧表现是多方面的。如对某些具体事物恐惧：怕动物、怕火、怕水、怕陌生人；对一些抽象概念恐惧：怕被丢失、怕被拐骗。恐惧时的表现为惊叫、回避等情绪反应，以及发抖、面色苍白、心跳加快、呼吸增快等生理反应。对于学前儿童，某些年龄阶级中出现暂时的程度较轻的恐惧，应视为正常的恐惧表现。米勒等人（Miller et al.，1974）提出了不同年龄阶级中出现的暂时性恐惧（见下表）。

**不同年龄的恐惧对象**

| 年　　龄 | 恐惧对象 |
| --- | --- |
| 0 ~ 6 个月 | 巨声、失去支持 |
| 6 ~ 9 个月 | 陌生人 |
| 1 岁 | 分离、外伤、入厕 |
| 2 岁 | 幻想中的生灵、死亡、强盗 |
| 3 岁 | 狗、孤独一人 |
| 4 岁 | 黑暗 |
| 6 ~ 12 岁 | 上学、外伤、自然灾害、社交 |

对学前儿童恐惧的预防，关键在教育，要鼓励学前儿童去观察和分析各种自然现象，懂得一些粗浅的知识和道理；在任何情况下不要对儿童进行恐吓，不要让他们看恐怖、暴力的电视剧、电影和动画片；要他们养成良好的睡眠习惯，晚上不要过分兴奋，睡觉前先洗脚，上床后肌肉放松就能自然入睡；鼓励学前儿童多参加集体活动和游戏，锻炼不怕困难、勇敢坚强的意志，以克服种种恐惧心理。

### 2. 屏气发作

屏气发作，又称呼吸暂停症。它以儿童在情绪急剧变化时出现呼吸暂停为主要特征。在 2 岁前的儿童中比较多见，3 ~ 4 岁以后较少发生，6 岁以后则少见。

儿童在遇到令人发怒、惊恐或不合己意的事时，会突然出现急剧的情绪爆发，在哭闹以后就会发生呼吸暂停。轻者，呼吸暂停 0.5 ~ 1 分钟，两唇青紫，面色苍白；重者，呼吸可停止 2 ~ 3 分钟，全身僵直，明显发绀，意识丧失，出现抽搐，以后肌肉弛缓，恢复原状。预防的办法是：父母给予孩子更多的爱和温暖，保持早期的家庭、生活环境和谐，减少孩子的心理紧张，使其避免心理矛盾的冲突。

### 3. 暴怒发作

暴怒发作指的是学前儿童在个人要求或欲望没有得到满足，或在某些方面受到打击挫折时，出现哭闹、尖叫、在地上打滚、用头撞墙、用木棍、铁棍敲打头部、撕扯自己的衣服和头发，以及其他发泄不满情绪的过火行为。这种行为常常无法劝止，他们会一直闹到自己的要求得到满足，或无人理睬才停止下来。

预防学前儿童暴怒，应从小培养他们讲道理、懂道理的品质，不要过于溺爱和迁就儿童。当儿童暴怒发作时，可以将其暂时安置在一个单独的房间里给予短暂的隔离，使他的暴怒发作不引起他人的注意，从而使暴怒发作发生的频率逐渐降低，直到停止。

### 4. 夜惊

夜惊是儿童期的一种睡眠障碍，以 5 ~ 7 岁的儿童较为多见，男性儿童的发生率较高。夜惊的儿童在入睡后不久，会在没有任何外界环境刺激的情况下突然尖叫、哭喊，从床上突然坐起，瞪目直视或双目紧闭，表现为十分惊恐的样子。这种情况在持续不长一段时间后，儿童又自行入睡。有的儿童还可以起床走动，偶尔出现伤害自己或别人的行为。有时，这种情况一夜可发生数次。

儿童夜惊，多是心理因素所致，如长期与母亲分离，意外事情造成亲人死亡，父母离异，生活中遇到困难等。对于夜惊的儿童，无须药物治疗，主要是解除产生夜惊的心理诱因，减少儿童的紧张情绪。随着儿童年龄的增长，大多数儿童的夜惊会自行消失。

## （二）学前儿童的品行障碍

品行障碍在学前儿童中颇为多见，在男性儿童中发生率明显高于女性儿童。学前儿童的品行障碍主要表现为攻击性行为、说谎、对小动物无辜残害、破坏公物等。

### 1. 攻击性行为

攻击性行为是指个体受到挫折时由愤怒情绪引起的向一定对象进攻的行

为。在学前儿童中表现为打人、咬人、抓人、踢人、冲撞别人、夺取别人的东西等。在学前期矫正儿童攻击性行为十分重要，父母和教师要对合作性行为给予奖励，对攻击性行为予以制止，不能以不重视、不理睬的方式对待；也可采取暂时隔离的方法来消除强化因素，千万不要采用体罚的方法，否则会增强儿童的攻击性行为。

## 2. 说谎

学前儿童中说谎的现象较多，成人对此也较敏感，甚至认为"说谎是小偷的开始"，这是不正确的说法。幼儿说谎有无意说谎和有意说谎之分。学前儿童由于认识水平低，在思维、判断等方面出现与事实不符的情况，而造成了无意说谎。这是受他们心理发展水平限制而产生的，他们说谎连自己也分不清真假。而经常故意编造谎言，明知故犯的就是有意说谎。比如，幼儿做错了事，怕受到惩罚，于是编造谎言，以掩盖自己的过失，这时说谎成了幼儿免遭惩罚的自卫手段。成人对幼儿过分严厉，不问清事由就加以斥责、打骂、恐吓，甚至施以体罚，常迫使幼儿说谎。

预防和纠正学前儿童的说谎行为，关键在教育和成人的模范作用。要教育孩子说老实话，做老实人，用诚实的行为规范要求自己；父母和教师做错了事也要承认自己的错误，不要用谎言掩盖自己的行为过失；对孩子说谎要具体事情具体分析，指出哪些是孩子的责任，哪些不是孩子的责任；还要创造和睦、协调、充满信任的生活环境，在这种环境中，幼儿自然吐露真情，无须隐瞒和欺骗。

## 3. 残忍行为

残忍行为是指对有生命的动植物的一种狠毒行为。一般来说，孩子都是有同情心的，但有时也可以看见有些孩子残酷地对待小动物。比如，有的孩子逮到了小昆虫，不是把它的翅膀揪掉，就是把它的眼睛捅瞎；有的孩子用手掐猫、狗的脖子，或把打断腿的猫、狗扔入河中。这些类似残忍的行为是由于教育不当和环境影响造成的，是一种心理变态。孩子的这种行为若不纠正，长大以后就会缺乏同情心，不关心自己的父母、长辈、同事，对社会缺乏责任感。

孩子的残忍行为，往往是其受压抑的一种表现。如孩子的父母感情不和，经常吵架，或父母离婚后谁都不关心孩子，家中整天充满了火药味，充满不和睦、不健康的气氛，孩子就会受到压抑，从而产生发泄的冲动，借对动植物发狠来消除内心的不满情绪和压抑感。自卑、受歧视也是孩子残忍行为的原因之一。如有的孩子长得不漂亮或有生理缺陷，或过矮过胖，在幼儿园和家里受到歧视；有的家长想要男孩却得了女孩，便冷落这个孩子；有的再婚父母歧视、虐待前夫或前妻生的孩子等，往往这些孩子就会借残忍行为来证实一下自己的"强大"，消除内心的压抑，寻求心理平衡。父母、教师对孩子缺乏同情心，动不动就罚关黑屋、打耳光、站墙角、跪搓板等，或是孩子过多地观看影视中的暴力枪杀镜头，也会造成孩子的残忍行为。

纠正孩子的残忍行为，最主要的一条是父母和教师要有充分的时间和足够的爱，为孩子创造一个和睦、友爱的情感气氛，改变环境中的不良影响和纠正不良的教育方法，要热爱孩子，不要用"残忍行为"来纠正"残忍行为"，要避免暴力镜头的不良刺激。可通过参观博物馆、看图书、制作动物标本等，将孩子的好奇心和求知欲引导到正确的轨道上去。

### 4. 破坏性行为

破坏性行为是指使事物受到损害，以损坏他人财物为乐的行为。比如，有的孩子经常故意打破幼儿园或邻居的玻璃窗、灯泡；故意弄脏别人晾晒的衣服、床单，故意损坏公共设施，并以此为乐的行为，就是破坏性行为。这里我们要强调的一点是，有时孩子的某些行为，从表面上看是破坏性的，但经分析，其目的很多是建设性的。例如，孩子把闹钟拆开，想了解它是怎么响的；把收音机拆开，想看看里面有几个叔叔阿姨；把彩色的玻璃镜砸开，想看看里面有没有花等。孩子就是通过这种貌似破坏的行为来探究和认识事物的，这类行为是健康的行为，不应指责，而应该加以正确引导和鼓励，以增强孩子的动手能力。

引起孩子破坏性行为的原因很多，比如，由敌对情绪引起的报复；由不愉快情绪引起的发泄；为了炫耀自己"能干"等。家长和教师要教育孩子搞破坏并不能证明自己"强大"，只能失去大家的尊重，只有为大家做好事，才能得到大家的爱护；对别人发泄怒气是不对的，对别人、对自己都没有好处。家长和教师只有采用说理的正面引导的方法来减少压制和惩罚，鼓励孩子多做好事来赢得大家的尊重。

## （三）学前儿童的行为障碍

### 1. 儿童遗尿症

遗尿症是学前儿童中多见的排泄行为障碍，是指儿童在 5 岁以后，在白天或者黑夜有反复的不自主的排尿，经常尿床、尿裤的现象。遗尿有原发性遗尿（一直遗尿）和继发性遗尿（曾控制小便半年以上，5 岁以后又再次遗尿）之分。遗尿的原因有：一是婴幼儿期缺乏训练，造成持续的遗尿状态；二是智能发育迟缓，不能预先告诉排尿，或是无法控制，即由大脑皮质下中枢的功能失调而引起的；三是特别神经质的幼儿对周围环境的一种敏感反应，出现尿频的现象，如有的孩子看见别人排尿或看见厕所就要排尿，在幼儿园中可以看到一个孩子举手告诉老师"我要尿尿"，有的孩子也跟着去，一旦老师制止，则尿裤。

从小培养儿童良好的排尿习惯是预防遗尿症最基本的方法。训练排尿习惯的最佳时期一般在1~2岁。注意清除儿童情绪不安的各种因素；晚上适当控制儿童的茶水、汤类和牛奶等液体的摄入量（可减少儿童入睡后的尿量）；夜间唤醒孩子，培养他们自行起床入厕的习惯；在白天逐渐延长排尿的时间，都是治疗儿童遗尿的常见方法。

### 2．口吃

口吃是一种常见的语言节律的障碍。口吃是指儿童说话时字音重复或词句中断的现象。这是一种习惯性的语言缺陷，通称结巴。口吃的儿童讲话时多伴有跺脚、摇头、拍腿、扮鬼脸或抽动的动作。

口吃大致有三种类型：①连发型。连续重复某个字音，如说"这、这……这是什么"。②伸发型。把某个字音拖长，如说"妈——妈"。③阶发型。反复说一句转接口语词而不见连贯的话，如说"那个——那个——"。幼儿期的口吃多见于第一种类型，第二种类型次之，而且一般都是从第一种发展到第二、第三种类型，越趋严重。患有口吃的孩子大多自卑、羞怯、退缩、孤独、不合群。口吃出现的年龄以2~5岁最多。

口吃的原因很复杂。一般认为口吃与遗传有关，与大脑两半球优势或某种脑功能、语言器官功能障碍有关；心理社会因素在口吃中也起重要作用，如口吃在儿童受惊、被严厉斥责或惩罚、父母丧亡或离去、家庭失和、环境突变等情况下容易发生；成人对孩子期望过高、态度过严、压力过重也是造成孩子口吃的原因；学前儿童好模仿，如果周围有口吃患者，孩子也很容易因模仿而口吃。

矫正口吃的办法是消除口吃的病理因素和心理社会因素。首先父母可带孩子先去检查一下是否有言语器官闭塞，声带不正常或癫痫等病，根据病情做出处理。其次就是消除引起口吃的心理社会因素。例如，不要过分注意或议论孩子的口吃，更不要模仿、嘲笑他们；要多给孩子温暖和关怀，不提不切实际的要求和期望，尽量减少和消除引起孩子精神紧张的因素。除此之外，采用矫正法来帮助孩子，比如，正常示范说话，让孩子注意听，或分散注意力，让孩子多参加跳舞、游泳、唱歌、朗诵等活动，对口吃的孩子有很大的帮助。经过训练，大多数孩子的口吃是可以矫正的。

### 3．多动症

多动症是儿童常见的一种以行为障碍为特征的综合征，学名为"注意缺陷/多动障碍"，是一类以注意障碍为最突出的表现，以多动为主要特征的儿童行为问题。一般在 7 岁前出现，典型发病年龄为 3 岁。多动症在学龄儿童中的发生率比学前儿童高；男性儿童的发生率明显高于女性儿童。

多动症儿童的行为特征表现是，活动多而杂乱，注意力不集中，情绪不易控制，行动冲动，不考虑后果，运动的协调性差，有知觉、语言、记忆的障碍，学习困难，有好打架、好顶嘴、执拗、霸道、恃强凌弱、纪律性差等不良行为的表现。

但是，多动症在不同年龄阶段是有不同表现的。在婴儿期，主要表现为不安静，易激惹，行为不规范变化，过分哭闹或叫喊，饮食情况差，高水平地活动。在学前期，主要表现为喜欢干预某一件事，注意力集中时间短暂，有破坏行为，不能静坐，发脾气，对动物无辜残忍，有攻击、冲动行为，参加集体活动有困难，情绪易波动，遗尿等。学龄期儿童多动症症状最为突出，表现为：学习困难，上课不能安静听讲，小动作多，不能完成作业，容易激动，好与人争吵，注意力集中时间短等。大多数儿童到了青春期，许多症状会自然消失，只有极少数人在成年后还留有性格上的缺陷。

儿童多动症的病因包括生物因素和社会心理因素。生物因素包括遗传因素和脑组织器质性损害；社会心理因素指不良的社会、心理环境引起儿童的高度紧张、内心不安而致病。

纠正儿童的多动症，一般采用药物治疗和以教育与心理治疗为主的行为治疗。药物治疗主要面向由体质缺陷引起的多动症，一般使用利他林、右旋苯丙胺、匹莫森等药物。药物治疗须谨慎小心，用药的种类、剂量及时间应由专家指导，因人而异。家长切勿自行购药医治。行为矫正法主要是运用强化的方法，先矫正容易矫正的行为，再逐步深入到较难矫正的行为，并用良好的行为逐渐取代不良行为。父母和教师应给予儿童更多的关心，避免当众批评儿童，尽量让儿童参加到有益于身心健康的活动中去。

### 4. 其他行为异常

其他行为异常包括吸吮手指和衣服，咬指甲或其他物品，拔头发，习惯性阴部摩擦等。造成这些行为异常皆因儿童与成人关系不良、模仿情绪异常、精神创伤和某些身体疾病而诱发。父母要针对孩子的实际，创造性地应用一些方法使孩子的身心得到健康的发展。

学前期是人生的独特阶段，是早期教育的最佳时期，人在这个时期没有受到良好的教育或受到损害的话，就要克服巨大的困难，作最大的努力，才能成为强健的人。早期的心理健全对一个人未来的正常发展是相当重要的。美国当代心理学家布鲁姆根据他多年的研究经验作出结论："有两类资料都表明，从 17 岁测到的智力来讲，约有 50% 是发生在怀孕到 4 岁之间，约有 30% 发生在 4~8 岁之间，约有 20% 是在 8~17 岁之间。"这就是说，六七岁以前是儿童智力发展最快的时期，这个时期的早期教育最为重要。孩子的道德品质的教育与培养，也是开始得愈早愈好。

第四章

小学生（6～12岁）的心理发展

# 第一节　入学时儿童的转折时期

两三岁是人生的第一次转折。经过这次质的变化，儿童的动作得到了发展，能够使用工具；言语也得到发展，基本上掌握本民族的言语；同时，基本的数概念也形成了；开始出现了自我意识的独立性。随着儿童年龄的增长，知识经验和日常生活经验的丰富，儿童将要结束幼儿的生活，进入童年期，开始上学了。儿童到六七岁时进入了人生的第二次重大转折时期。在这一转折时期，儿童既保留着前一年龄阶段特点的痕迹，又开始有了下一年龄阶段特点的萌芽，处于新的交替时期，他们将面临种种矛盾，需要父母和教师的引导和帮助。

## 一、六七岁儿童的生理的变化

### （一）身高和体重的变化

身高是人体高度的指标，是正确估计身体发育特征和评价生长速度不可缺少的依据。体重在一定程度上反映了儿童骨骼、肌肉、皮下脂肪和内脏重量增长的综合情况。因此我们在进行体格检查时首先要测量身高和体重。2～10岁儿童身高和体重的计算公式如下：

$$身高（厘米）= 年龄 \times 5 + 75$$
$$体重（千克）= 年龄 \times 2 + 8$$

六七岁的儿童身材出现了瘦长型的特点，标准身高为110厘米，标准体重为21千克左右。

人体的生长发育不是直线上升的，而是波浪式前进的。这意味着在不同年龄阶段，发展速度是不均匀的，有时快些，有时慢些，快慢交替出现。

儿童在经过了婴儿期的第一个生长高峰以后，逐渐进入一个平稳发展的时期，大多数6～10岁儿童的身体发展会出现相对平缓的状态，所以在小学五六年级之前，儿童的身体一般是稳步向上发展的（见下图）。

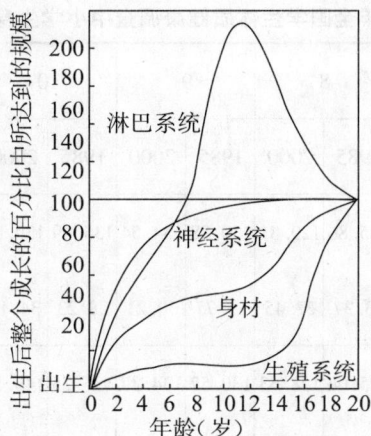

四种不同身体系统和组织的发展曲线①

　　从出生到成熟的整个发育时期，儿童的身高和体重一直在增长，但在不同的年龄阶段增长的速度有所不同。儿童出生后第一年内身高平均增长 20 ~ 25 厘米，体重增加 6 ~ 7 千克；第二年内增长速度相对减慢，但与其他年龄阶段相比，依然保持着较快的发展速度，身高增长约 10 厘米，体重增加 2.5 ~ 3.5 千克；此后，增长速度迅速下降，身高平均每年增加 4 ~ 5 厘米，体重增加 1.5 ~ 2.5 千克，保持一个相对平稳的发展速度（见下图）。

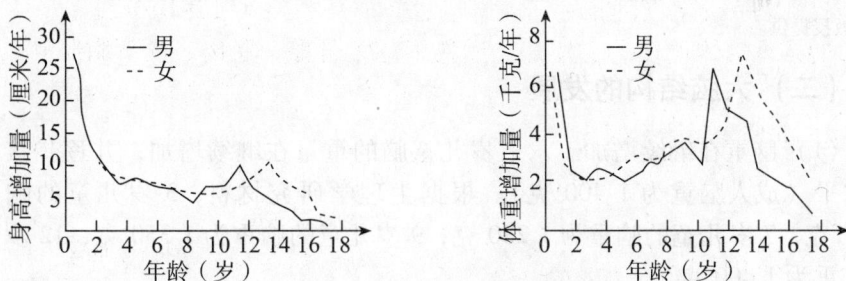

从出生到 18 岁儿童身高和体重的发展速度曲线

　　近年来，我国小学生的身高和体重发育水平较以前明显提高。下表列举了 1985 年和 2000 年的两级调查数据。从中可以发现，在最近的 15 年间，小学生的平均身高增长了 3 ~ 6 厘米，平均体重增长了 3 ~ 8 千克。

---

① 李丹. 儿童发展心理学. 上海：华东师范大学出版社，1994.

1985 年和 2000 年全国学生体质健康调查中小学生身高和体重平均数

| 年龄（岁） | | 7 | | 8 | | 9 | | 10 | | 11 | | 12 | |
|---|---|---|---|---|---|---|---|---|---|---|---|---|---|
| 指标 年代 | | 1985 | 2000 | 1985 | 2000 | 1985 | 2000 | 1985 | 2000 | 1985 | 2000 | 1985 | 2000 |
| 城市（男） | 身高(cm) | 121.38 | 124.25 | 125.86 | 129.81 | 130.88 | 134.54 | 135.49 | 139.89 | 140.53 | 145.18 | 145.28 | 151.34 |
| | 体重(kg) | 21.52 | 24.63 | 23.37 | 27.45 | 25.77 | 30.21 | 28.23 | 34.17 | 31.08 | 37.84 | 34.19 | 42.09 |
| 城市（女） | 身高(cm) | 120.25 | 123.17 | 125.06 | 128.63 | 130.52 | 134.37 | 136.25 | 140.57 | 142.52 | 146.88 | 147.63 | 152.14 |
| | 体重(kg) | 20.60 | 23.11 | 22.60 | 25.74 | 25.11 | 28.92 | 28.05 | 32.82 | 31.92 | 37.28 | 35.83 | 41.53 |
| 乡村（男） | 身高(cm) | 117.64 | 121.04 | 122.06 | 126.42 | 126.65 | 131.29 | 131.52 | 136.05 | 136.01 | 140.91 | 140.56 | 146.91 |
| | 体重(kg) | 20.29 | 22.18 | 22.11 | 24.57 | 24.27 | 27.08 | 26.57 | 29.96 | 29.01 | 32.90 | 31.85 | 36.95 |
| 乡村（女） | 身高(cm) | 116.69 | 120.07 | 121.18 | 125.21 | 126.09 | 130.72 | 131.34 | 136.61 | 136.96 | 142.81 | 142.53 | 148.30 |
| | 体重(kg) | 19.63 | 31.35 | 21.43 | 23.43 | 23.59 | 26.32 | 26.19 | 29.41 | 29.42 | 33.39 | 33.29 | 37.53 |

注：1985 年的资料来自《中国教育年鉴（1985—1986）》第 51 页，2000 年的资料由北京师范大学高影君教授提供。

## （二）大脑结构的发展

（1）脑重在继续增加。六七岁儿童脑的重量在继续增加，并逐步接近成人水平（成人脑重为 1 400 克）。根据生理学研究材料，3 岁儿童的脑重为 1 011克，7 岁儿童的脑重为 1 280 克，9 岁儿童的脑重为 1 350 克，12 岁儿童的脑重为 1 400 克。

（2）额叶显著增大。从人类发展过程来看，额叶增大是现代人与类人猿的重大区别之一。额叶与有意运动有特别联系。额叶在解剖上成熟最晚。

（3）在大脑的机能上，条件反射易形成，易巩固，不易泛化。学龄儿童由于语言的发展，第二信号系统活动日益发展起来。这就有助于儿童形成更多、更有抽象性和概括性的联系，为儿童的抽象思维能力的发展提供了可能性。

大脑生理学的研究表明，儿童大脑重量的增加并不是神经细胞大量增殖的结果，而主要是神经细胞结构（见下图）的复杂化和神经纤维伸长的结果。

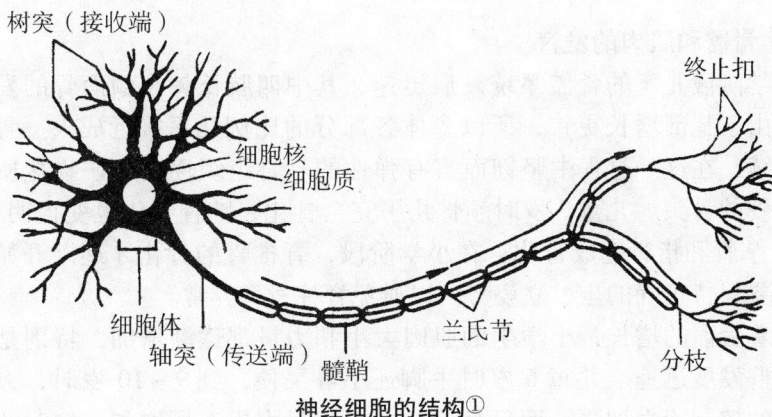

**神经细胞的结构①**

新生儿的大脑皮层表面较光滑，沟回较浅，构造十分简单，之后神经细胞突触的数量和长度增加，细胞体积增大，神经纤维开始从不同的方向越来越多地深入到大脑皮层各层，而且神经纤维逐渐髓鞘化。髓鞘由包围在轴突外层的髓磷脂构成，具有绝缘作用，能够防止神经冲动从一根轴突扩散到另一根轴突，从而保证神经兴奋沿着一定的通路迅速传导。在个体发育过程中，髓鞘化是脑内部成熟的重要标志，是行为分化的重要条件。儿童到6岁末时，几乎所有的神经传导通路都已髓鞘化。

从大脑皮层的发展情况来看，在小学阶段，儿童的大脑皮层逐渐趋于成熟。大脑皮层的成熟奠定了记忆、思维等高级心理活动的基础。

脑电波是测量和分析脑发育过程的一个重要指标。人脑电波有多种形式，频率越低表明大脑皮层的活动性越低。其中 $\alpha$ 波是人脑活动的最基本节律，频率为 8～13 次/秒，当 $\alpha$ 波的频率保持在 10±0.5 次/秒时，人脑与外界保持最佳平衡节律。$\delta$ 波的频率一般为 0.5～3 次/秒，$\theta$ 波为 4～7 次/秒，这两种脑电波一般在皮层活动性较低时才会出现。我国心理学家发现，儿童脑电图的发展趋势是：新生儿的脑电图多为 $\delta$ 波；5 个月时出现 $\theta$ 波；1～3 岁时 $\delta$ 波减少，$\theta$ 波增多，同时出现少量 $\alpha$ 波；4～7 岁时 $\theta$ 波减少，$\alpha$ 波增多；8～12 岁时，$\theta$ 波开始从大脑皮层的枕叶、颞叶和顶叶消失，$\alpha$ 波占主要地位；13 岁左右时，儿童脑电波基本达到成人的水平。

---

① 彭聃龄. 普通心理学. 北京：北京师范大学出版社，2001.

### （三）身体其他系统和组织的发展

#### 1. 骨骼和肌肉的发育

小学阶段儿童的骨骼系统发展迅速，其中四肢长骨和颜面骨的发展尤为明显。由于腿部增长更快，所以身体各部分的比例几乎接近成人。骨化过程仍在继续，在这一过程中坚韧而富有弹性的软骨组织逐渐为矿物盐所代替而变成坚硬的骨头。儿童 7 岁时颅骨几乎完全骨化，腕骨骨化也变得明显；9～11 岁时掌骨和指骨完成骨化；在小学阶段，脊椎骨的骨化才逐渐开始，所以小学生要保持正确的坐、立姿势，以避免脊柱发育异常。

随着骨骼的增长，小学生的肌肉大小和力量都逐渐增加，特别是手部的小肌肉群发展迅速。儿童 6 岁时手脚还不够灵便，到 9～10 岁时，大脑对肌肉运动的控制能力加强，而且身体的力量和耐力也有所增加，这时儿童的肌肉运动变得十分平稳协调。如果加以训练，他们能够表演各种完美的运动技巧。

但要注意到，小学生的骨骼肌肉系统还未达到成人的水平，特别是韧带薄而松弛，肌肉力量也还较小，因此运动量不能过大，而且在活动中成人要注意保护，防止儿童骨折、脱臼等意外事故发生。

#### 2. 呼吸和循环系统的发育

伴随着整个身体的发育，小学生心、肺的重量和容量也继续增大。到 9 岁时，心脏的重量增至出生时的 6 倍，心率从出生时的 100 次/分钟下降到 85 次/分钟。呼吸系统已达到成人的成熟程度。肺活量增大，呼吸频率随之下降，儿童逐渐学会用深呼吸加快气体交换的速度。总之，心、肺功能的进一步完善保证了充满活力的儿童机体能够获得充足的能量和氧气。

但小学生的身体还比较脆弱，过于激烈的运动会导致其心、肺负担过重，成人要注意保护。

## 二、六七岁儿童的心理变化

从以游戏为主导活动转变为以学习为主导活动，这是六七岁儿童心理发展上质的变化，这个主导活动的变化是一个重大的转折。这次转折主要有以下几个特点：

### （一）学习逐步成为儿童的主导活动

学习和游戏是不同的。游戏是幼儿的主导活动，它是以想象反映现实生活的活动，这种活动具有既真实又非完全真实的特点。在游戏中儿童可以愉快地满足自己想象与社会生活的需要，获得知识技能和生活经验。

而学习是学龄儿童的主导活动，学习与游戏的不同之处在于：

（1）学习是国家向儿童规定的一项社会义务，具有一定的强制性。

游戏可凭孩子的兴趣或多玩或少玩，它没有游戏活动以外的负担。学习是一种有目的、有计划、有系统地掌握知识技能和道德行为规范的活动。儿童必须按时上课，课后完成老师布置的作业。这是社会对儿童提出的要求，是儿童必须做到的，是不允许其按自己的喜欢、爱好、意愿去行事的，它是一种具有严格要求的社会义务。

（2）学习使儿童由依附性向开始独立生活转化。

六七岁儿童进入小学后，需要离开家长独立活动的机会大大增加。比如，他要学会独自离家去上学；要在班级中作为独立的一员认真听讲看书；要独立思考，独立完成作业；要自己整理书包，检查书本、文具是否准备齐全……这样渐渐地摆脱对父母的依附，开始向独立生活转化。

（3）学习使儿童成为社会的正式成员。

六七岁儿童入学后，由于学习成为主导活动，他们所处的地位发生了变化。幼儿是父母和成人的重点保护对象，他们在成人眼中还是不懂事的孩子。入学后他们体验到自己已不是一个普通的"孩子"，而是一个名副其实的"学生"，"学生"这个称号使孩子在心理上发生根本的变化。人们开始将他们作为社会正式成员对待，儿童从入学第一天起，便成为班集体的正式成员，必须严格遵守学校和班级的一切纪律，不能迟到、早退和无故缺席，并要按时完成教师每天布置的作业。九年义务教育就是从这个年龄阶段开始的，也就是说，孩子到了六七岁，必须入学接受教育，因为学习是他们的权利，又是他们的义务，社会和家庭对他们入学也是非常重视的。

（4）学习使儿童的第二信号系统日益发展。

如果说，学前儿童还是第一信号系统占主要地位的话，那么，学龄初期儿童由于言语的进一步发展，第二信号系统就日益发展起来。儿童入学后，在教学的要求下，计算就逐渐成为独立的、不需要过多依靠直接刺激物（实物、图形）的思维过程，在识字、阅读、常识的学习上也更多地依靠第二信号系统的活动。当然，对刚入学的儿童还不能估计过高，此时第二信号系统还不能占主要地位。因此，在教学过程中和品德的培养上，还要特别重视直观性原则。

### （二）开始参加集体生活，集体主义意识萌发

幼儿基本上是以个体活动为主。虽然他们也三五成群地玩，但并非集体。他们只不过是一个松散的群体，集体的影响相对还较弱，没有形成真正的集体，因而也就难以形成集体主义意识。小学则不同，他们开始成为班集体或少先队集体的一员，每个人同集体的关系，都是以一定的原则和规范确定下来的。每个人都在集体中处于特定的关系位置上，他们有共同的奋斗目标，有自己的权利与义务。学校有校规，班级有班规，学生是在一定的集体关系中生活的。他们要逐步学会遵守各项规章制度，要学会处理各种人与人的关系；他们既接受老师的教育和指导，又受到班集体的影响，因而集体主义意识开始萌发。

### （三）由自我服务性劳动向社会劳动过渡

幼儿在上学以前的劳动带有很大的游戏性质，基本上是以自我服务性劳动为主，或帮助父母、邻居做点简单的劳动。进入小学以后，除了大量的脑力劳动（听课、完成作业）外，他们也开始担负着一定的社会服务性劳动（如值日、扫除、街道宣传）。随着年龄的增长，从中年级起他们开始从事创造财富的社会生产劳动，还参加一些科技活动和某些社会服务性劳动。

小学生完成自己的学习任务，就像一个工人必须完成自己的生产定额一样。小学生的学习劳动，是有教学大纲要求的，有考试制度规范的。作为一种社会义务，必须逐年完成，否则就要留级。随着学习的责任感增强，他们承担的社会责任、社会劳动意识也就增强了。

## 三、帮助入学儿童适应新的生活

为了帮助入学儿童适应新的学校生活，家庭与学校、家长与教师必须密切配合。孩子从幼儿园的生活进入学校生活，变化之大，常常使他们很难立即适应，特别是由于他们身心发展不成熟，生活经验少，自身调节能力差，因而很难适应新的生活，家长和教师应当给予孩子必要的指导和帮助。

### （一）对教师、学校教育的几点建议

（1）最初实行过渡性的作息时间。

对刚入学的孩子，要考虑到他们不久前还在幼儿园生活，而现在突然进入小学，生活节奏由慢变快，因此，刚入学时的学习不要安排得太紧、太满，

应该给他们一段缓冲时间，以便让他们逐渐适应新的学校生活。

在幼儿园的游戏活动是凭兴趣完成的，游戏时间可长可短，而且不一定准时开始，准时结束；而学习是有强制性的，每节课是有一定时间长度的，而且必须准时上课，按时下课。游戏的内容独立性较强，各个游戏之间可以互不相关；而学习内容是有连贯性的，前面学的知识是后面学习的基础。因此，学校、教师对刚入学的儿童，开始不一定上午上四节课，每节课也不一定要 45 分钟，可上三节课，每节课 35 分钟或 25 分钟。每节课之间休息时间稍长点，由 20 分钟过渡到 15 分钟，以帮助他们适应新的学校生活。此外，对课堂教学，教师应该注意生动、活泼和趣味性。

（2）减轻孩子的课业负担。

有的学校对刚入学的儿童除了要求上午四节课、下午四节课外，还布置了不少的家庭作业，有的孩子作业做错了，还要罚写。而家长在学校家庭作业的基础上又再加两道题，这就使孩子经常在题海中度日。本来孩子很想上学，认为上小学会比幼儿园更有意思，但上学后整天浸泡在上课、作业之中，逐渐失去了学习兴趣。

对刚入学的孩子来说，打开本子第一页写字做作业时，总是感到新鲜、有趣、好奇和认真的。他很想写漂亮一些，写好一点，但是由于任务重，越写越没有兴趣，精神也疲乏，手也酸，想写好也办不到。何况孩子的"玩性"未改，总惦记着出去玩，作业一多，心里一烦，结果就写不好，又遭到老师的罚写，这样，他们对学校生活开始不感兴趣了，开始怀念幼儿园的生活。于是，三五成群的孩子常跑到幼儿园去玩玩转椅、荡荡秋千。

因此，建议对刚入学的儿童，不要留家庭作业，尽量把作业放到课堂上完成。不留作业，可以引导孩子发展多方面的兴趣，让孩子看看电视、电影，听听音乐，学学舞蹈，讲讲故事，猜猜谜语，或者参加其他的文娱体育活动，这对孩子智力的发展是十分有利的。

（3）帮助孩子适应集体生活，习惯于和同学交往、合作。

在幼儿园里虽然分大班、中班和小班，但那是个松散的群体，谁也不"管"谁，有的孩子就只听老师的。上了小学后，情况就不同了，有的学生被选为班长，或者组长，他们开始担负起组织班（组）某些活动的任务。比如班长要负责叫口令，组长要帮助教师收作业本、发作业本、组织同学值日等等。这就要求孩子服从他们的指挥和领导，尊重集体的决定。当然，担任了班长、组长的孩子，要教育他们不要以"干部""领导"自居，不要骄傲自满，要乐于和小朋友在一起；要让他们明白，这是老师和集体交付的光荣任务，只能完成好，不能盛气凌人，否则将会被撤职。对一些拘谨、胆小、内向的孩子，更要鼓励他们多和小伙伴接触，教师要创造条件让他们大胆地和其他同学交往，并帮助他们熟悉生活环境，熟悉集体生活准则和交往的规则。

## （二）对父母、家庭教育的几点建议

（1）家庭应为儿童入学准备好物质条件。

家庭首先要为孩子购置齐全的学习用品。如购买有利于儿童身体发育的双肩背书包，准备好文具盒、铅笔、橡皮、转笔刀、尺子等。在购买这些文具时要注意色彩鲜艳些，但不宜过多过杂，以免分散儿童的注意力。在家里要安排符合科学要求的学习位置，使孩子写字、阅读感到舒适。注意孩子在做作业、阅读时，书本与眼睛的距离保持在 1～1.2 尺。

（2）调整作息时间，保证孩子有旺盛的精力学习。

入学后，家长要调整孩子学习、娱乐、睡眠的时间，特别是睡眠时间，若睡眠不足而学习负担加重，则会严重影响孩子的学习积极性。要保证小学一年级的孩子有 10 个小时的睡眠时间，这样才能消除一日紧张的学习活动后的疲劳。睡眠充足才能使孩子上课有清醒的头脑，精力充沛，集中注意力接受知识。在家里不宜给孩子布置家庭作业，若孩子在校学习有困难，父母要适当加以辅导。要增加孩子文娱体育活动的时间，晚上适当地看看电视、电影，有助于调节孩子的大脑，但不宜看得太晚。

（3）培养儿童良好的学习习惯，正确对待儿童的学习成绩。

父母要对孩子提出养成良好的学习习惯的要求，这是提高学习效率、保证学习质量的关键。对小学一年级的儿童来说，学习习惯主要抓好两个环节：一个是上课专心听讲，注意力集中。不要说话，不做小动作。另一个是认真做好功课。做作业时不与其他同学交谈，以免打乱思路，影响效果，还要保持良好的坐姿；做完作业后要检查，发现错误要改正。作业书写工整、清洁。

父母要正确对待孩子的学习成绩。当孩子得了双百分（即语文、数学各一百分）时，表扬是需要的，但不可过分，更不可拿金钱刺激孩子，否则孩子会产生骄傲自满心理，成绩容易下降。若孩子成绩差，父母要耐心分析原因，不可斥责打骂。如果挫伤了孩子的自尊心，要想激发他的积极性就要花费更多的时间和精力。孩子成绩差的原因是多方面的，如上课没有听懂老师的讲解；概念不清，运用知识不熟练；思维不灵活；粗心大意，看错了题；做作业时贪玩图快，敷衍了事等，父母要根据不同情况，因势利导，才能有的放矢。

（4）培养孩子集体主义精神和形成良好的人际关系。

孩子上学了，接触人的机会多了，父母就要教育孩子：同学之间要互相帮助，团结友爱，要学习同学的长处和优点，同学到自己家做客，要热情接待，和同学友好相处；在学校要关心集体，要维护集体的荣誉，要以实际行动为集体增光；要尊敬老师，虚心向老师求教，听从老师的教导；要遵守学校的各项规章制度，从小做一个合格的好学生。

概括起来，父母对入学儿童的准备主要是学习方面的准备和社会适应方面的准备。

学习方面的准备主要是：儿童的学习兴趣和学习习惯方面的培养、学习能力的培养和准备（主要是学会怎样听课，如何完成作业）以及对必要的知识和技能的准备。

社会适应方面的准备，即我们平时所说的非智力因素方面的准备。它需要较长的时间，主要包括四个方面：学习主动性、自觉性方面的准备；学习责任感和任务意识方面的准备；自我管理，如自理自护、自我控制等方面的准备；人际关系方面的准备。

家长要重视并协助孩子顺利完成人生的第二个转折期，要注意培养孩子的能力、好的习惯和兴趣，而不是代替孩子做他自己应做的事情。为了孩子，家长要鼓励孩子对自己负责，自己的事自己做，使孩子具有较强的能力和良好的品德、习惯，这将使孩子终生受益。

# 第二节  小学生心理发展的主要特点

六七岁儿童从幼儿园进入小学，学习成为他们的主导活动，这是儿童心理发展上的一个重大的转折时期。由于学习是和成人的劳动具有同等社会意义的活动，儿童入学后集体观念得到发展和提高，道德品质和个性有了很大的变化，从此踏上了人生道路上一个新的里程。

小学生心理的一般特点是：

生理发育处于相对平稳的阶段，身高、体重、胸围的增长比较平衡。

注意力由不集中、不稳定向集中、持久的方向发展。

记忆由无意识记、机械识记、具体形象识记向有意识记、意义识记和词的抽象识记发展。

书面语言和抽象逻辑思维开始发展。

自我评价由他律性、片面性向自律性、全面性发展。

小学生的心理特点可从认识活动、情感和意志、自我意识特征三个方面分析如下。

# 一、小学生认识活动的心理特点

## （一）感知觉的特点

（1）感知觉从无意性、情绪性向有意性、目的性方向发展。

小学低年级学生还保留着学前儿童的特点，在感知事物时，无意性、情绪性很明显。他们感知的是事物的外表，喜欢观察具体的、突出的、鲜明的东西；观察常常离开目的，把注意力集中到次要的、与观察要求不相干的方面去。良好的教学影响使儿童感知觉的有意性、目的性逐步发展起来。学生随着教师的要求，使自己的感知觉符合预定的目的，课堂上应该看什么、听什么，而不是任意看、任意听，感知的目的性服从于教学的要求。比如，对低年级学生进行看图说话的训练。由于教学的要求，学生知觉的持续性也逐渐加强，可以在一段较长的时间里持续地去感知和观察某一事物。当然这与教师的教学方法也有关系，教师的教学方法单调，持续的时间就短；教师教学方法多样，谈谈、讲讲、想想、写写、议论、板演等多种方法交替，学生就能较长时间地听课、阅读、练习和观察。

（2）知觉的分析、综合水平的发展。

低年级学生的知觉常常表现出笼统的、不精确的特点，看不出事物的主要特点，看不出事物各部分之间的联系。例如，观察字时，容易忽略细节，如"大、太、犬"与"己、已、巳"等字与字之间的信息差别（大、太、犬的一"点"之差；己、已、巳的是否封口，还是半封口的差别）被掩盖了。在教学条件的影响下，随着学生知识的增长、智力的发展，中高年级学生的感知就向精确性，抓事物的主要特征、事物之间的联系方向发展了，就会把一个字加以解剖，把它分解成若干个组成部分，如偏旁、部首、笔顺、结构、字音、字义及形近字来加以区分，从而提高了分析、综合的水平，感知水平为整体的感知，学会比较、分析了。

（3）空间、时间知觉的发展。

入学儿童空间知觉有一般的发展，都能辨认正方形、长方形、三角形、圆形、椭圆形、菱形以及能很好地辨别前后、上下、远近、左右、东南西北等方位，但是低年级学生的方位知觉常常和具体事物联系起来方能正确辨认，离开了具体事物则往往出现错误。到高年级则不同，可以离开具体的直观水平，向词的抽象水平发展。例如，教师面对学生上课，在教师谓左者，在学生谓右；甲班在乙班的东边，乙班在甲班的西边；太平洋在我国的东面，在美国的西面。

时间知觉在幼儿期已经掌握了"今天""昨天""明天"，而入学的低年级学生，在教学影响下，时间概念很快发展起来，对10分钟、一节课、一天、一个星期、一个月的概念逐渐掌握。到了高年级，对较小的时间单位如秒、分以及较大的时间单位如"世纪""时代""代"，也逐渐掌握。

小学生的感知水平与他的经验水平也有关，有经验的儿童，感知水平高。如城市儿童不如农村儿童对庄稼品种感知能力高。此外，他们的感知水平受成年人的教育影响，成年人对儿童的教育水平、条件不同，则儿童感知水平也不同。

感知觉是思维的基础，教师应注意培养学生的观察力，向学生提出明确的观察目的、任务和具体方法。学生观察时要尽可能让多种感觉器官参与，尽可能有言语活动，从而增强观察的效果。

### （二）注意的特点

小学生注意力由不集中、不稳定向集中、持久的方向发展。

（1）有意注意正在发展，但无意注意还起重要作用。

小学低年级学生的注意力是很容易分散的，无意注意仍起重要的作用。在很大程度上，他们的注意取决于教师教学的直观性和教师言语的生动、形象以及当时的客观环境。如教师在课堂上提问：3+5=？学生们赶快举手，由于老师的迟疑，有的学生把手举得更高，这时，孩子们想的是"老师叫我回答问题就是喜欢我"，一旦被老师叫起来，他的需要得到了满足，就会笑嘻嘻地看着老师，而忘记了要回答老师的问题。有经验的老师此时会把问题复述一遍，引起学生的有意准备。假如上课时，教师教案组织得不好，言语干瘪，学生思想就会"开小差"，去摆弄学习用品、做小动作等。随着年龄的增长，大脑的兴奋与抑制能更好地协调，加上教学的引导，学生的有意注意就会逐步发展起来，到小学中高年级时有意注意就开始占主导地位。

（2）有意注意持续时间比较短。

根据观察和实验的材料表明，5~7岁的学生能聚精会神地注意某一事物的稳定时间是10~15分钟；7~10岁的学生是20分钟左右；10~12岁的学生是25分钟左右；12岁以上的学生是30分钟左右。如果教材新颖，教法得当，高年级的学生可以保持 40 分钟的稳定持续的注意。当然，上面说的注意稳定的时间不是一成不变的，它往往受学生个性、兴趣、智力水平及教师的方法等许多因素的制约。

（3）具体的、直观的、活动的事物易引起注意。

一般来说，直观形象、生动活泼、形式新颖、色彩鲜艳的东西，最容易吸引学生的注意。年龄越小，这种特点越明显。而抽象的道理和概念则不容易吸引学生的注意，这是和他们的抽象思维没有充分发展，具体形象思维仍占主要地位分不开的。因而，直观形象、生动有趣、组织紧凑的教学，学生注意的保持时间就长，而单调乏味的教学就不容易保持学生的注意。同样，对活动、运动变化的对象和现象，学生集中注意的时间就长，而对静止的对象和现象，学生集中注意的时间就短。当然，随着以词为基础的第二信号系统的发展和逻辑思维能力的发展，学生对抽象的概念、原理的注意力也随着提高。

（4）注意有明显的情绪色彩。

在整个小学时期，学生的注意带有浓厚的情绪色彩。观察表明，小学生很容易为一些新鲜事物所激动，任何新异刺激物都会引起他们的兴奋，并且注意的外部表现也很明显。例如，听得高兴，就会露出笑嘻嘻的小脸；发现同学板演错了，就会指手画脚；当听到公安叔叔抓到了坏蛋，或解放军叔叔消灭了敌人时，就会高兴得手舞足蹈。根据这一特点，教师可以毫不费力地判断他们是否在注意听讲。教学中引起情绪反应的刺激物，有时能"稳住"小学生的注意力，有时分散了其注意力，这就离开了教学的要求。所以，一方面要善于利用容易引起小学生注意的情绪因素，以改进教学；另一方面也要注意锻炼小学生控制自己情绪的能力，教育他们自觉地对待学习。

（5）注意的范围小，分配能力较差。

由于小学生的思维富有具体性，经验欠缺，他们注意的范围一般比成人狭小。他们在复杂的事物面前，注意不到事物的内在联系，以及事物之间的相互联系。如一年级学生在阅读时，常常是一个字一个字地读，注意的范围小；三、四年级学生一次就能看到整个句子，以及各句之间的联系，这样注意的范围扩大了，阅读的速度也就提高了。小学生的注意分配能力（如一边听一边记）和中学生相比是较差的，尤其是低年级学生，在注意一件事时，要求他们同时注意另一件事是比较困难的。比如，他们注意写字时，就忘记了坐的姿势要端正；注意听时，就忘记写字等。到了高年级，学生的书写比较熟练了。这时提出一边听讲一边做笔记的要求，在反复训练的基础上，学生的注意分配能力会不断地提高。

### （三）记忆的特点

小学生记忆的特点是由无意识记、机械识记、具体形象识记向有意识记、意义识记和词的抽象识记发展。

平时常有人说，小学生年龄越小，记忆力越强，其实这个说法是不正确的。心理学研究的结果表明，小学生在单位时间内的记忆数量和巩固性是随着年龄的增长逐渐提高的。低年级小学生擅长无意识记、机械识记和具体形象识记。如小学生第一天背着书包上学，学校把入学当做重大节日那样，举行隆重而热烈的欢迎仪式，学校优美、整洁的环境以及教师亲切、和蔼的谈话，虽然当时无意去记住这种情景，但由于其新颖、突出，使学生终生难忘。其他的活动，如庆祝"六一"节、萤火晚会、有意义的队日活动，这些色彩鲜明、孩子兴趣浓厚或能引起强烈的情感的事物，都会在"不知不觉"之中被记住。所以一个人有许多终生难忘的事，是无意识记的结果。由于低年级小学生理解力差，因而他们乐于死记硬背，机械识记能力较强，有些古诗尽管他们不完全理解诗的内容，但背得滚瓜烂熟。小学生（特别是低年级）还擅长具体形象记忆。例如，教师讲"大庆油田"的"油田"一词时，为了与"水田""稻田"相区别，纠正学生很容易把"油田"理解为装着油的田的错误认识，于是教师可利用幻灯在银幕上显示出一片荒原的景色，告诉学生在这片荒原下埋藏着很多的石油，这样的地方就叫"油田"。然后又显示出在荒原上高大林立的井架，告诉学生工人叔叔用钻机钻井，把石油从地底下开采出来，为祖国的建设服务。

小学生的记忆不能长期地停留在无意识记、机械识记和具体形象识记的水平上，否则他们掌握的知识是不全面、不准确和不系统的。在教学的要求下，小学生的有意识记、意义识记和词的抽象识记很快地发展起来了。到了高年级，有意识记、意义识记和词的抽象识记基本上占了优势。由于教师和家长提出了识记的任务和要求，提出教材的课文、诗歌、定理、公式要熟记的要求，事后又要检查，因而他们的有意识记发展起来了。对于教材的内容，如山的高度、河的长度、国家的面积、大海占地球总面积的比例、数学公式以及诗歌主题，为了记得准、记得牢，不但要机械记忆，而且要理解记忆，这样意义识记就发展起来了。课本里的许多词语是不能形象化的，如许多数的概念、语文中的名词等，在教学的影响下，随着年龄的增长、知识的丰富和抽象思维能力的发展，学生词的抽象记忆不断发展，逐渐超越了对具体形象材料的记忆能力。

### （四）思维的特点

小学生思维的主要特点是：以具体形象思维为主逐步过渡到以抽象逻辑思维为主，但他们的抽象逻辑思维在很大程度上仍然直接与感性经验相联系，仍然具有很大部分的具体形象性。

小学低年级学生的思维是以具体形象思维为主的，他们思考问题往往离不开事物的具体形象，如计算和数数时，要借助于手指头、小木棒、实物或图画。他们对概念的理解常常抓住概念的外部直观特性，而对概念的本质特征不易理解。如问他们："什么是解放军？"他们往往具体地回答："小红的哥哥是解放军。"低年级学生进行判断时也是抓住事物的外部特征，如"鸟是会飞的。""水果是可以吃的。"推理也常常是以事物直观的、偶然的联系为依据，如在电影上看见戴墨镜、穿西服的人是特务，以后在日常生活中见到这样的人，就认为是特务。在理解寓言上，常常是理解内容的具体形象方面，而不能理解其意义方面，更不能理解隐喻的深刻含意。如在读《狼和小羊》时，他们只理解狼是欺负小羊的，而不理解寓言所说明的问题。

小学中年级学生的思维处在具体形象思维向抽象思维的过渡阶段。小学生从具体形象思维向抽象逻辑思维过渡，并不是立刻实现的，也不是一个简单的过程。它是随着年龄的增长，具体形象的成分逐渐减少，而抽象的成分日益增多，这有一个从量变到质变的过程。中年级学生的思维就处于这个从量变到质变的关键过程中。根据我国心理学的研究，四年级以前是以具体形象思维为主要形式，四年级以后以逻辑抽象思维为主要形式。中年级学生的思维在很大程度上脱离事物的具体形象性，借助表象和概念进行。他们计算时，就不依靠扳手指头、数小木棒，他们看看数字就可以计算。他们开始能揭示概念的一般特性，但往往不能揭示事物的本质特征，如问"什么是解放军"，中年级的学生就会说："穿绿军装、戴红袖章和红五角星帽的人是解放军。"这时学生能比较独立地论证一些复杂判断，例如，因为 $5 > 3$、$9 > 5$，所以 $9 > 3$。这种需要逻辑判断推理的情况，教学中是大量存在的，它大大促进了学生逻辑思维能力的发展。中年级学生的理解力也迅速发展，由以直接理解为主到以事前的思考为根据的问题理解为主，他们逐渐理解事物的因果关系，能理解较为复杂的应用题，能透过课文的形象描绘理解课文的主题和寓言的隐喻的内在含义。

高年级学生的抽象逻辑思维已占主导地位，但具体形象思维仍起很大的作用。他们可以掌握比较抽象的知识，进行比较复杂的计算，基本上能揭示概念的本质特征。如问"什么是解放军"，他们就能指出："是为解放人民而组织起来的军队，有严密的组织纪律，用现代化武器装备起来的保卫社会主义祖国的中国人民子弟兵。"但是这种抽象概括的能力只是初步地接近科学概括，许多还不是严格的科学意义上的概念。在判断推理能力上，他们不仅能直接推理，而且也能间接推理，能进行归纳推理和演绎推理；理解力得到进一步的发展，对寓言能理解劝喻或讽刺的含意。

总之，整个小学阶段，学生的思维是在不断地从具体到抽象，从简单到复杂，从低级到高级发展的，这种发展是在教师的教学主导活动下实现的。

### （五）想象的特点

（1）低年级学生以再造想象为主，随着年龄的增长，高年级学生想象中的创造性成分不断增加。北京市特级教师叶多嘉老师在教《董存瑞舍身炸碉堡》一文时，抓住了董存瑞舍身炸碉堡的重点部分："在这紧急关头，只见他昂首挺胸，站在桥底中央，毅然用左手托起炸药包，顶住桥底，右手将导火线猛地一拉，导火索'哧哧'地冒着白烟，闪着火花，照亮了他那副钢铸一般的脸，一秒钟，两秒钟……董存瑞像巨人一样挺立着，两眼放射着胜利和喜悦的光芒，他抬头眺望远方，用尽力气，高喊着：'同志们为了新中国，冲啊！'"让学生加以复述，实际上是培养学生的再造想象能力。叶老师提出复述的四项要求：主要情节不能改；关键词语不能丢（如动词：站在、托起、顶住、一拉）；用自己的话而不能照背；把董存瑞的感情和自己的感情说出来。经过齐读、个别朗读后，学生准备了几分钟，叶老师让三个学生复述，其中一个学生的复述如下：

> "总攻的信号划破天空，冲锋的号角响彻云霄，战友们以排山倒海之势冲下来。可是敌人的机枪还在'嗒、嗒、嗒'地逞凶，这激起了董存瑞的万丈怒火，他深深懂得，延长每一秒钟，对我军来说，都会有很大的损失，应该赶快炸掉它，坚决炸掉它。在这迫在眉睫的关键时刻，只见他昂首挺胸，站在桥底中央，果断地用左手托起炸药包，顶住桥底，右手将导火索猛地一拉，导火索'哧哧'地冒着白烟，闪着火花，这火花仿佛为我们有这样的英雄表示自豪，这火花照亮他那钢铸一般的脸，照亮了他那颗赤诚的心。一秒钟，两秒钟……董存瑞像巨人一样挺立着，脸上充满着胜利和喜悦的光芒，他抬头眺望远方，这时他毫无畏惧，想到个人牺牲可以换得千百万人民的幸福生活，可以彻底地消灭那些妖魔鬼怪，可以让一个红彤彤的新中国屹立在世界的东方，这时，他就喊着：'同志们，为了新中国，冲啊！'"

在再造想象的复述课文的基础上，叶老师又抓住这段重点课文的"在这紧急关头""他抬头眺望远方"等句，要求学生把想象放进去，加以创造性地复述。叶老师作重点启发后，学生思考了一段时间，下面是其中一位学生的创造性复述：

"同志们英勇顽强的斗争精神，鼓舞着董存瑞顺利完成党和人民交给的光荣任务，这时，他看到被敌暗堡火力压在地上的战友们在期待着他；仿佛看到苦难深重的隆化人民和全中国人民在召唤着他。那狼牙山五壮士和区委书记王平等革命英雄的形象，展现在他的眼前，给他增添了无穷的勇气。就在这紧急关头，只见他昂首挺胸，站在桥底中央，毅然地用左手托起炸药包，顶住桥底，右手将导火索猛地一拉，导火索'哧哧'地冒着白烟，闪着火花，照亮了这个具有伟大气魄和无坚不摧的英雄，照亮了他那钢铸一般的脸。他抬起头透过炮火硝烟，透过密集的枪林弹雨，仿佛看到未来的明天，新的中国将在礼炮中诞生。他仿佛觉得自己炸的不是碉堡，而是腐朽的蒋家王朝，他将要用自己的鲜血染红我们的战旗。我们的英雄早把自己的生死置之度外，为人民而死，就是死得其所。只见他用尽全身的气力，高喊着：'同志们，为了新中国，冲啊！'英雄董存瑞用自己的生命摧毁了敌人顽固的'桥形暗堡'。他没有死，他像一棵青松，万古长青！"

这段复述，学生抓住"在这紧要关头""抬头眺望远方"进行创造性想象，既细致、丰富，又有思想感情。

（2）低年级学生想象的形象还不完整，随着年龄的增长，高年级学生的想象富于现实性。例如，让低年级学生画人，他们只是画头、眼，而躯干部分不太注意，它们之间的比例也失调；而到了高年级，就能完整地画人，还能加上服装、动作等；不仅能画正面人，而且能画侧面人；能够区分大人与小孩，男人与女人。小学生想象的现实性发展，还表现在对文艺作品的爱好上，低年级学生爱听童话故事，看动画片、木偶戏等；而中高年级学生喜欢英雄故事、惊险小说和反特故事片，因为这些较童话更接近现实，更接近学生喜爱和向往的生活。

用"—、△、○"三个图形组图，来丰富儿童的想象，请看孩子们想象的作品。

旗帜　　　　　钟　　　　收音机　　小鸡　　　　人

踢球　　　　　电灯　　　　气球　　　　花　　　　电话

糖　　　　　　称　　　　　小羊　　　　树　　　　人头

门　　　　　　伞　　　　　自行车　　糖葫芦　　　山水

梅花4　　　结果　　　骑自行车　　　　击剑　　　　跳舞

用"一、△、○"组图

## 二、小学生情感和意志的特点

### （一）情感的特点

（1）富有表情，不善于控制自己的情感。

小学生是很重感情的，他们的喜、怒、哀、乐很容易从表情上反映出来。当受到老师的表扬、夸奖时，往往是喜笑颜开的；而受到批评或暗示时，则感到难为情，表现为低头不语，有的垂头丧气，有的还会闹小脾气。因此，表情往往是小学生情感变化的"晴雨表"。他们的情感容易受具体事物的支配，随情境变化而变化，很容易产生共鸣，在激动的情况下，也不易控制自己的情感，如大伙儿发笑，他也跟着笑；别人打闹，他也参与进去。

（2）情感的内容不断丰富和深刻。

由于实践活动的领域扩大了，学生活动、集体生活、劳动、文体活动和社会生活对学生提出了更多的要求，这些要求被他们掌握之后，就会变成他们的社会需要，反映在情感之中。

学习活动打开了他们的眼界，求知的欲望促使他们注意、沉思。文学作品中的优秀人物使他们爱慕、敬仰，反面人物使他们憎恨、厌恶。数理科学的推理和严密的运算使他们信服、感叹。祖国的悠久历史、地大物博、壮丽山川，人民的聪明智慧、勤劳勇敢，使他们产生崇高的爱国主义情感。小学生的集体情感不断地发展，良好的班集体气氛使学生获得团结、互助、友谊感、荣誉感的体验；不良的班集体气氛使他们产生犹疑、嫉妒、自私、孤独、冷漠的情感体验。集体性的劳动、文体活动有利于培养他们自豪、勇敢、顽强、上进的进取精神。

由于知识经验的积累，他们的情感分化精细，日益深刻。例如在笑的情感方面，不仅会微笑、大笑、哈哈地笑、还会羞涩地笑、偷偷地笑、眯眯地笑、嘲笑、冷笑、苦笑、狂笑等。情感的深刻性可以从对父母的爱中体现出来，如对父母劳动的尊重，对父母品德行为的崇敬，对父母精神上的安慰等。情感的深刻性还表现在能够运用社会道德标准来解释自己情感产生的原因，以及社会因素对情感制约性的增加。他们的道德感、理智感、审美感等高级社会情感也在发展。

（3）感情冲动性减少，稳定性增加。

小学生在教育、学习的影响下，控制、调节自己情绪的能力有所增加，那种"破涕为笑"、转怒为喜的现象逐渐减少，他们已能在一定程度上用意志控制自己的情绪，抑制不理智的冲动行为。例如，为了不妨碍别人学习，或为了不让别人看笑话，他们可以控制自己不哭，甚至能忍受打针、碰伤引起的疼痛，以表示自己的勇敢。那些爆发式的情感冲动逐渐减少，易变性也在逐渐减少，外部表现与内心体验也趋于平衡。有经验的班主任指出，小学三年级是学生情感从不自觉到自觉，从易变性到初步稳定性的一个转折点，所以小学教师要重视这个转变时期。

此外，小学生情感逐步从外露性向内倾性转化。尽管整个小学阶段学生的情感容易外露，但三、四年级以后，随着自我意识的发展，情感往往开始内倾化，不表现在外。例如，某个平时成绩较好的学生偶然的一次考试失败，成绩不好，使他受到极大的刺激，但他强忍住不哭出来，上课时也很少想这件事，而是注意听讲，可是，他沉默了，也消瘦了，在一段时间里他的这种情感是内化的。这就要求教师要善于仔细洞察学生，以把握其思想感情的变化。

小学生情感的这些特点，主要是和学龄前儿童相比较而表现出的不同，他们与中学生相比，与成人相比，情感还是不够丰富、稳定、深刻的。因此教师的任务，就是要促使他们的情感向更高的水平发展。

### （二）意志的特点

在人这个个体身上，意志行动发展得比较晚一些。婴儿最初的动作都是无条件反射；两三岁时才出现了最初的意志萌芽，出现了动机和斗争；在入学前出现了一些比较复杂的意志行动；入学以后，由于学习是有目的、有计划的社会活动，学生不仅要学有兴趣的知识，还要学习一些比较枯燥的东西，必须克服学习上遇到的困难，这就要求儿童作出意志努力；同时，由于参加了集体生活，学生的行动就必须符合集体的要求，特别是加入少先队组织后，更要学会有意控制自己的行为，这些为小学生的意志发展提供了必要的条件。但是，小学生的意志还是比较薄弱的，主要有以下特点：

（1）意志薄弱，易受暗示。

小学生的意志比较薄弱，他们在学习过程中，往往经不起外因的引诱，如丢下未完成的作业而去玩；碰到困难往往不能坚持而打退堂鼓，常常表现为作业完不成时，或遇到稍难一点的题就想依赖别人帮助，有时抄袭别人的。这种意志薄弱往往是由于家庭的溺爱或教师要求不严格而造成的。

小学生在克服困难、完成任务的过程中是容易受暗示的，如当他们受外因所引诱，不能专心致志地听讲时，教师一个眼色的暗示，会使他们的注意力转移到听课上来。又如，当他们完成作业后，不知道检查、验算一遍，在成人的暗示和提醒下，才会对作业进行检查。当他们在行动中粗心大意，或者由于客观环境的突然变化而不善于应付时，教师用英雄人物的事迹、榜样的教育暗示，有助于小学生意志的培养。

（2）行动的动机和目的的被动性、依赖性。

小学生不善于自觉地、独立地提出行动的动机和目的，而是由家长、教师提出来的，他们完成作业是因为老师要他们完成，多数学生一般不超出老师布置作业的范围，并不会多做几道题，兴趣在他们的行动中起很重要的作用，感兴趣的就做，不感兴趣的就不做。这种行动的波动性和依赖性还表现在行动目标的短期性，不能长时间地坚持实现原定的目标上。随着他们知识经验的增长，教师和学校集体的帮助，他们逐步学会自觉地、独立地向自己提出意志行动的动机和目的。

（3）不善于反复思考、计划。

小学生在意志行动上，决定和执行之间的时间距离比较小，他们不善于为一件事反复思考、计划，而是很快地作出决定，决定后马上执行。他们做作业时，并不是"搁置"一段时间，先想想"怎样做"，而是拿起作业就马上去做。

小学生在克服困难时意志行动的差异，决定其是否能形成稳定的责任感。责任感强的学生遇到困难时能表现出极大的勇气和毅力；责任感差的学生往往逃避困难，屈服于困难，或者在困难面前求助成人，不肯付出一点意志努力。因此，培养学生的责任感有助于意志品质的培养。

在正确的教育引导下，随着小学生对待学习、对待集体的责任心和义务感的发展，他们行动的独立性、自制力以及果断性在不断地发展。如有的小学生能主动坚持锻炼身体、写日记，课堂上违反纪律的现象逐渐减少；有时小学生正在做作业，别人叫他去看电视或打球，他会思索一下说："我还要做作业。"但是，小学生毕竟受知识经验和智力发展水平的限制，要求他们按照一定的观点、原则，经过深思熟虑，独立、果断地处理问题是有很大困难的。这就要求教师重视学生意志品质的培养和教育。

## 三、小学生自我意识的特点

自我意识即儿童对自己的认识和评价的能力。

学生入学后，在正确的教育影响下，每个学生都希望自己成为"三好"学生，以获得同学、教师和家长的尊重和信任。他们通过教师对自己的评价体验着自己在学习、品德中的成功和失败，也逐渐学会独立地、带有自己的观点批判性地来评价自己和别人，因此，教师适当地作出评价，有意识地培养学生自我评价的能力，是发展学生自我意识、形成优良的个性品质的重要条件之一。

那么，小学生自我意识具有哪些特点呢？

（1）自我评价由"他律性"向"自律性"发展。

小学低年级学生自我评价的独立性很差，在评价别人或评价自己时，基本上以教师和家长的评价为标准。所谓的他律性，就是教师和家长怎样评价，他就怎样评价。因此，这时候为了形成儿童对自己和对同学的正确评价，教师的评价必须十分严肃、认真、准确、慎重，任何轻率、不准确的评价，都会影响学生自我评价的准确性。中年级学生开始学会独立地把自己的行为和别人的行为加以比较,把别人的行为当做自己的"镜子"来对照,把老师对别人的评价当做评价自己行为的依据,试图作出一些较独立的评价。他们开始不再无条件地认同老师的看法,而是常常提出一些自己的见解(甚至是错误的见解),所以中年级的教师的评价更要严肃、认真、准确,尽管教师的评价不会完全左右学生的看法,但影响仍然是很大的。到了高年级,这种自我意识的独立性有了明显的发展(尽管也有片面的地方),这为他们的自我教育奠定了初步的基础。

(2)从依据具体行动的评价向应用道德原则评价发展。

小学低年级学生的自我评价主要是以具体的外部行为表现来评价的,他们不善于从道德原则上评价自己和别人。从中年级起,特别是高年级学生,才逐渐学会从道德原则来评价自己和别人。例如,当一个学生因做好事帮助盲人到医院去治疗而迟到了,低年级学生就评价:"凡是迟到的学生都不是好学生。"而中高年级学生则认为:"他迟到不是有意的,是因为做了好事而迟到。"又如,对好学生的评价,一年级学生认为"学习好""不调皮""听老师的话"的学生是好学生;二、三年级学生认为"认真学习""关心班集体""团结同学""不欺负人"的学生是好学生;高年级学生则认为"公正的""勇敢的""行为正确的""处处严格要求自己""热心为集体服务""广泛团结同学""学习成绩优异"的学生才是好学生。因此,针对小学生的这些特点,对于低年级的学生,在培养他们的自我评价能力的时候,要通过一些具体事例尽可能地使儿童掌握一些初步的道德原则。对高年级学生,则应引导他们对自己、对别人的评价要一分为二,防止主观性、片面性。小学生容易更多地注意自己的优点,不大容易看到自己的缺点,而对别人恰好相反,因而教师要培养学生不要停留在对具体行为的评价上,而要逐步地学会运用道德原则评价。

(3)从根据行为效果评价向把动机与效果结合起来评价发展。

小学低年级学生,甚至中年级学生,在评价道德行为时,主要是根据行为的结果。例如,一个小学生为了协助老师检查和统计同学们算术作业完成的情况,拿回家去利用课余时间完成,第二天下雨了,他怕淋湿了作业本而没有带回学校,结果遭到了同学们的强烈指责。低年级学生只是从他没有把作业本带回来的行为效果,而不从他的动机去评价。在老师的正确教育下,到高年级,学生的道德评价才逐渐注意到行为的动机,并且把动机和效果结合起来考虑。例如,两个高年级学生在体育活动中,无意碰伤了一个低年级小同学而受到了批评,大家对这两位犯了过错的同学,往往表现出一种责备、同情和谅解的复杂心情。他们责备的是不应该碰伤小同学，同情和谅解是由于他们出于无意，在这里就明显地表现出学生已经具有了把动机与效果结合起来进行评价的能力。

（4）评价别人道德行为先于评价自己。

在整个小学时期，学生自我评价的能力一般落后于评价别人的能力，在评价别人的时候比较清楚，在评价自己的时候就比较模糊了。他们起初主要依赖教师和家长的评价，从二、三年级起开始能将自己的行为和别人的行为加以比较，依据教师对别人的评价来对照评价自己，以后逐渐地开始独立地、全面地评价自己。学生能否较全面、较深刻地进行自我评价和评价别人，在很大程度上取决于社会、家庭、学校的教育工作。良好的教育可以引导低年级学生较全面地看待自己和别人；不良的教育，甚至影响高年级学生仍然不能全面地看待自己和别人。

综上所述，小学阶段在儿童心理发展上是一个重大的转折时期，他们以学习为自己的主导活动，学习是有目的、有系统地掌握知识、技能和行为准则，发展智力的活动，是一种社会义务，儿童在完成学习任务的实践活动中，不仅改变了和周围人们的关系，而且也发展了自己的认识能力，提高了自己情感、意志的水平，形成了初步的集体意识和自我评价的能力。这就为他们进入中学学习，向更高的心理水平发展，提供了必要的条件。

# 第三节　培养儿童创造性思维的能力

人从毫无独立生活能力的弱者成长为能认识自然、改造自然的社会强者，需要经历一个漫长的发展过程。在认识自然、认识社会、改造自然的过程中，思维能力，特别是创造性思维能力的发展是成为人的一个极其重要的条件。有人说过，没有创造能力的人是庸人，没有创新能力的民族是落后挨打的民族。恩格斯曾把"思维者的精神"说成是"地球上最美丽的花朵"。儿童心理学工作者的任务就是要研究这朵"美丽的花"是如何在儿童向成人成长的过程中逐渐绽开的，所以我们要着重研究一下儿童思维的发展规律，以及如何培养儿童创造性思维的能力。

## 一、什么是思维

儿童学习的一个重要任务就是理解教材，理解教材就必须在有关的感性材料的基础上，进一步掌握教材中的基本理论（即理性知识），这是儿童掌握知识过程的中心环节。理性知识的掌握必须通过思维，思维是学生掌握知识的主要心理过程。培养学生的思维能力，既是学生掌握知识的需要，又是发展学生智力的中心问题，那么思维是什么？

思维是人脑对客观事物的本质和规律的反映。间接反映和概括反映是思维活动的主要特征。

所谓对客观事物的本质和规律的反映，其含义有二：人的思维首先反映事物的一般特性。例如，灯的一般特性是用来照明的。其次，在思维过程中，寻求事物间规律性的联系和关系。例如，燕子低飞要下雨；动物行为异常预示着地震。

思维反映事物的一般特性和发现事物间规律性的联系和关系是通过间接的、概括的反映来实现的。

所谓间接的反映，就是以其他事物为媒介，借助于个体已有的知识、经验，间接地理解和把握那些没有感知过的或根本不可能感知到的事物。例如，对光的速度30万公里/秒，可通过10秒跑100米的世界纪录，500公里/小时的飞机速度来间接理解；医生看病，通过检查病人的体温、脉搏，透视病人身体部位，化验血或大小便等就能探知不能直接感知到的病人内部器官的状态，从而判断是否得病；教师上课看见学生皱眉头，知道他没有听懂等等。这都是根据已有的经验作媒介而推断出来的。

所谓概括性的反映，就是说它不像感知那样只反映个别事物，而是反映一类事物的共同的本质特性和事物之间的规律性联系。例如，把牛、羊、猪、狗等概括起来叫家畜；把橘子、香蕉、苹果、梨等概括起来叫水果；把铅笔、毛笔、钢笔、蜡笔、圆珠笔的共同本质特性概括为写字工具。我们多次看到水加热以后就蒸发了，通过思维我们就能把水和热之间有规律性的联系（水加热就要蒸发这一因果关系）概括出来。一切科学的概念、定义、定理都是思维的结果，都是人对事物的概括反映。

诚然，思维与感知有本质的区别。但是，思维不能离开感知、表象，思维必须由感知、表象提供必要的材料，这种感性材料越多、越丰富越好（当然不是错误的、支离破碎的）。因为思维活动是在已有知识经验（包括感性材料和已经获得的理性知识）的基础上进行的，如果没有一定的感性材料和有关的理性知识为基础，那么间接认识和概括认识是难以实现的。当然，对一些比较复杂的事物进行间接的与概括的认识时，仅仅靠个人的知识经验是不能提供足够的媒介材料的，还必须吸收他人的知识经验，甚至还要掌握人类历史发展过程中积累起来的有关知识。

思维和语言是不可分的。语言是人与人之间进行交际的工具，人们用语言来彼此交流思想，同时语言也是人们进行思维的武器。一个掌握了语言的人，在思维的时候，总是运用某种语言，按照一定的语言规律进行思维。

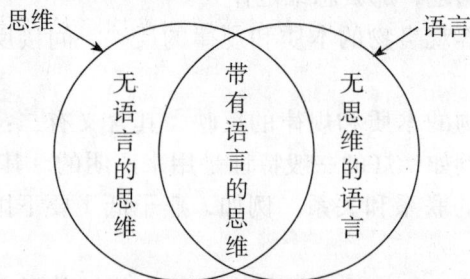

思维与语言的关系

## 二、思维的规律

思维的规律和其他规律一样是多方面的、复杂的，是很难概括的，这里就学生的思维规律作几点探讨：

### 1. 从生动的直观形象思维向抽象思维发展的规律

学生掌握知识虽然以书本知识、间接经验为主，但知识的掌握也必须在感性认识的基础上，从生动的直观形象思维，通过积极的思维过程——分析、综合与抽象、概括，才能上升到理性的认识，发展到抽象思维。

（1）分析和综合是思维的基本过程。

分析是在头脑中把整体分解为部分，或者把事物的个别属性分解出来。综合是在头脑中把事物的各部分或个别特性联合起来。例如，我们把一篇文章分解为段落、句子和词；把植物分解为根、茎、叶、花，这就是分析。相反，把词组成句子，把句子组成段落；把根、茎、叶、花组成植物，就是综合。一切智力活动都是脑的分析、综合活动，而思维则是脑的复杂的、多阶段的分析、综合活动。

（2）抽象和概括是思维过程的核心。

抽象就是发现对象的本质属性，舍弃非本质属性的过程。概括就是把事物的一般的、本质属性联结起来，达到对事物本质的、规律的认识。例如，对各种鸟进行分析后，就抽象出"有羽毛""是动物"这些共同属性，并把这些属性和其他属性（会飞的、长翅的、短翅的、白色的、黑色的等）分离开来，这就是抽象。同时，我们把这些共同属性结合起来，从而认识到"鸟是有羽毛的动物"，这就是概括。抽象是在分析、比较的基础上进行的，而概括主要是在抽象、综合的基础上进行的。

借助于抽象和概括，人就能认识事物的本质，从而由感性认识飞跃到理性认识，从生动的直观形象思维到抽象的思维。学生思维的一个基本规律是

$$形象思维 \xrightarrow{\text{分析、综合、抽象、概括}} 抽象思维$$

遵循这一规律开发学生智力、培养人才，就能做到有效化、合理化和科学化。

### 2. 儿童思维发展的阶段性规律

个体思维的发展是有一定阶段性的。瑞士心理学家皮亚杰的"思维心理学"，提出了儿童思维发展的四个阶段的理论，即感觉运动智力阶段——儿童思维的萌芽（0~2岁）；前运算思维阶段——表象和形象思维（2~7岁）；具体运算阶段——初步的逻辑思维（7~12岁）；形式运算阶段——抽象逻辑思维（12~15岁）。

我国心理学界多数人认为，思维无论从个体发展还是从种系发展来看，大致经历四个阶段：动作思维（或叫直觉行动思维）——形象思维——形式思维——辩证思维。

动作思维是凭借直接感知，并在实际操作的过程中进行的。它的结构比较简单，动作既是思维的起点，也是思维的终点。在这种思维中，思维的某些中间环节被省略了；从动作到动作是这种思维的突出特点。这种思维在婴幼儿中常常反映出来。

形象思维是凭借事物的形象（表象）并按照描述逻辑的规律而进行的思维。这种思维的形式为表象联想和想象。也就是说，儿童可以摆脱具体的事物或直接的动作，而凭借具体形象的联想进行思考。3岁以前的儿童以动作思维为主，3岁左右开始逐步向具体形象思维过渡。

形式思维（或叫抽象逻辑思维）是通过分析、综合、比较、抽象和概括来获得概念，形成判断，进行合乎逻辑的推理的思维活动。概念、判断、推理是这种思维的形式。同一律、排中律、矛盾律、充足理由律是这种思维应遵循的规律。小学生的思维是以具体形象思维为主要形式，逐步向以抽象逻

辑思维为主要形式过渡。在这个过渡阶段，抽象逻辑思维在很大程度上，仍然直接与感性经验相联系，仍然具有很大成分的具体形象性。

辩证思维（或叫辩证逻辑思维）是凭借辩证概念，并按照辩证逻辑的规律而进行的思维。思维是客观现实的反映，而客观现实有其相对稳定的一面，也有其不断发展、不断变化的一面。初中学生的思维是以形式思维为主向辩证思维过渡。高中学生的思维则以辩证思维为主。

### 3. 学生解决问题的思维过程

我国大多数心理学家认为学生解决问题的思维过程可以分为以下四个阶段：

（1）发现问题（认识问题和明确地提出问题）。

思维是从发现问题开始的。问题就是矛盾，矛盾到处都有，时时都有。找出问题的过程也就是发现矛盾的过程。这个阶段的主要任务是找出问题的本质矛盾，抓住问题的核心。爱因斯坦说："提出一个问题比解决问题更重要，因为后者仅仅是方法和实验的过程，而提出问题则要找到问题的关键、要害。"发现问题是解决问题的起点，也是解决问题的一种动力。

发现问题和明确地提出问题依赖于以下三个条件：主体活动的积极性、主体的求知欲、人的知识水平。

（2）明确问题（分析所提出问题的特点与条件）。

这个阶段的主要特点是搜集与问题有关的材料。没有大量问题的信息，解决问题是不可能的。这个阶段需要用图形和符号之类进行视觉上和结构上的问题分析，还要弄清楚用什么概念来整理问题。

（3）提出假设（考虑解答的方法）。

解决问题的关键是找出解决问题的方案，即解决问题的原则、途径和方法。要做到这一点，就要先提出假设。假设是科学先遣的侦察兵，在人的认识中起着重要的作用。在科学发展中提出假设几乎是必经之路。在解决一般问题时亦广泛地应用假设，提出新的假设是顺利解决问题的关键。而假设的提出要依靠已有的知识经验，同时，新假设的顺利提出是和前一阶段问题是否明确和正确理解相联系的。

（4）检验假设。

解决问题的最后一步是验证假设。问题得到了解决，就证明了假设是正确的；反之，证明假设是错误的，就要寻找新的解决问题方案，重新假设。

这四个阶段不能贸然分开，有时是交替进行的。

## 三、怎样培养学生的创造性思维能力

学生创造性思维能力的培养，是大家都关心的问题。如何培养学生的创造性思维能力呢？

### （一）激发兴趣

兴趣是直接促进学生学习和发展学生思维能力的巨大推动力。有兴趣才会全神贯注、积极思维，促使学生追求知识、克服困难和探索科学的奥秘。有了兴趣，就会产生求知的欲望。例如，科学小勇士谢彦波读了一本又一本的《十万个为什么》，感到世界是无限的，对科学知识有着强烈的兴趣，因而打开了求知的心扉。所以教师要善于点燃学生纯真的好奇心的火花，启发他们的学习兴趣，变"要我学"为"我要学"和"我爱学"。

怎样激发学生的兴趣呢？①学生的最佳学习状态出现在他们对学习内容最有兴趣的时候，教师要争取在学生学习情绪最高潮时讲完新课，然后再进行多样性、趣味性的练习；②兴趣又是和创造性的快乐紧紧相连的，要把教学过程组织成师生共同的创造性的活动；③经常在教学过程中有意地创设各种问题的情境，设置一定的困难，运用一定的方法，使学生"跳起来摘桃子吃"，把知识学到手；④生动活泼的教学内容，灵活多样的教学方法，简明通俗的教学语言，以及帮助学生明确学习目的，让学生了解学习成绩的社会意义，都有助于激发学生的学习兴趣。

### （二）发展学生的直觉思维

直觉思维是指没有经过深思，迅速地对问题作出答案、作出合理的猜测或判断的思维。直觉思维是思维创造的一种表现，直觉思维与逻辑思维不同，逻辑思维是经过一步一步分析，作出科学的结论；直觉思维是很快领悟到的一些猜想。例如，文学艺术家的灵感，科学家对难题的猜想和顿悟，都是直觉思维的表现。下图是用直觉思维来解答的。

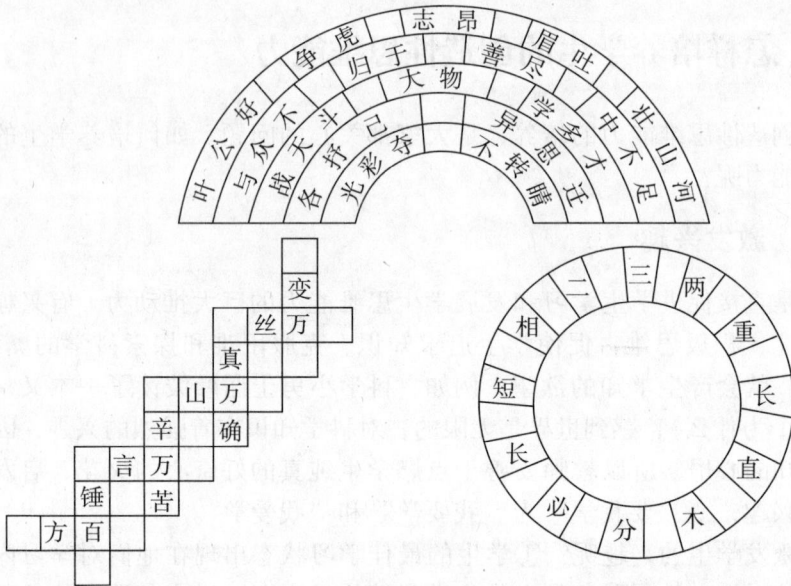

直觉思维

学生在学习过程中经常会出现直觉思维，有时表现为提出怪问题；有时表现为猜题；有时表现为一种应急性回答；有时是设想解题的多种方法或出现一种新奇的想象等，这一切对掌握知识、发展思维都很必要。有的老师经常厌烦或不许学生提出怪问题，往往压抑了直觉思维的发展。因此，教师要允许学生猜想，让他们感到猜想的合理性，同时用直觉思维做出示范，引起学生的模仿。当学习遇到抽象的问题时，举个具体的例子，可使学生恍然大悟；当学生学习过度紧张时，适当休息常常可以产生有效的直觉思维；积极开展文体活动，使学生的生活丰富多彩，为顺利解决卡住的问题创造条件，都有助于直觉思维的发展。

我们再来看数学方面直觉思维的题目。

（1）下面算式题中的十个字母分别代表 0～9，已知 D = 5，其他九个字母代表什么数？

$$
\begin{array}{r}
\text{DONALD} \\
+ \text{GERALD} \\
\hline
\text{ROBERT}
\end{array}
$$

（T = 0，L = 8，R = 7，A = 4，E = 9，N = 6，B = 3，G = 1，O = 2）

（2）两位数 18，81
　　三位数 261，801

四位数 1 323，4 221

五位数 31 023，32 013

请问，这些数有什么特点？

（①每个数的数字之和都等于9；②都能被9和3整除。）

（3）

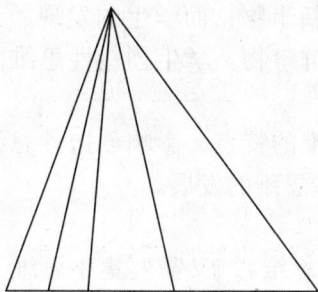

有几个三角形

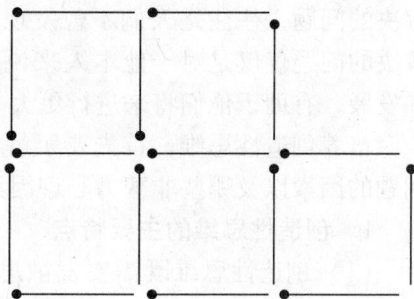

拿走三根火柴，使它变成三个正方形

## （三）鼓励学生的求异思维

目前，国外心理学家在智力的开发上，很重视学生的求异思维。他们提出了求同思维和求异思维的问题。求同思维就是要求学生从相同的方面进行思考，提出的问题只有一个正确的答案。学生只求得与老师、书本相同的见解，明白无误地指向唯一的正确答案。在教学中，老师常常是要求学生整齐划一、标准合度，教学的每个步骤、每个环节都要按老师说的办，回答问题要用"书上的原话回答""照我说的说"。这种求同思维，对于获得知识是不可缺少的，但是只满足于知识的积累和记忆，是很难达到高级思维水平的，所以必须强调发展学生的求异思维。

求异思维是引导学生从不同的方面探索多种答案，鼓励学生提出个人的独特见解，发挥自己独有的才能，有所创见，力求创新的一种思维。例如，小学生在学《我的战友邱少云》一文中，大胆提出：为什么烈火只烧邱少云，不烧他的战友？为什么烈火烧邱少云，他一动也不动？而我们碰着火，就会把手缩回来。对教材提出疑惑，比把学生的思维死死束缚在小圈子里，更能培养学生的思维能力。学生求异思维也表现在提怪问题、猜想中，甚至会提错问题，教师也要引导，要鼓励。

## （四）培养学生的独创性思维

什么是独创性思维？独创性思维是指有创见的思维。它是主动地、独创地发现新事物，提出新的见解，解决新的问题的一种思维形式。创造性思维，即通过思维不仅能揭露客观事物的本质及内在联系，而且在此基础上产生前所未有的思维成果，它给人带来新的具有社会价值的产物，是智力高度发展的表现，也就是我们平常说的能做到"举一反三""闻一知十"。这里说的"创造"，不是指科学家的发明创造，科学家的发明创造是指他们所发现的和解决的问题，往往是人们不曾发现和解决的新事物；而学生的发现、创造和解决的问题仅仅是对于他本人来说是一种新鲜事物。学生创造性思维的培养和发展，有助于他们将来进行更大的创造。

培养创造性思维，首先要了解创造性思维的特点、影响创造性思维解决问题的因素以及哪些非智力心理因素影响创造思维的发展。

**1. 创造性思维的主要特点**

（1）创造性思维既需要发散思维（求异思维），又需要集中思维（求同思维），但创造性更多地表现在发散思维上。

所谓集中思维，是指如果一个问题只有一个答案，为了找到这个正确的答案，要求每一个思考步骤都指向这个问题的答案。

所谓发散思维是指倘若一个问题有很多种可能的答案，就以这个问题为中心，思维的方向往外散发，找出适当答案，愈多愈好。

（2）迷恋和目的的指向性是创造性思维的重要成分。

所要解决的创造性问题像磁石般吸引着人，使人着迷，使人忘掉周围的一切，对于一个着了迷的人，创造就是生活的目的。如普希金说："我忘了世界。"俄罗斯作家陀思妥耶夫斯基说："当我写什么东西的时候，吃饭、睡觉以及与别人谈话时，我都想着它。"牛顿专心研究问题的时候，竟把怀表当做鸡蛋放在锅里。如果创造的成果得到整个社会的承认，迷恋会更深。

（3）灵感状态是创造性思维的又一典型特点。

灵感的特点，一方面在灵感状态的背景上，整个思维过程进行得特别富有成效；另一方面是人的力量的增强与潜能的激发，思想的高度灵活性、鲜明性和丰富性，以及深刻的体会。

（4）创造性想象的参与。

创造性想象参与后能够结合过去的经验，在想象中形成创造性的新形象，提出新的假设，这是创造性活动顺利开展的关键。无论是艺术创作，还是科学发明，都需要创造性想象。正如列宁指出的，幻想是极其可贵的。有人认为只有诗人才需要幻想，这是没有理由的，数学家也需要幻想，甚至没有幻想就不可能发明微积分。

## 2. 影响创造性思维解决问题的因素

（1）迁移的作用。迁移是已经学过的知识在新情境中的应用，也就是已有的经验对解决新课题的影响。迁移有正迁移和负迁移两种：正迁移——表现为一种知识、技能的掌握促进另一种知识、技能的掌握；负迁移——表现为一种知识、技能的掌握干扰另一种知识、技能的掌握。比如，学了光折射原理，射击水下4寸目标较准，这是正迁移；同时学习俄语、英语，就有干扰，这是负迁移。

（2）原型启发。对解决问题起了启发作用的事物叫原型启发。例如，瓦特见壶盖被沸水蒸气顶起，发明了蒸汽机；鲁班被棘茅草割破了手，发明了锯子。

（3）定势作用。定势是心理活动的一种准备状态，一种心向，即心理倾向。这种倾向性有时有助于解决问题，有时会妨碍问题的解决，美国心理学家卢钦斯的量水实验可以证明定势对问题解决的影响。该实验的设计是用桶量水的方式来计算简单的算术题。他的设计是，A、B、C为盛水的工具，A、B、C下各栏的数据代表水桶的大小容量，D栏下的数据则代表所求的水量。总共11题，题目要求被试（大学生）运用盛水工具量水，量出的水量必须符合表内D栏的要求（见下表）。

**量水实验方法**

| 题号 | 水桶容量 | | | 所求水量 | 习惯解法 | 简单新解法 |
|------|-----|-----|-----|-----|---------|-----------|
| | A | B | C | D | | |
| 1 | 21 | 127 | 3 | 100 | D = B − A − 2C | |
| 2 | 29 | 55 | 3 | 20 | D = B − A − 2C | |
| 3 | 14 | 163 | 25 | 99 | D = B − A − 2C | |
| 4 | 18 | 43 | 10 | 5 | D = B − A − 2C | |
| 5 | 20 | 59 | 4 | 31 | D = B − A − 2C | |
| 6 | 9 | 42 | 6 | 21 | D = B − A − 2C | |
| 7 | 23 | 49 | 3 | 20 | D = B − A − 2C | D = A − C |
| 8 | 28 | 76 | 3 | 25 | | D = A − C |
| 9 | 15 | 39 | 3 | 18 | D = B − A − 2C | D = A + C |
| 10 | 18 | 48 | 4 | 22 | D = B − A − 2C | D = A + C |
| 11 | 14 | 36 | 8 | 6 | D = B − A − 2C | D = A − C |

　　求解此类问题，在方法上并不困难，具有小学中年级的数学能力和操作能力就可完成。在上述问题中，前 7 个问题属于一个共同的模式，解决这几个问题的方法是：D = B − A − 2C。经过练习后，把被试分为两组，第一组是让被试从第 1 题开始做，做到第 8 题；第二组是让被试从第 7 题开始做，做到第 11 题。实验结果表明，第一组的被试从第 1 题开始就一直沿用 D = B − A − 2C 的解法，虽可以用更简便的解法，但几乎所有被试都采用 D = B − A − 2C 的解法；而对第 8 题，因无法套用习惯解法，致使该组大约有 2/3 的人不能在规定时间内完成对第 8 题的解答。为什么会出现这种现象？这主要是由于前面一连 6 题采用同一方法奏效，形成了定势，产生了习惯性的僵化作用，遇到新的问题情境时失去了随机应变的能力。而第二组由于直接从第 7 题开始解答，没有受到 1～6 题解答方法的影响，99% 的人都能用新的更为简便的方法来解答，而且也能够完成对第 8 题的解答。这也说明，用相同的方法解答问题越少，定势的影响就越小。

　　（4）知觉情境。问题解决受到刺激模式直接产生的知觉情境的影响。一般来说，知觉情境越简单、越显著，问题之间的关系越容易被直接感知到，解决问题就越容易。相反，知觉情境越复杂、越隐蔽，解决问题就越困难。例如，在解决怎样用连续四条直线一次通过九个圆点的问题时，由于九个圆点排列整齐，人们很容易通过视知觉把它们组成一个"正方形"整体，如果不能突破知觉情境的束缚，超越头脑中想象的那个"正方形"边界，将思维转向九个圆点的图形外部，就很难解决这个问题（如下图所示）。

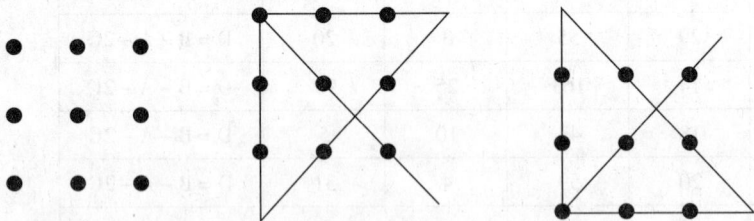

知觉情境图（一）[①]

　　又如，已知圆的半径为 2 厘米，求与圆外切的正方形的面积。这个问题的知觉呈现方式有两种（如下图所示）。

---

① 郭德俊. 小学儿童教育心理学. 北京：中央广播电视大学出版社，2002.

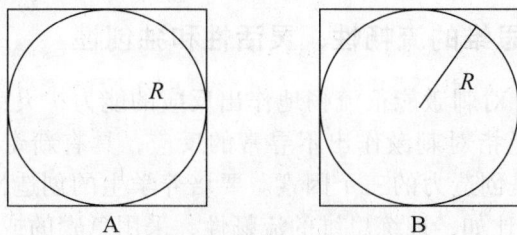
知觉情境图（二）①

结果发现，由于图 B 比图 A 提供的线索更隐蔽，致使被试在解答图 B 问题时出错多，而在解答图 A 问题时出错少。

（5）情感与动机。当一个人有所发现，找到了解决问题的办法并解决了问题时，会感到巨大的喜悦，并被激励着再去解决问题。一旦失败了，或没有解决问题，就会感到苦恼，这种情感就会阻碍问题的解决。所以父母和教师要尽可能让儿童在解决问题的过程中更多地体验成功的喜悦，减少失败的体验，这有助于儿童创造性思维的发展。

同样，解决问题的动机也很重要，心理学研究表明，动机过弱或过强，都不能激发儿童解决问题的积极性。

（6）个性。一个人有强烈解决问题的欲望，好动脑筋，有积极的进取心、上进心、坚强的意志，这些个性特征是解决问题的内部动机。

### 3. 影响创造性思维发展的非智力因素

影响创造性思维发展的非智力因素有以下 12 个方面：求知的兴趣与好奇心，独立性，自信心，愉快的和稳定的情绪，宽阔的胸怀、活泼的性格，挫折的忍受力与意志力，明确的价值观，高抱负，社交能力差，适度的焦虑，自我控制的能力，安静、耐心地坚持一项活动。

培养学生的独创思维，首先，要引导学生学好"双基"，一个人的知识越丰富，形成广阔思路的可能性就越大。其次，要鼓励学生发现问题，大胆地提出质疑。因为思维是从问题开始的。再次，要培养学生勤于思考的习惯。最后是让学生多做有创造性的练习，鼓励一题多解，让学生自己设计理化实验，自己开展活动。

此外，培养学生的逻辑思维；培养学生的智慧品质（思维的广阔性、深刻性、独立性、敏捷性、灵活性和逻辑性）；教给学生思维的方法；注意对学生言语的培养；注重启发式教学；贯彻因材施教的原则等，都有利于学生创造性思维的发展。

---

① 郭德俊. 小学儿童教育心理学. 北京：中央广播电视大学出版社，2002.

### （五）培养思维的流畅性、灵活性和独创性

流畅性是指针对刺激能很流畅地作出反应的能力；灵活性是指随机应变的能力；独创性是指对刺激作出不寻常的反应，具有新奇的成分。流畅性、灵活性、独创性是创造力的三个因素。要培养学生的创造性思维，应加强这"三性"的训练。比如，训练思维的流畅性，采用急骤的或暴风雨式的联想，要求学生迅速地抛出一些观念，不要迟疑，不考虑质量的好坏、数量的多少，如列举砖头的用途：造房子、砌围墙、铺路、刹住停在斜坡的车辆、作锤子、压纸头、代替尺画线、作书架、掷人……它可以促进思维向创造性方向发展。

还可以通过组词来培养儿童思维的流畅性和灵活性。例如，用"笑"组成两个字的词：笑容、笑话、笑脸、微笑、大笑、傻笑、取笑、讥笑、嬉笑、奸笑、笑语、笑柄、笑剧、笑貌、笑颜、笑谈……马上变换三个字组成的词：笑哈哈、哈哈笑、笑眯眯、眯眯笑、笑嘻嘻、嘻嘻笑、笑面虎……又立即变换四个字组成的词或成语：一笑了之、眉开眼笑、谈笑风生、谈笑自若、嬉笑怒骂、似笑非笑、喜笑颜开、笑脸相迎、笑容满面、笑里藏刀、哄堂大笑、哑口失笑、捧腹大笑、笑容可掬、贻笑大方、嬉皮笑脸、笑笑而已、笑中有泪……五个字组成的词：皮笑肉不笑、脸笑心不笑……

又如，小学数学第二册里讲乘法的初步认识，把加法算式改写为乘法算式时，$2+2+2+2$ 可以改写为 $2\times4$，即 4 个 2。$3+3+3+3+3+3$ 改为 $3\times6$，即 6 个 3。$5+5+5+3$ 怎么办？这正是培养学生思维能力的好机会，学生经过观察，发现可以改写为 $5\times3+3$，或 $5\times4-2$，或 $6\times3$，其中 $6\times3$ 就有创造性，是把最后一个 3 分给每个 5 让每个 5 加上 1，就变成了 3 个 6。

# 第四节　智力超常和智力落后儿童的特点与教育

近几年来，我国在普遍提高教育质量的基础上，一方面，逐步开展了对智力超常儿童的发现、培养和研究的工作，这有助于年轻一代聪明才智的充分发展，有利于培养现代化所需要的人才；另一方面，根据因材施教的原则，我国也很重视对智力落后儿童的防治和教育问题。因此，研究智力超常儿童和智力落后儿童的心理特点及其教育问题是很有必要的。

# 一、智力超常儿童的特点和教育

超常儿童是指智力发展大大超过同龄水平的儿童。在心理学中，一般把智商（IQ）在 130 以上的儿童，或在音乐、绘画、诗歌、戏剧、体育等方面有突出表现的儿童，称为某方面能力的超常儿童。

在我国，唐初有名的诗人王勃，6 岁善文辞，9 岁能读《汉书》，以后写下了脍炙人口的《滕王阁序》；诗人白居易五六岁能作诗，9 岁通声律；财政专家刘晏 8 岁时在唐玄宗的一次祭泰山途中献颂，被称为"国瑞"。宋代还专门成立了"念书童子科"以培养人才。当代，在社会主义祖国，更是"神童"辈出。4 岁的亚妮和 7 岁的阿西，是我国广西有名的小画家；7 岁的胡晓丹应"我的 2000 年"国际画展要求，创作了一幅名为《荡秋千》的水墨画，荣获世界儿童画一等奖，此外，广西著名的 9 岁小歌手苏庆，以及中国科技大学数十名少年大学生，都是当代出类拔萃的"神童"。

在国外，卓荦超群的"神童"也是不少的。据记载，莫扎特 6 岁就举行演奏会；贝多芬 13 岁时已创作了三部奏鸣曲；英国的威廉·汤姆逊是继牛顿之后的大物理学家，也是个天才儿童；控制论的创始人维纳 9 岁进入高中，14 岁进入哈佛大学，18 岁获得哲学博士学位……最近，国际报刊上也介绍了不少"罕见的小才子"。

超常儿童是在比较优异的自然素质的基础上，经过精心培育和环境的影响发展的结果。超常现象并不是自发出现的，大部分超常儿童都享有优越的早期家庭教育的条件，有名人的指点和熏陶，再加上家长的精心培养才使超常儿童得以早早脱颖而出。为此，创设一定的条件和情境，对及早发现和教育超常儿童是非常重要的。

## （一）超常儿童心理发展的特点

根据国外和我国心理学最近几年对超常儿童智力发展的研究，超常儿童有多种类型的表现：有的幼年大量识字，3～4 岁已掌握汉字两千余个，能津津有味地自己阅读儿童读物；有的 5 岁开始写作，文笔通顺生动；有的数学才华早露，4～5 岁已掌握加减乘除的混合运算；有的擅长外语，7 岁时就掌握了英语常用词汇三千以上，可以阅读英文读物，并能自如地与外宾进行英语会话；有的是小画家、小歌手；有的擅长书法……他们有的能力高于同龄发展水平 2 岁以上，有的却高于同龄水平 4～5 岁以上。尽管超常儿童心理发展的类型和程度上不一样，然而，在不同年龄的超常儿童中，也有一些共同的心理特点，主要为：

### 1. 有旺盛的求知欲和广泛而强烈的兴趣

这是超常儿童极为鲜明的一个特点。他们很早就表现出好奇、好问，爱追根究底，从小就有学习知识的浓厚兴趣。求知欲和认识兴趣是促进一个人从事学习或活动的推动力，有了强烈的求知欲望和浓厚的认识兴趣，人们就会千方百计、不畏艰难地探究科学世界的奥秘。马克思的兴趣是很广泛的，他说过："人类的一切东西，对我都不是陌生的。"伟大的科学家爱因斯坦说过："兴趣是最好的老师。"求知欲和兴趣是成就的前提。音乐家罕得尔的父亲想把自己的儿子培养成律师，但是罕得尔从5岁开始就对音乐产生了浓厚的兴趣，他父亲采取种种措施加以阻挠，甚至因为小学有音乐课而不让他去上学，可是罕得尔还是瞒着父亲得到一架大钢琴，趁家里人熟睡之际，偷偷起床爬上阁楼苦练，后来终于成名。

我国的一些超常儿童也都有浓厚的认识兴趣和进行探究的好奇心。有的超常儿童还在会说话之前就贪婪地看小人书，持久地玩积木，会说话之后总是无休止地问大人"这是什么""那是什么"。有的超常儿童4岁上小学一年级，学了《一粒种子》，回家就把三粒黄豆种在花盆里，观察发芽情况；学了《我是什么》，就用杯子装着水，放在火上煮沸，观察汽化现象；学了《保护牙齿》，就把鸡蛋放进醋里试试，这些行为都是儿童开始用实验来探索事物发展变化的奥秘。许多超常儿童因学校的课程满足不了他们旺盛的求知欲，于是就翻阅爸爸妈妈的医学、历史、地理书本，如饥似渴地阅读。有的超常儿童对大自然兴趣盎然，常爱观察小昆虫、小动物如何生活，并收集一些花、叶制作标本，这些广泛的兴趣，在一些已进入高中或大学的超常儿童中还保持着。

### 2. 有敏锐的观察力和高度集中的注意力

超常儿童兴趣既广，又能高度集中注意力，特别是对他们感兴趣的事情，往往能专心致志、高度集中注意2~3小时，甚至精彩的电视也不能使其分心。只有善于观察，才能慧眼非凡，心灵开窍。善于观察者可以见常人所未见，不善于观察者，入宝山亦视而不见。善于观察是和高度集中的注意力紧密联系的，如果观察事物时注意力分散，东张西望，则难以看出事物的真相。从大脑皮层活动来说，注意力集中就是在大脑皮层上形成优势兴奋中心，这时感知的事物印象特别清晰，易于理解，并且学得快，记得牢。所以有人说："注意力和观察力是学习的门户，注意力集中，善于全面而深入地观察，在学习上和工作上，就等于打开了智慧的天窗。"

例如，我国现代小画家4岁的亚妮和7岁的阿西，能画出栩栩如生、千姿百态的小猴子和小猫咪，重要原因之一就是他们在和猴子、小猫"交朋友"、玩耍的过程中，进行了细致入微的观察、观摩，甚至无数次对着镜子模仿、想象而创作出来的。河南省有一个超常儿童，2 岁时玩积木长达几小时不休息，5 岁时拿到一本新书就一口气看完，拿到一本数学游戏书也是一口气做完，注意力异常集中和稳定。

### 3. 有较强的记忆力

智力超常儿童，不仅机械记忆出众，而且有意识记和意义识记也超出一般水平，常常是过目不忘，一读成诵。例如，湖北省武汉市的赵安，2 岁半开始识字，3 岁时就识字 1 767 个。有的超常儿童记一个 17 位的数字，善于从数字间的关系去找规律，寻找记忆方法，如 81276354453672189，他发现有两个规律：①每相邻的两位数的和是 9；②去掉末尾 9，数列正好成对称形式。这样就把机械记忆与意义记忆结合起来了，这种善于寻找有效的记忆方法的能力，在超常儿童中并不是个别的。

### 4. 进取心强，有突出的探索精神和顽强意志

超常儿童一般进取心都比较强，他们自信，爱与人比较，比学习、比下棋、比游泳……处处不甘落后，他们都有一股倔劲想要学习，干什么就非干好不可。强烈的探究精神是深入学习的保证，它和求知欲、广泛的兴趣是密不可分的。强烈的探究精神是超常儿童的一个突出特点。他们什么事情都想了解，都爱问个究竟，找出事物的奥秘，非要"打破砂锅问到底"。他们不仅要问，而且好摆弄。

例如，小宁铂看了《赤脚医生手册》《中草药手册》《十万个为什么》，总喜欢把书上看到的问题亲自试一试。书上说睡觉时脚心受凉就会头痛，他晚上睡觉就故意把被子踢开，第二天果然感冒了。书上说吃了生蚕豆会中毒，他就跑到菜园里剥了三颗生蚕豆，偷偷地吃下去，然后躺在床上等中毒。可是等了许久，还不见动静。他就跑去告诉爷爷："书上真胡闹……"爷爷生气地说："胡闹？你才胡闹呢！幸亏吃得少，要是中了毒怎么办？"

在超常儿童前进的道路上，不是没有任何困难的。他们有的生活条件很差，学习环境嘈杂；有的患了疾病或发生其他意外等，但是他们都善于排除各种干扰，坚持学习或锻炼，表现出坚毅的、顽强的个性品质。"天才是勤奋""天才是毅力"，凡是有成就的"神童"，无不具有异乎寻常的毅力。离开了勤奋和毅力，任何天才都将夭折，都将一事无成。

### 5. 思维敏捷，理解力强，有独立性

智力超常儿童从小思维就比较活跃、敏捷，拥有创造性思维，善于发现问题。他们敢想别人所未想，敢于问一些谁也没问过的怪问题，能进行抽象

推理，领悟事物之间复杂的关系，并富有创造精神。

湖南师范大学李钟涟等人在《对超常儿童李小茜的调查和追踪研究》一文中指出，李小茜在类似推理和创造思维上有着一些同龄常态儿童所不及的特点。比如，要求将火柴棒摆出的式子 $114 + 3 = 45$，移动其中一根火柴棒，使两边相等，李小茜很快就将 114 中的一根火柴移到 3 的后面，即 $14 + 31 = 45$。主试问："你怎么知道？"她说："这边（指等号右边）只有 45，那边（指等号左边）有 114，当然要把它减少，移个 1 就小了 100，把它放到 3 的后面，使 3 变成 31，加起来就是 45。"她的分析判断能力也强，比如，要求改变下式"$1 + 2 + 3 + 4 + 5 + 6 + 7 + 8 + 9 = 100$"中的一个符号，使等号两边相等，李小茜稍加思索就将 9 前面的"$+$"号改为"$\times$"。她的思路是："等号右边是 100，所以要从大的数目去想，$8 \times 9 = 72$，还差 28，再把前面 7 个数加起来恰好是 28。"在演算其他实验项目时，她推理正确，表达清楚，充分表现出她思路灵活、流畅，富有创造性。

河南大学凌培炎在其《超常儿童与早期教育再探》一文中指出，他们的研究对象儿童 A 的数理逻辑思维能力有惊人的发展。他 3 岁会心算"$1 亿 - 1 = ?$"；4 岁会进行加减乘除的混合运算，会用连算法计算"$99 \times 99$""$95 \times 95$"；5 岁会算小数、分数，能讲出 $1/2 > 1/3$ 的道理；5 岁半懂得"正负数"、0 的概念；6 岁半会用口算迅速而正确地计算出 13 个三位数（其中一个是小数）的和；7 岁半时，参加小学四、五年级的数学竞赛，成绩分别是 90 分、80 分。值得注意的是，儿童 A 从学数数起，从未扳过手指头。

发现速算法的史丰收，有长时间进行思考的坚持力。上小学二年级时，他看到老师在黑板上演算，突然间产生了一个怪问题：做算术题能不能从左向右，从高往低算起呢？他循着这个思路，长时间思索，日算夜想，吃饭时想，睡觉时想，想得入了迷，经过多年的探索，终于创造了十三位数以内的加减乘除和开方、平方的速算方法。门捷列夫制成的元素周期表，也是经过长时间的思考而成功的。这说明智力超常的人，善于提出新问题，通过自己来回答，这就必须理解力强，能够坚持长时间的思考。善于提出问题是杰出人才作出创造性贡献的最基本的思维品质。他们善于在脑中分析，捕捉关键性东西，思路开阔、敏捷、灵活，有创造性。他们能掌握抽象概念，理解其意义，认识事物间的关系，并能清楚地推理。他们还易受启发，对成人的建议和问题能作出积极反应。

**6. 有丰富的想象力，有幸福感，情绪稳定**

超常儿童形象思维能力都超出一般儿童，具有独特的想象力。例如，小画家亚妮为了庆贺自己的生日，在家里举行了一次精彩的童画表演。身高不足一米的小亚妮，竟坚持了 4 个小时，趴在画纸上创作了一幅珍奇画。画上有山有水，苍劲的树木纵横交错，树枝上的野果色彩丰富。特别值得一提的是一群群的猴子，有嬉戏的，有握手的，有在树枝上睡觉的，有爬树寻找果子的，有在洞里抓虫子的，有从洞口往河里跳水的，有在河里戏水的，数一数，竟有 40 只猴子，只只各具形态，色彩鲜明。这与她平时细致的观察、模仿，不懈的思索以及丰富的想象是分不开的。

智力杰出的人才，还具有幸福感，在大多数情况下表现出自信、愉快、安详，必要时表现出自我解嘲的能力，显示出强烈的幽默感。他们遇到问题并不忧虑，能够正确对待，适当解决，同时情绪比较稳定，能以温和而适当的态度表达自己的情感，不暴躁也不愤怒，能适应日常变化。

### 7. 特殊才能，早露锋芒

不少有特殊才能的人，在幼儿期就初露锋芒。诸如绘画、音乐、体育、计算和言语方面的特殊才能，常常在三四岁就已有所表现。

最早出现音乐才能的年龄阶段[①]

| 性别 \ 年龄 百分比(%) | 3 岁前 | 3~5 岁 | 6~8 岁 | 9~11 岁 | 12~14 岁 | 15~17 岁 | 18 岁以后 |
|---|---|---|---|---|---|---|---|
| 男 | 22.4 | 27.3 | 19.5 | 16.5 | 10.7 | 2.4 | 1.2 |
| 女 | 31.5 | 21.8 | 19.1 | 19.6 | 6.5 | 1 | 0.5 |

## （二）超常儿童的教育

一般估计超常儿童占学生总数的 3% 左右，我国的小学生约有 1.4 亿，应有超常儿童约 400 多万。这个庞大的数字，是我国培养人才的一笔巨大的"财富"，因此发现和培养超常儿童，具有重大的现实意义。我们应采取措施使年轻一代的聪明才智得到充分的发展，加速培养现代化建设的人才。

儿童智力的发展，特别是超常儿童智力的发展，既有先天的因素又有后天教育的影响。先天素质（如神经系统、大脑皮层的发展）是智力发展的前提，后天的生活和教育则起着重大作用。从大脑的成长发展趋势来看，5 岁前是智力发展最为迅速的时期。这时儿童存在着巨大的学习潜力和可能性，这种潜力和可能性能否充分发挥，关键在于教育。即使是普通的学生，只要教育得法，也会成为不平凡的人。天资再好，若教育不得法也难以成才。那么，如何对智力超常儿童进行

---

① 陈帼眉，沈德立. 幼儿的心理学. 石家庄：河北人民出版社，1979.

教育呢?

（1）教育必须从孩子的"智力曙光"开始，初时着重训练儿童的五官。

所谓"智力曙光"，是指幼儿智力发展开始萌芽的阶级（5岁前），这是天才儿童卡尔·威特的父亲关于儿童教育应从什么时候开始的基本观点。他认为孩子的禀赋是千差万别的，如果所有孩子受的教育一样，那么他们的命运就决定于其禀赋的差异。但是，历来多数孩子接受的教育是不够完全的，他们的禀赋连一半也发挥不出来。如果及时地进行良好的、高明的完全教育，即使禀赋只有50%的普通孩子，也会优于生来禀赋是80%的孩子。因此，他主张要不失时机地给孩子以发展其能力的机会，那就必须与孩子的"智力曙光"同时开始进行教育。

俄国心理学家塞德博士认为，幼儿的求知需要在两三岁就发生了，这时若不提供适当的对象，则已发生的求知需要之苗就会渐渐地枯死；反之，若在这一时期给予及时的教育，幼儿就能成为富有追求真理精神的人。

智力发展必须从训练五官开始，五官是接受外界事物和知识的渠道，渠道畅通，儿童接受外界刺激才会顺当、迅速。五官的训练首先要发展幼儿的听力、视觉，训练他们的听觉、节奏感，培养他们辨别颜色、大小、形状等的能力，逐步发展他们的观察力，以及其他几种感觉，这些都是今后学习的必要基础。

（2）及早进行语言教育。

语言是进行思维的工具，是接受知识的手段，也是发展智力的一个重要方面和标准。教儿童语言，首先从口语教起，特别要注意字间发声的准确，不要教儿童"半语子话"、方言和土语，教儿童"奶奶"（吃奶）、"丫丫"（脚）、"汪汪"（狗）、"嘟嘟"（汽车）之类的语言是毫无意义的，是一种浪费。孩子在2岁左右时，如能缓慢、清晰地说几遍正确的语言给孩子听，孩子都可以发出音来。因此，要孩子发音准确，自己必须以身作则，力求发音标准、语言规范、精选用词。儿童入学前通过口头语言，掌握了一批词汇，紧接着就是教字义，以及音、形、义统一联系的形成，这能为他们入学后掌握书面语言、理解字义打下重要的基础。除此之外，有条件的家庭应尽量让儿童在幼年时学习外语，这是有好处的。儿童掌握了大量词汇、句子，既扩大了知识面，又发展了能力。

（3）以游戏、讲故事、外出散步、观察大自然的方式传授知识。

对儿童进行思维训练越早越好，而这种训练以游戏的方式更好，游戏是儿童的天性，每个孩子都喜欢游戏，游戏能帮助孩子掌握知识，发展能力。比如，识字时玩看图找字的游戏，配对游戏；给儿童一些木块，指导他们造房、修路、架桥、建造城市的游戏；玩各类戏剧性的游戏，如模仿电影、故事书上的情节进行表演的游戏。通过这些游戏教给孩子各种科学知识，并训练他们机智、灵活的思维能力。

儿童最爱听故事，而且百听不厌，用讲故事的方式教育儿童很有效。故事可以锻炼儿童的思考力、记忆力，启发想象，扩展知识，儿童喜欢听，也记得牢。讲故事要培养儿童复述的能力，这样可以让他们集中注意力去听，又迫使他们有意记忆，还能达到语言训练的目的。

为了扩大儿童的视野，要有目的、有计划地引导儿童观察大自然的动植物形状和生长特点，让他们在大自然中受到熏陶，增长知识。通过散步、闲谈对儿童进行教育，让儿童既不疲乏，又不感到枯燥无味，易激发儿童的求知欲望和兴趣。

（4）启发求知欲，唤起学习的兴趣。

教育在什么情况下最有效？一般来说，唤起了儿童的兴趣和求知的欲望时才开始教育是最有效的。新颖的刺激、诱人的形象，都能激发儿童的求知欲和兴趣。好奇是儿童的天性，儿童渴望认识周围的一切，他们常常提出各种幼稚的、奇怪的，甚至难以解答的问题，此时家长和教师不要嫌烦，不要拒绝、呵斥、取笑或讽刺，而要设法给予解答，以保护和巩固孩子的求知欲和积极性。而且还要再向他们提出一些问题，引起他们思考，从而提出新问题。

进入学校学习后，超常儿童的聪明才智往往在特殊的兴趣、爱好中表现出来，教师要创设条件，使学生的特殊兴趣得到发展，因此，中小学校应多设课外活动小组，多设选修课，让学生按自己的兴趣学某些科目，这样会出现更多才能出众的学生。

（5）保持儿童的好奇心。

精力充沛，好奇心和求知欲旺盛是儿童特别是超常儿童的基本特征。好奇心可促使儿童更多地去观察世界、观察社会，与外界频繁地接触和交往后又反过来增强儿童的好奇心和观察力，并且促进他们的创造性的发展。教师要保护学生的好奇心，不要挫伤其积极性，并引导他们向正确的方向发展。

（6）充实课程内容。

有的超常儿童，由于他们接受能力强，比别的学生更容易理解教师讲的内容，课堂上"吃不饱"，会感到烦闷和无事可做，有时表现得淘气，行为容易"出格"，或与教师争辩，或易幻想，或为了解决某一难题而不专心听课。对于这样的学生，教师应充实课业内容，提高练习难度，鼓励他们独创性地去学习。比如，有的学生在开学一个月内就把本学期的教材掌握了，教师就要编制一套供自学用的辅导材料，或推荐程度深一点的书给他，引导他去解决水平较高、难度较大的有关问题，使这个学生不仅保持了学习的积极性，而且更加迅速地发展了他的才能和智力。

（7）启发学生积极思维，鼓励学生幻想和独创性活动。

思维能力是智力的核心，学生的思维能力是掌握知识的重要条件，同时它又主要是在掌握知识的过程中发展起来的。科学知识是丰富多彩的，教师在教知识时既要循序渐进、由易到难，又要引导学生找窍门，掌握知识的难点和规律，使学生可以举一反三，并能解答实际问题。在解答问题的过程中要学生阐述自己分析问题、解决问题的过程与依据，鼓励学生的求异思维和创造性思维，这样有助于发展学生的思维能力。

儿童和青少年是富于幻想的。有创造经验的人认为，对未来可能发生的事情进行幻想和构图，对于独创性的发展有促进作用，因此，教师要鼓励学生进行幻想，并创造条件，给予机会，组织他们进行各种想象力的练习。教师还要注意，学生的独创性是在各项独立性活动中发展出来的，因此，允许他们按自己的进度自学，并在实验室和课外活动中为他们提供更多的独立活动的机会，是促进学生独立学习和创造力发展的必要条件。学生独立活动时，开始可能有较多的缺点或错误，但这是创新精神的开始，因此教师既要鼓励，又要帮助他们总结经验教训，以克服缺点，纠正错误。

对超常儿童，可以采取加速教育、充实课堂内容和开设特别班的方法来发展其能力，允许他们跳级，这样才有助于人才的培养。

（8）不可忽视学生品德、意志的锻炼与培养。

超常儿童在智力上是超常的，但在品德上不能是落后的。我们培养的人才，首先必须是有高尚品德和情操的人，个性品德的教育也是重要的。为了培养他们良好的品德，可以经常给他们讲古今中外劝谏行善的故事，培养他们对故事人物善恶行为进行判断的能力，鼓励他们处处为别人着想、经常做好事的行为。一般来说，智力超常儿童最容易滋长骄傲自满的情绪，这是他们学习和品行的大敌。要特别重视智力超常儿童积极因素掩盖下的消极品行方面的教育，同时要使他们认识到，缺乏坚强的毅力、顽强的意志是很难使学习取得实效的。因此，必须要从小事抓起，培养他们的意志力。

## 二、智力落后儿童的特点与教育

智力落后儿童，是指智力发展处于持续性迟缓状态，因而其智力水平和智力功能低于正常的儿童，在国外也叫低常儿童或智能落后儿童。

人生最痛苦者，莫过于智力发展产生障碍。智力落后已成了当今世界面临的重要的社会问题，已受到医学、教育学、心理学各界以及有关家长的关注。

## （一）智力落后儿童的特点与分类

根据研究，智力落后儿童心理活动具有如下特点：①感知觉发展缓慢，知觉范围比较狭窄，视觉、听觉表象贫乏、笼统，对类似的事物不易分化，且不稳定。②记忆力很差，学过的东西不能很好保持，回忆困难，意义识记和有意识记能力很差。如果不受专门训练，就不能独立运用意义识记的方法。③思维上，不善于比较，进行抽象和概括特别困难，抽象思维力差，三四岁甚至到八九岁还不会数数，即使能从一数到十或者二十，但都数不到一百，计算时只会扳指头、画圈圈，因此，不能正确地理解客观事物的本质及内在联系。但在特殊教育条件下，配合直观因素进行教学，或者与多样化的实际活动和劳动密切联系起来，他们的思维也能得到明显的改善。④想象力很贫乏。⑤语言表达能力差，词汇贫乏，常常语无伦次，语言理解和运用能力均有缺陷。

智力落后儿童在个性特征和行为上也与众不同。在个性上他们比正常儿童更易沮丧，对成人常抱有敌意，情绪容易紧张、压抑，缺乏自信，他们常以失败的心态对待学习和大人交给的任务，思考方法较绝对化。他们个性特征的核心特点是固执、僵硬，缺乏灵活性，难以适应新的事态。这一切当然都与成人等周围人对他们的态度和教育有关。

智力落后儿童的心理水平和行为能力并非都是相同的，我国心理工作者与医务人员参照国外资料，将智力落后儿童进行不同的分类。

（1）根据行为特点（生活能否自理）分为轻度、中度、重度三类。

轻度：生活能自理，能从事简单劳动，有连贯语言，但学习吃力，特别是掌握数概念和进行计算有困难。

中度：生活能半自理，动作基本可以或部分有障碍，只会记简单的字或极少的生活用语，数概念缺乏或极简单。

重度：生活不能自理，动作有困难，语言匮乏，或只会发单音，不识数。

根据初步调查，我国智力落后的儿童大多数是轻度和中度的。对于这些儿童，只要进行早期诊断，及时给予治疗，同时给予适当的训练，他们中的大多数是能够学会独立生活和从事某种简单劳动的。

（2）根据高级神经活动类型分为以下几种（根据日本三木安正划分的类型）：

幼稚、懦弱型：行为表现和个性是"老实"、听话、动作单调。他们性格温和，举止"稳重"，胆量小。对别人讲话都"注意听"，让做什么就做，搬运东西总比正常人"走得快"、次数多，像是"积极性"很高。他们平常总是站在街头、路边憨头憨脑地傻笑，女性则表现出特殊的"温柔""羞怯"。他们在学校则表现为守纪律、易于管理，常受小伙伴的欺侮。

固执型：这类儿童整个行为结构的核心是僵直的，缺乏灵活性，不能随环境的改变而改变自己的行为方式。对单调的事情总是能适应和坚持下去，方式总不变。让其画圆圈或几何图形，总是用同一个姿势画同一个图形。做任何事情总是表现出决不罢休的"气概"。自己的东西不许别人动，周围发生什么变化，对其不产生影响，一副"临危不惧"的样子。

兴奋冲动型：行为表现为"精力充沛"，情绪亢进，喜怒无常，暴躁发怒时乱摔东西。他们有的随意推人、拉人、打人、追人，在班级搞恶作剧；有些年龄大的游荡街头，甚至附和别人去闹纠纷、怪叫起哄。他们缺乏明辨是非的能力，不顾行为的后果，很容易受坏人的唆使、暗示，做违法的事情。

凌乱型：由于不了解自己的行为目的，对学习任务不明确，所以做事情漫不经心，不能坚持下去。与自己有关系的事不去干，而与自己无关的事却忙着干。平日讲话啰唆，废话连篇。他们有的漫无目的地到处游荡，有的独自在街上自语。

抑郁型（又称梦游型）：与兴奋冲动型相反，这类儿童精神萎靡，对周围一切持冷淡态度，漠然置之，而且经常持一种冷淡态度，常常呆若木鸡，毫无表情。他们动作缓慢，"沉默"寡言，胆小怕事（甚至胆小到不敢走楼梯），一点小事也易引起"不快"和"消沉"。严重的患者连冷热都感受不出，衣服未干便拿出来穿。

以上几种类型，个别差异极大，纷繁多样。

（3）从教育的可能性分为可教育者、可训练者、保护对象三类。

从教育的观点看，智力落后儿童根据教育的可能性可分为三类：一是可教育者，他们发展速度缓慢，但有可能掌握社会生活所需要的知识、技术。二是可训练者，他们没有能力在学校教育中掌握科学技术，即使长大成人，也不能参与社会生活，可以在家庭或特设机构里进行处理身边琐事和适应生活等的训练。三是保护对象，需要终身在家庭或特设机构里接受保护。

## （二）智力落后是怎样形成的

智力落后形成的原因是多方面的，有先天遗传基因的因素，也有后天疾病、环境教育等多方面的影响。据研究，智力落后一般可分为弱智型与病理型两类。弱智型也叫非临床型或家庭性文化智力发育不全。有人认为这是由于制约智力的许多遗传因子偶然形成不好组合的结果而引起的。病理型的智力障碍是原疾患者的一种局部性症状。其形成原因有两个方面：遗传性与外因性。属于遗传性的有：由类似于唐氏综合征的染色体异常、代谢缺陷，或是小头畸形病，以及由类似于结节硬化症的病理遗传因子所引起的。属于外因性的原因是多种多样的，有性细胞期损伤以及风疹、弓形体病等引起的妊娠期损伤；分娩外伤、幼儿性脑麻痹等分娩期损伤；脑炎、头部外伤等婴幼期损伤。

就病理因素来说，其病因是：

（1）产前因素：如受精卵中染色体畸变，母亲妊娠期间由于患病（高烧、吃药过多）与治疗（X 光射线）给胎儿脑发育带来不利，或近亲结婚（父母血缘关系近，隐性遗传的问题）造成的智力落后。

（2）产程因素：如脐带绕颈、分娩异常、难产、新生儿窒息、颅内出血等。

（3）产后因素：出生后患过脑炎、脑膜炎后遗症或高烧等疾病。

（4）其他或原因不明：如有的儿童小时候患过肺炎或中毒性痢疾，曾发过高烧、抽搐等。

有人认为，孕妇饮食对于婴儿的发育和智力行为是有影响的。在怀孕最初 8 周，脑发育不受母体营养物质的影响，但受辐射、病毒感染等有害因素的影响。在怀孕 7 个月左右，脑开始进入一个重要的发展阶段，这个时期一直到出生一岁半到 2 周岁或更晚，营养条件是非常重要的。如果这一段时期营养不良，则可能造成婴儿脑不可逆（难以挽回）的损伤。婴儿出生后，即使生理机制正常，但若失去应有的护理和必要的刺激，大脑发育也会停滞，心理发展也会受到严重损伤。

### （三）对智力落后儿童的教育

对智力落后儿童的教育和训练，有种种不同的理论和看法。有人认为智力落后是遗传的，是难以改变的后遗症，或是生物退化现象，主要以预防为主，实施优生学办法，在妊娠期进行预测诊断，积极预防。有人主张进行一定的医治，调整其脑功能。有人主张教育疗法，对可教育和可训练者进行特殊的教育与训练。

对于轻度智力落后者，采用适合其水平的教育措施，能促进其智力进一步发展，并达到适应社会要求的水平。比如，对他们特别爱护、关心、热情，让他们进入一个更多变化、富有刺激的环境，轻度智力落后是能经教育而好转的。

为智力落后儿童设立特殊班级或专门学校，把他们集中起来编入特殊班进行系统的适合其特点的教学，或采用诊断性补救教学（所谓补救性教学，是指针对儿童缺陷的特点，缺什么教什么。例如，有的儿童抽象概括思维能力特别差，因而数学差，那就着重补数学；有的儿童语言能力差，因而学习语言文字科目有困难，就给他补习这方面的课程），都有一定效果。

特殊班是对智力落后儿童进行有针对性的系统教育，在学习初期，应加强培养学生的自信心和自觉性，课业内容要适合他们的水平，不宜过高，教学方法要特别注意采用具体、形象生动的看、听、摸、尝、演等直观手段。而且要进行更多的练习，知识才容易被掌握。在学习知识时，需要辅以图片、幻灯、影片和戏剧性的扮演角色表演，以补充和代替抽象的概念，补足其亲身的经验。

澳大利亚心理学界在智力落后儿童训练方面做了不少工作。他们的法律规定：在大学、中学、小学都应设专职心理学工作者负责处理学生中的一些发展、学习、行为方面的困难问题，并在许多地区设立特殊的教育中心。如纽卡斯尔市的一个特殊教育中心，有大型的儿童活动观察室、游戏室，附有电视监视系统、电子计算机控制的实验设备等。该中心的任务之一就是对在发展方面、行为方面和学习方面有问题的婴儿、学前或学龄儿童进行训练，使其通过训练回到正常的班上去学习。

他们训练的方式是多种多样的。一般训练计划为 7 周左右，每天上午 9：15—12：00 由该中心把所有问题儿童拉来进行训练治疗，有时也请学校（包括幼儿园）的教师去参观并共同讨论，共同制订训练计划，针对问题进行矫正。这些儿童在一个大型活动中受训练，旁边有专门的训练人员进行观察和指导。基本的学习科目包括语文、数学、书法等，另外特别注意训练他们集中注意力的能力，不让他们分心或干扰同学。研究人员在侧厅进行观察并录像，以便进行分析和研究。对儿童的管理，应采用温和的、积极的强化方法。例如，由训练人员和儿童一起做集体游戏，通过游戏的方式来矫正儿童的某些缺陷，如发音问题，动作的障碍等，使儿童在欢乐的情境中受训练，但同时也有一定的惩罚措施。

如果是智力障碍严重者，则被送到专门治疗智力落后患者的医院去治疗，这种医院也叫智力障碍训练中心。

在我国，对智力落后儿童的诊断、训练和治疗尚未引起应有的重视。有些大城市虽已开设这类学校或班级，但不少智力落后儿童还被拒之门外。这类儿童有的虽然被收进正常学校，但被扔在教室一角而处于被忽视的状态，这样对他们的学业和智力发展毫无帮助。

# 第五节　小学生品德的形成与培养

品德即道德品质，是指个人依据一定的道德准则行动时，经常表现出来的某些稳固的倾向和特征。儿童最初的道德观念和行为，是在家庭及周围生活条件和成人的要求和影响下，通过认知、效仿而形成的，并通过不断强化（赞许、指责、禁止）得到巩固和发展的。学生的品德，如爱祖国、爱人民、爱科学、爱劳动、爱护公共财物、勤奋学习、遵守纪律、助人为乐、艰苦朴素、英勇对敌等，主要是在社会道德舆论的熏陶下，以及家庭、学校道德教育的影响下，通过自身行为的训练、强化而逐步形成的。品德的形成和发展，既依存于客观的社会生活条件，也有赖于人的心理发展规律。

## 一、品德的心理结构

品德是一个完整的结构，包含道德认识、道德情感、道德意志、道德行动四个心理要素，或叫心理成分（简称为品德结构的知、情、意、行）。这些心理成分是彼此联系、互相促进的，既有相对的独立性，又是相互联系的。一般来说，道德认识是道德情感产生的依据，是开端、基础，对情、意、行起着支配、调节的作用。从知到行的转化，需要情与意的中间环节。情起着内驱力、催化的作用，当然，情又影响着知的形成，意起着定向的作用，情和意是实现知向行转化的内部条件。道德行动是在知、情的基础上，伴随着意志，通过一定的训练而实现的。道德行动是品德的终端、结果，它可以对知、情、意起着巩固和检验的作用。

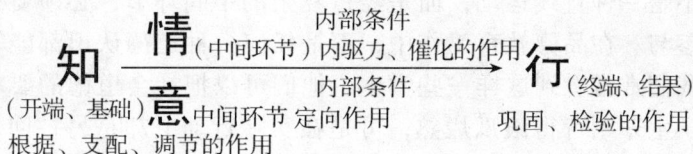

知　　情（中间环节）内部条件　内驱力、催化的作用　　　行（终端、结果）
　　　意　中间环节　内部条件 定向作用
（开端、基础）　　　　　　巩固、检验的作用
根据、支配、调节的作用

品德的知、情、意、行的心理结构，存在发展的年龄特征，又有个体差异。其发展既有内部矛盾、外部矛盾，又有主观努力的影响。作为一个整体，

它在内外条件的推动作用下，由低级向高级不断发展，因而对学生品德形成的过程及其心理结构进行一些分析是必要的。

### 1. 知

知，即道德认识，是一种关于是非、好坏、善恶的行动准则及其执行意义的认识。认识是行动的先导，没有正确的认识就很难形成良好的品德。儿童只有懂得了什么是善恶、美丑、是非，才能根据这些原则或准则支配、指导自己的行动，其行动才是自觉的，才能按照真、善、美的要求去做，反对那些假、恶、丑。那些有犯罪行为和不道德举动的人，都是由于愚昧无知或受错误的道德观念所支配。因此，道德认识是培养儿童良好品德的基础和依据。

这里，有必要指出，小学生的道德评价能力是逐步发展起来的，其形成爱憎分明的趋势是：从他律到自律，从效果到动机，从他人到自己，从片面到全面。他律是指只以别人的标准为标准，自律是指有了自己的评价标准，即从仿效别人的评价发展到独立地进行评价；从效果到动机是指从重视行动效果的评价转向重视行动动机的评价；从他人到自己，即从先会评价别人，然后"以人为镜"，从评价别人中学会评价自己，也就是说对自己的评价往往落后于对别人的评价；从片面到全面，即从带有较大的片面性的评价发展到比较全面地进行评价。小学生道德评价能力的发展同他们的道德知识水平、思维水平有着密切的联系，不同年龄的小学生的道德评价能力的发展水平是不同的。

### 2. 情

情，即道德情感，是一个人对于别人和自己的行动举止是否符合社会道德要求所产生的内心体验。我们对具有毫不利己、专门利人的高尚品德的人会产生爱慕和敬佩的情感；对贪生怕死、损人利己的人会产生厌恶和憎恨的情感。同样，我们也会对自己舍己为人的行动感到欣慰；对自己不符合道德要求的言行感到羞愧，这就是道德情感。

品德的形成，就其最基本的心理过程来说，是一个从知到行的过程。从知到行并不是一种直线运动，而是经过复杂的中间环节，必须要有道德情感和意志的参与。在品德教育工作中，不是任何一种道德认识都能转化成道德行动的。我们常常看到这样一些学生，他们可以把社会道德的要求说得头头是道，把学生守则背得滚瓜烂熟，可是在实际行动上却是另一回事。这是为什么呢？重要原因之一就是没有激发和培养他们的道德情感。这些学生并没有把有关的道德认识作为行动必须遵循的准则，并运用这个准则去衡量别人与自己的行动举止，缺少一定的道德情感。只有情感化了的认识，才能促进学生品德的形成。

### 3. 意

意，即道德意志，是人们按照道德原则进行道德抉择，克服困难，支配道德行动的心理过程。在品德形成的过程中，学生对善恶、是非有了一定的认知，有了情感，那是否就一定去执行呢？不一定。因为中间还有道德意志的参与，要实现一定的道德行动，就必须作出一定的努力，就要有坚强的意志，要有抗诱惑的力量，甚至在困难和挫折中要有坚强的忍耐力。毛泽东同志说过："一个人做点好事并不难，难的是一辈子做好事。""一辈子做好事"就离不开道德意志的定向、调节作用。因此，一个人在道德意志中的自觉性、果断性、坚持性和自制力，是形成良好品德的重要条件。

### 4. 行

行，即道德行动，是实现道德动机的手段，是道德认识和其他心理成分的外部标志和具体表现。人的道德面貌是以行动举止来表现、说明的。了解和掌握道德认识多的人不见得品行就好，人的品德是一定行动的习惯的总和，一个人只有养成良好的道德行动习惯，才会形成高尚的品德。这里要指出的是，道德行动与道德行动习惯是不同的。道德行动是在一定的道德情境中的某一次道德行为（是好的或是不好的），它是不稳定的。例如，某学生偶然做了一件好事，可称为道德行动。而道德行动习惯，则是在道德行动反复训练、强化下形成的带有自动化情绪色彩的行动，它具有稳定性的特点。所以，儿童从小养成良好的生活习惯，文明礼貌的习惯，劳动的习惯，学习的习惯，守纪律、守秩序的习惯是很重要的。

## 二、品德发展的理论

### （一）国外品德发展的研究

#### 1. 皮亚杰"儿童道德认识"的发展理论

20 世纪二三十年代，瑞士儿童心理学家皮亚杰（J. Piaget，1896—1980）对儿童的道德判断进行了系统的研究，出版了《儿童的道德判断》（1932）一书。他在多年研究儿童道德认识发展的基础上，把儿童的道德评价发展分为四个阶段：

（1）自我中心阶段（2～5 岁）。

这一阶段的婴幼儿往往自己单独玩，很少和同伴一起玩，在游戏时，游戏规则或成人的要求对他们还没有约束力。他们自己随便游戏，只按照自己的意愿去执行游戏规则，并不理解游戏的结果。皮亚杰认为，这是以自我为中心的行动阶段，称为"单纯的个人规则的阶段"。由于这一时期的儿童还没有产生真正的社会交往和社会合作的关系，他们还不能把自己的事和别人的事真正区别开来。

这一阶段的儿童，由于认识的局限性，还不理解、不重视成人或周围环境对他们的要求。有时看来似乎接受了成人的指导，但往往正是他们自己想要做的；有时还表现为对成人或同伴要求的不服从、执拗，甚至反抗。因此，对待这一阶段儿童的活动，不应多加干涉，而应耐心、具体地进行指导。在皮亚杰看来，只有当儿童意识到游戏活动中应该共同遵循的行为准则时，规则对儿童来说才能成为他的行为准则，否则，它只是一种单纯的规则而已。

（2）权威阶段（6~8岁）。

这个阶段的儿童认为应该尊敬权威和尊重年长者的命令。他们认为服从成人的命令就是正确的行为，否则就是错误的行为；听大人的话就是好孩子，不听大人的话就是坏孩子。他们也服从周围环境对他们所规定的规则或提出的要求，并认为这些规则或要求是不能更改的，谁也不能违反的；若是违反了，就是犯了极大的错误。

皮亚杰做了一个实验，要求儿童对两难故事的情境作出判断。这个故事是："星期日下午，妈妈感到疲劳了，让她的女儿和儿子帮她料理家务：要女儿去把一叠盘子揩干，要儿子去取一些柴火来。但是儿子却上街去玩了，于是妈妈就叫女儿去做两件事。女儿说了些什么呢?"皮亚杰询问了150个6~12岁的儿童，结果年幼的儿童大多倾向于服从权威，认为成人的命令是正确的，所以妈妈叫女儿做两件事是对的，是应该服从的。

在实际工作中，小学老师反映一、二年级的小学生好"告状"，就是儿童服从权威的道德观念的具体表现，因为他们遇事爱找成人，尤其是让老师来评理。由于这个阶段儿童道德观念的发展是绝对尊重和服从权威，因此，对他们的道德教育，主要应依靠教师的具体指导，不必强求同伴之间的互助；他们的学习和活动也主要是靠老师来合理组织，不必过分强调班集体的作用。这个阶段，教师的表率和示范作用尤为重要。

（3）可逆阶段或称平等阶段（9~10岁）。

这个阶段的儿童，不再把成人的命令看做是应该绝对服从的，也不把道德的规则看做是不可改变的，他们已经意识到同伴之间的相互关系。所谓道德行为的准则，只不过是同伴之间共同约定的、用来保障共同利益的一种社会产物。因此，规则对其来说是一种"可逆关系"：我要求你遵守，我也得遵守。

同伴之间的相互尊重、相互制约，不可避免地产生平等观念。他们不再简单地服从成人对他们的命令，也不再单纯满足于对规则的遵守，而是要求同伴之间的平等。仍以前面妈妈叫孩子们料理家务的故事为例，这时儿童已不像 6~8 岁的儿童那样，认为妈妈的命令都是正确的。他们要求平等，认为妈妈允许儿子玩而让女儿做两件事是不公平的。促使儿童从服从向平等发展的原因是什么呢？皮亚杰认为，成人的榜样对儿童的道德观念可能会有影响。此外，儿童的社会交往和社会合作，也促使儿童道德观念从服从向平等发展。

由于这个阶段的儿童既不单纯服从权威，也不机械地遵守规则，他们已经认识到同伴之间的相互关系。因此，教师在道德教育中应注意正面引导和讲清道理，并采取对所有学生一视同仁的教育措施，而要避免强制、压抑或厚此薄彼。同时，从这个时期起，正是培养和形成班集体和少先队集体精神的好时机，也是培养儿童自治、自理能力的好时机。

（4）公正阶段（11~12 岁）。

这个阶段的儿童的道德观念发展倾向公正。所谓公正就是承认真正的平等，不像前一阶段仅满足于形式上的平等。所谓真正的平等，就是要依据每一个人的具体情况作出恰当的处理。例如，皮亚杰做了一个实验："一个假日的下午，妈妈带了她的孩子们去河边散步，4 点时，她给孩子们每人发了一个卷饼。孩子们各自吃着自己的卷饼，但小弟弟没有吃，他不小心把卷饼掉在河里了。妈妈将怎样处理这件事？再给一个吧，哥哥他们会怎样说呢？"皮亚杰询问了 6~14 岁儿童，年龄小的儿童主张不应再给他了，以表示对他的惩罚；年龄稍大一点的儿童则主张再给他一个卷饼，这样人人都有一个（平等）；年龄再大的儿童也主张再给他一个，但这是考虑到弟弟年龄小，应得到照顾，这样才公正。年龄大的儿童已能根据自己的价值标准对道德问题作出判断。他们已能用公道这一新的标准去判断是非，认识到在依据准则去判断是非时，应先考虑他人的一些具体情况，从关心和同情出发作出他们的道德判断。在皮亚杰看来，公道感是一种出于关心和同情人的真正的道德情感。因而，公道感是道德观念的一种高级形式，它实质上是"一种高级的平等"。从皮亚杰的研究结果看，大多数思维发展到形式运算阶段的少年儿童，都能在他们的道德判断中持公道的态度。

关心同伴和同情他人是一切高尚道德品质的基础。很难设想，一个骗子骗走了他人的财物，他对受骗的人会有同情和关心。因此，学校的思想品德教育应针对 11~12 岁儿童的这种公正阶段的道德观念的发展，进行利他主义和集体主义的教育。

**2. 科尔伯格的儿童道德发展阶段论**

美国发展心理学家科尔伯格（L. Kohlberg, 1927—1978）是皮亚杰道德认识发展理论的追随者，并在此基础上，进一步对它作了修改、提炼和扩充，依据不同年龄儿童进行道德判断的思维结构提出了自己的一套儿童道德认识发展的阶段模式。科尔伯格与皮亚杰一样，承认道德发展有一个固定的、不变的发展顺序，都是从特殊到一般，从自我中心和关心直接的事物到基于一般原则去关心他人的利益；都肯定道德判断要以一般的认识发展为基础；强调社会相互作用在道德发展中的作用。他们所不同的首先是在研究方法上。皮亚杰用编成对偶的故事与儿童谈话来研究儿童道德认识的发展，科尔伯格则采用9个道德价值上互有冲突的两难故事，让儿童和青少年在两难推论中作出是非、善恶的判断并说明理由。

比如"海因兹偷药"的故事："欧洲有个妇女患了癌症，生命垂危。医生认为只有一种药才能救她，它是本城一个药剂师最近发明的镭化剂。制造这种药要花很多钱，药剂师索价还要高过成本10倍。他花了200元制造镭化剂，而这点药他竟索价2 000元。病妇的丈夫海因兹到处向熟人借钱，总共才借到1 000元，只够药费的一半。海因兹不得已，只好告诉药剂师，他的妻子快要死了，请求药剂师便宜一点卖给他，或者允许他赊欠。但药剂师说：'不成！我发明此药就是为了赚钱。'海因兹走投无路，在夜晚竟撬开药店的门，为妻子偷来了药。"讲完这个故事，主试就向被试提出了一系列的问题：这个丈夫应该这样做吗？为什么？法官该不该判他的刑？为什么？

科尔伯格对被试的陈述进行了仔细的研究，分出30个不同的道德观念态度，比如是非观念、权利义务观念、责任观念、赏罚观念、道德动机与行为后果等。根据不同年龄的儿童和青少年所作出的反应，科尔伯格把儿童道德发展划分为三个水平六个阶段：

（1）前习俗水平。这一水平的道德观念纯然是外在的，或称前道德水平。儿童为了免受处罚或获得个人奖赏而顺从权威人物规定的准则。它包括两个阶段：

第一阶段：惩罚和服从取向。

这一阶段的儿童根据行为的后果来判断行为是好是坏及严重程度。他们服从权威或规则只是为了避免受到处罚。认为受赞扬的行为就是好的，受惩罚的行为就是坏的。他们没有真正的准则概念。属于这一阶段的儿童认为海因兹偷药是坏的，因为"偷药会坐牢"。即使有一些儿童支持海因兹偷药，推理性质也是同样的，如有的说："他可以偷药，因为他不去偷药会受到小舅子的打骂。"

第二阶段：朴素的享乐主义或工具性取向。

这个阶段的儿童为了获得奖赏或满足个人需要而确认准则，偶尔也包括满足他人需要的行动，他们认为如果行为者最终得益，那么为别人效劳就是对的。人际关系被看做是交易场中的低级相互对等的关系。儿童不再把规则看成是绝对的、固定不变的东西。他们能部分地根据行为者的意向来判断过错行为的严重程度。有的孩子认为："海因兹妻子常为他做饭、洗衣服，因此，海因兹去偷药是对的。"也有的孩子认为："偷药是不对的。因为做生意是正当的，这样药剂师就赚不到钱了。"

科尔伯格认为大多数 9 岁以下的儿童和许多青少年罪犯，在道德认识上都属于第一级水平。

（2）习俗水平。这一水平的儿童为了得到赞赏和表扬或维护社会秩序而服从父母、同伴、社会集体所确立的准则，或称因循水平。他们都能顺从现有的社会秩序，而且有维持这种秩序的内在欲望；他们的规则已被内化，感到自己是正确的。它包括两个阶段：

第三阶段：好孩子取向。

这一阶段的儿童尊重大多数人的意见和惯常的角色行为，避免非议以赢得赞赏，重视顺从和做好孩子。儿童心目中的道德行为就是取决于人的、有助于人的或为别人所赞赏的行为。他们希望保持人与人之间良好的、和谐的关系，希望被人看做是好人，要求自己不辜负父母、教师、朋友的期望，保持相互尊重、信任。这时儿童已能根据行为的动机和感情来评价行为。这个阶段的少年在读到海因兹偷药的故事时，有的说"偷药不对，好孩子是不偷的"，有的则强调"海因兹爱他的妻子，因为已经走投无路才去偷的，这是可原谅的"。

第四阶段：权威和社会秩序取向。

这个阶段的儿童注意的中心是维护社会秩序，认为每个人应当承担社会的义务和职责。他们判断某人行为的好坏，看他是否符合维护社会秩序的准则。这个阶段的儿童在回答关于海因兹的问题时，一方面很同情他，另一方面又认为他不应触犯法律，必须偿还药剂师的钱并去坐牢。他们认为，如果人人都违法，那社会就会混乱一片了。另有一些儿童认为，药剂师见死不救是不应该的，他应受到法律的制裁。

科尔伯格认为大多数青少年和成人的道德推理属于这级水平。

（3）后习俗水平。这一水平的特点是道德行为由共同承担的社会责任和普遍的道德准则支配，道德标准已被内化为他们自己内部的道德命令了，或称原则水平。它也包括两个阶段：

第五阶段：社会契约取向。

这一阶段的道德推理具有灵活性。他们认为，法律是为了使人们能和睦相处，如果法律不符合人们的需要，可以通过共同协商和民主的程序加以改变，认为反映大多数人意愿或最大社会福利的行为就是道德行为。那些按民主程序产生的、公正无私的准则是可接受的，强加于人或者损害大多数人权益的法律是不公正的，应给予拒绝。这一阶段的青少年在回答关于海因兹的问题时，主张"应该"去偷药的人说："当然，破窗而入店内的行为，法律是不允许的，但任何人在这种情况下去偷药又是可以理解的。"而认为"不应该"的人说："我知道不合法地去偷药是可以理解的，但是目的正当并不能证明手段的无伤。你不能说海因兹偷药是完全错误的，但在这种处境下也不能说他这种行为是对的。"他们认为海因兹去偷药是一件不道德的事，但他的意图是善良的。

第六阶段：良心或原则取向。

他们认为应运用适合各种情况的抽象的道德准则和普遍的公正原则作为道德判断的根据。背离了一个人自选的道德标准或原则就会产生内疚或自我谴责感。在对海因兹事件的反应中，认为"应该"去偷药的人的理由是，当一个人在服从法律与拯救生命之间必须作出选择时，保全生命较之偷药就是更正确的、更高的原则。主张"不应该"的人则认为，癌症患者很多，药物有限，不足以满足所有需要它的人；应该是所有的人都认为是"对"的才是正确的行为。他们认为海因兹不应从情感出发去行动，而应按照一个理念上公正的人在这一情况下该做的去做。

科尔伯格认为只有少数人在 20 岁后能达到第三级水平。

科尔伯格认为，每一阶段的划分不仅考虑儿童是选择服从还是选择需要，还要看儿童对这种选择的说明和公正性。道德发展的顺序是固定的，可是并不是所有的人都在同样的年龄达到同样的发展水平，事实上有许多人永远无法达到道德判断的最高水平。

### 3. 斯陶布的社会行为理论

美国心理学家斯陶布（E. Staub）曾提出了一个社会行为理论（theory of social behavior），以此来解释亲社会行为是怎样产生的。该理论把价值取向和其他因素结合起来，试图形成道德行为的综合理论。

早在 20 世纪 60 年代，一个少妇在纽约居民区的某一街中心被戳死，当时至少有 38 个旁观者目睹这场惨案，虽然行凶者停留了半个多小时，但没有一个人出来援助，甚至没有一个人打电话报警。这种惊人的不加干预的行为似乎不符合社会所提倡的人道主义和助人准则，这引起了社会有关方面的注意。

心理学家斯陶布曾假设至少有两个因素在助人中是关键性的，即对困难者的设身处地设想的能力以及掌握有效地帮助别人的知识或技能。斯陶布认为，这种设想如果是正确的，就应当通过训练儿童设身处地为他人设想的能力和适当技能去增进儿童助人的意愿。斯陶布于是设计了五种情境：①一个儿童在隔壁房里从椅子上跌下来；②一个儿童想搬一张对他来说太重的椅子；③一个儿童因为积木被另一个孩子拿走了而很苦恼；④一个儿童正站在自行车飞驰而来的路中间；⑤一个儿童跌倒而且受伤了。采取表演游戏法（或称角色扮演法）和"诱导"法，用以增进儿童帮助其他处于困难中的儿童的意愿。实验研究共有四组：一组是表演游戏法，另一组是"诱导"法，第三组是同时应用前两种方法，最后一组是控制组，他们做着各种和帮助行为完全无关的游戏。

在表演游戏组中，要求每两个儿童表演一种情境，其中一个儿童扮演需要帮助者，另一个儿童扮演帮助者。实验者先描述一个需要帮助的情境，于是要求扮"帮助者"的儿童即时做出所有他能想到的各种帮助的行动，接着实验者又描述一些其他需要帮助的情境，也要求如实地表演出来。最后，两个儿童交换扮演的角色。儿童自己想出的或实验者揭示的各种可能的帮助方法包括直接干涉、对受害儿童作口头上的安慰，以及喊别人来给予帮助等。

"诱导"组和表演组活动内容一样，只是仅仅要儿童口头上讲出如何给予帮助。而后，实验者像在表演游戏组那样，指出其他合适的帮助办法，并指出每种方法会对有困难的儿童产生怎样的积极效果，如使他们提高积极的情绪或减少痛苦和难受。

在表演游戏和"诱导"并用的一组中，儿童受到两种方法的训练。在实际做出各种帮助的活动之后，实验者还认为会对有困难的儿童产生积极的效果。

为了了解各种实验方法的直接效果，每个参加实验的儿童被领到一间有各种玩具的房间里玩耍。实验者和儿童作简短的交流后，就跑到隔壁房间中去"看一个正在那里玩的女孩子"，然后实验者又宣称要离开一会儿。实验者离开后不到两分钟，被试听到隔壁房间里发出一声很强的砰呼声，接着大约有 70 秒钟的痛哭声。实际上隔壁并没有人，痛哭声是由预制的录音带发出的，但从被试看来，隔壁房间里有一个孩子，在要求帮助，而这里又没有其他人去帮忙。被试会怎样做呢？

斯陶布把儿童可能的反应分成三种：假如他们跑到隔壁去帮忙，属于主动的帮助；假如他们跑去报告实验者隔壁房间里出了事情，属于自愿的报告（间接帮助）；假如没有做任何努力以提供直接或间接的援助，属于没有帮助。

斯陶布的实验结果表明，表演游戏组的效果最好，而且效果至少可以保持一个星期。这说明表演游戏法既能激发儿童的移情，又能培养其助人技能，成为儿童教育中有效的方法。而"诱导"法的效果并不显著，它使儿童有点"对立"，表明强使儿童"变好"的压力明显地对儿童的自由产生一些威胁，因此，儿童以抗拒来反应它。①

斯陶布在进行过许多教育性实验后，指出了有新意的社会行为理论，这个理论的要点是：

（1）人的行为多数是有目的的，目的不同，行为方式就不同，目的处于潜在状态时，是依其对个人的价值或重要性按层次排列的，因此也意味着它和各种信念或动机相关联。目的在内外条件的作用下，可被激活，激活的目的若是多个，就可能发生冲突，并伴随着解决冲突的动机。亲社会价值取向则是利他和不伤害别人的个人目的。斯陶布的研究发现，人的社会价值取向越强，在特定情况中助人目的被激活的可能性就越大，做出的助人行为就越多。但是，个人特征和环境也会影响目的的选择，比如，一项研究表明，被要求给大众做报告的被试者快迟到时，不大可能帮助倒在路上需要帮助的人。因为迟到加强了他对演讲的注意，该目的正处于高度活跃的状态，它掩盖了情境引起的另一目的。由此可以看出，目的激活的程度与目的的重要性有关。

（2）亲社会行为存在着三种影响目的选择的动机源：一是作为利他的无私行为的动机源，其目的在于帮助他人，是以他人为中心的；二是以规则为中心的道德取向为特征的动机源，目的在于坚持行为的规则或原则；三是移情。前两者统称为社会价值取向。具有利他取向的人目的更易于被特定情境所激活，因而更有可能产生助人行为。具有道德取向者，一般会在合乎规范或原则的情况下作出帮助，若认为对方罪有应得，则不会去帮助，至少不会去伤害人。

（3）移情的敏感性通常能助长助人行为。它取决于三个条件：①原始移情，即由他人的不安所引起的情结反应；②对他人的积极评价，即认为对方是值得同情和帮助的人；③自我概念，即对自己是什么样的人有确切的认识，才有可能对与自己相似的人作出反应。自我概念影响移情，移情在某种程度上是从自我到他人的延伸。缺乏精确的自我概念，就难于以助人的方式扩展自我的界限。

（4）从动机、目的转化为行动，还受其他因素的影响，其中起主要作用的是能力，如果一个人感觉不到有达到目的的可能性，不仅不会采取行动，

---

① ［美］R. M. 利伯特等. 发展心理学. 刘范等译. 北京：人民教育出版社，1983（摘录有删改）.

甚至连目的也不可能被激活。有三种能力是非常重要的，这就是：①对能成功地达到目的的一般估计能力；②在特定条件下，制订行动计划产生行动指导的能力，以及在紧急情况下迅速决策的能力；③以某种方式行动的特殊技能，比如游泳是抢救落水者的必要条件。此外，如果机会可能错过或者别人的需要不明显时，迅速决策的能力和知觉他人需要的能力也是重要的。但是，这些都是服务于动机的，没有动机源，只有它们是不能产生利他行为的。

斯陶布的社会行为理论对助人行为的内部机制（如价值取向、目的冲突、移情、能力）作了较全面的揭示，提供了一个分析和预测亲社会行为的方法或思路，但其中有许多相互制约的具体问题仍有待研究。

### 4. 包若维奇的"动机圈"理论

苏联心理学家包若维奇（1908—1981）在长期研究学生学习与纪律行为动机的过程中着重探讨了儿童"动机—需要"的结构系统及其发展的层次，并于1972年发表了《论儿童动机圈的发展问题》一文，提出了动机圈（motivational sphere）的理论。这个理论认为："人的个性特征和品质、体验和价值观、世界观和信念、榜样都依赖于人的动机和需要。因此'动机—需要'区能够成为中心，其余的个性特征都在它的四周形成结构。动机圈是一种复杂的构形。其中包括的一些动机不仅在内容方面各不相同，在随意性和体现性的水平方面也是有区别的。动机可以是随意的、直接呈现的和以通常的意图为中介的，还可以是有意的和无意的。各种动机在谱系结构中的地位也不一样。在动机结构中有偶然的、情境性的动机，也有稳定的、经常活动的动机。在稳定的动机中还有时常控制、压抑其他需要和意向的动机。"①

动机圈理论认为，个性（人格）是一种以"动机—需要"为中心，周围排列着各种个性品质的完整结构。个性品质是较为稳固的动机和为满足动机而掌握的行为方式的统一体。任何一种品质（如勤奋、正直、诚实、组织性等）都是完整个性的组成部分，其性质是由形成中的"动机—需要"来说明的。人的个性倾向、道德面貌在很大程度上取决于统领整个动机圈的、占优势的、具有随意性的动机，其最高发展形式是青少年开始形成的、能使人变得更加自觉主动的信念与理想。由于新需要的产生可以导致新品质的形成，故他们主张德育首先是需要培养的，而从少年时期开始加强集体主义、道德理想、道德信念和世界观的培养尤为重要。②

---

① ［苏］A．B．彼得罗夫斯基．年龄与教育心理学．北京师范大学教育心理学教研室译．北京：北京师范大学出版社，1980.

② 章志光．学生品德形成新探．北京：北京师范大学出版社，1993.

### （二）我国品德发展的研究

#### 1. 我国古代思想家的品德思想

我国古代思想家在品德的形成和发展思想上，提出两种不同的观点，即内求说和外铄说。

（1）内求说。这一观点认为，人的品德生来就存在于自己的心中，只需向内心去求，就可以得到它们。孟子明确地提出："仁义礼智，非由外铄我也，我固有之也，弗思耳矣。"[①] 在他看来，人生来就具有恻隐、羞恶、辞让、是非这"四端"，如果将这四个"善端"扩而充之，就会产生仁、义、礼、智等道德品质。历代有不少思想家都持此种观点，特别是宋代、明代理学家和心学家，可以说是彻底的内求论者。在他们看来，品德的形成就在于明理。"学者不必远求，近取诸身，只明天理，敬而已矣。"[②] 天理就在心中，"心皆具是理，心即理也……所贵乎学者，为其欲穷此理，尽此心也。"[③] 可见，品德的形成，全靠对本心的体认，是内求心中之理的过程。

（2）外铄说。这个学说认为，人的品德并非内心所固有，只有在外界条件的影响下才能得到它们。例如，荀子就认为，具有高尚品德的"君子生非异也，善假于物也。"[④] 亦即"终日而思"的内求式学习不会有什么结果，只有"善假于物"的外铄式学习才会使人受益无穷。因而他很强调环境和教育在培养德行中的作用，主张"居必择乡，游必就士"。此后历代不少思想家都赞成这一观点。例如，王廷相就认为一个人的学问、道德的成长，应从"实践处用功，人事上体验"[⑤]，因而进一步肯定："诸凡万事万物之知，皆因习、因悟、因过、因疑而然，人也，非天也。"[⑥] 也就是说，人的知识、品德是在人的社会实践活动中通过学习和思考，通过自己对错误的改正和疑惑的解释来获得和形成的。

应该指出的是，内求说和外铄说并非是绝对对立的，它们都肯定先天因素是品德赖以形成的前提，重视环境和教育在品德形成中的作用，不过是着眼点不同罢了。

---

① 《孟子·尽心上》.
② 《程氏遗书》卷二.
③ 《陆九渊集·与李宰》.
④ 《荀子·劝学篇》.
⑤ 《与薛君采》.
⑥ 《雅述》上篇.

除此之外，我国古代思想家在人性问题上以及修身养性、躬行践履的思想也是十分丰富的，他们对品德形成的心理成分的论述也是不少的。例如，孔子非常强调道德认识（所谓"识道""知明"）对一个人的道德行为所起的作用。孔子认为，有了认识才会有坚定的信念，所谓"知者不惑"[1] 是说认识乃是人的道德行为的前提。在道德情感上，孔子提出了"仁"，他一方面要学生懂得"爱人"和"克己复礼"的道理，另一方面又要学生怀有"爱人"和"克己复礼"的情感。孔子还以《诗经》作为教材，以培养学生"兴""观""群""怨"等各种复杂的情感。在道德意志的培养上，孔子要求学生树"远大""高尚"之志，要求他们"志于仁""志于学"，并勉励学生说："三军可夺帅也，匹夫不可夺志也。"[2] 他认为一个人只有志向崇高，他的道德行为才不会迷失方向。我国古代思想家还认为，要利用艰苦的环境条件来磨炼自己的意志。一个人必须经过"苦其心志，劳其筋骨，饿其体肤，空乏其身"[3] 的艰苦锻炼，才能担当起"大任"，干一番事业。孔子也重视道德行为和道德习惯的培养。他认为，"力行近乎仁"[4]，并指出要做个"躬行君子"很不容易。这是强调道德实际表现的重要性。孔子还讨厌"色取仁而行违"[5]的两面作风，要求学生正确对待自己的缺点和错误，要求学生勇于改过。

王守仁也重视学生道德认识的提高，他明确指出，"今教童子"必须"讽之读书，以开其知觉"[6]；王守仁把诗歌、音乐作为陶冶学生道德情感的手段，他认为诗歌教育能使学生涵养德性，不受"邪僻"思想情感所侵犯。他还强调行为锻炼的重要，提出"今教童子"应"导之习礼，以肃其威仪"[7]。

总之，我国古代思想家的品德教育思想是十分丰富的，是对当时的道德教育实践所作的经验概括，影响极为深远，其中不少思想家的观点是值得我们加以吸取和发扬的。

### 2. 我国现代品德心理研究

（1）"品德动力系统结构"的新设想。

北京师范大学心理系章志光教授与他的合作者先后进行了近20项有关品

---

① 《论语·子罕》.

② 《论语·子罕》.

③ 《孟子·告子下》.

④ 《中庸》第二十章.

⑤ 《论语·颜渊》.

⑥ 《训蒙大意示教读刘伯颂等》.

⑦ 《训蒙大意示教读刘伯颂等》.

德的实验研究，提出了"品德动力系统结构"的新设想。① 其主要内容是：

品德结构可以从生成结构（generating structure）、执行结构（performing structure）和定型结构（stereotyped structure）三个断面或维度上去进行探讨。当这些结构和宏观的社会环境及微观的群众环境（包括人际关系、教育方式等）发生关联或相互制约时，就构成了一个包括品德机制在内的大的社会动力系统（social dynamic system）。

所谓"生成结构"，并非指生来就有的结构，而是指个体从非道德状态过渡到开始出现道德行为或初步形成道德时的心理结构。众所周知，儿童在出生后的前几年就有基础需要，简单的认知、情绪，也有行为，且都在发展，但就其社会性来说还是非道德的（nonmoral）。儿童最初表现出某些似道德行为或道德性，是他们与周围环境相互作用、适应社会生活及人际关系而产生的，也是成人社会以各种直接或间接的方式（如榜样、常规要求、故事晓喻、劝说、诱导、期望、品评他人等）将道德规范转交给他们，他们在此基础上通过多种途径进行学习并将某些准则加以内化的结果。

所谓"执行结构"，是指个人在道德性生成结构基础上发展起来的、更有意识地对待道德情境，经历内部冲突、主动定向、考虑决策和调节行为等环节的一种复杂的心理过程及其结构。它既表明个人日常处理道德问题时的一般心理空间状况，又说明由简单的道德性向品德形成过渡的一种形式。

所谓"定型结构"，是指个体具有品德（道德品质）的心理结构。道德行为可以是情境性的（situational），也可以是倾向性的（dispositional）。前者更多受外部特殊情境及内部不稳定因素驱使而发生，因而不经常、不一贯；后者则不同，它是内部由于先期影响而形成的某种比较稳定的道德心理结构，即定型结构的表现，所以带有恒常性。品德是较稳定的道德性。如果我们了解到一个人具有某种品德（如助人为乐、急公好义、言而有信、宽大为怀等），也就可以预期他在通常或更多的情况下必然会做出某些特定的道德行为。

上述三种心理结构是品德形成过程中相继出现的不同形式，但又是彼此包括、相互渗透的统一体。如果前一种结构的形成为后一种结构的出现做好了铺垫，那么后一种结构的形成则是前一种结构因素、序列的发展和功能的跃进。

对上述结构的探析不仅有助于了解品德形成的动态过程，而且有助于进一步研究结构内部各种心理成分在内外条件下的发生、发展及其在品德形成

---

① 章志光. 学生品德形成新探. 北京：北京师范大学出版社，1993（摘录有删改）.

中的地位、作用和相互制约的关系。这是关于品德结构与动力系统的一种构想。这种构想是否合理有待于长期、多方位的实验研究加以检验，或者通过修正使之得到发展，或者予以推翻。不管结论如何，它都将促使我们深化对品德结构的认识。

（2）道德认知发展研究。

上海师范大学教育管理系李伯黍教授同他的合作者在全国范围内协作进行了一系列道德认知发展的研究。他的研究主要分五大类：

第一，检验皮亚杰的模式，同时对它进行一定的修正和发展。皮亚杰关于儿童道德判断研究的每一课题，几乎都被世界各国的心理学者重复验证过。验证的结果表明，皮亚杰的结论具有普遍性意义。由于皮亚杰的研究对条件控制不太严格，大多数为自然状态下的观察，研究设计上也不周密，实验环境的安排带有随意性，所得出的数据也未作统计检验，为此，李伯黍等在研究设计上把实验的情境加以周密的组配，根据组配表编制对偶的故事，用这些故事测验儿童。然后对研究的数据进行统计处理，把质化为量，把抽象化为具体，把主观化为客观，这样说明性就增强了。这是对皮亚杰研究方法的改进。

第二，关于中国儿童青少年道德观念的发展研究。李伯黍等先后在儿童的公私观念、集体观念、友爱观念、分享观念、利他观念以及儿童的责任观念、爱国观念、公益劳动观念、爱劳动观念和对社会关系的方面研究了我国儿童青少年在道德认知发展上的特点。

第三，儿童青少年道德认知发展的跨文化研究。他们在公正判断、惩罚判断、公私判断、行为责任判断等道德发展上进行了民族差异的研究。

第四，影响儿童青少年道德认知发展的因素研究。李伯黍认为影响道德发展的核心因素是认知，当然，社会的、文化的、种族的、性别的、宗教的以及教育和训练等因素都对儿童青少年的道德认知的发展有着重要的影响。

第五，关于品德结构的研究。李伯黍等认为品德结构是一个统整的道德价值结构。心理学意义上的道德价值观念具有知、情、意、行四个方面的特性。一个人赋予某一道德规范以价值，首先必须对它有一定的了解，甚至对它加以审慎地考察才能成为他的道德价值观念。其次，如果真正赋予某种社会道德规范以价值，他就会对它有一种满意感。再次，一个真正的道德价值观念应该是在行动上愿意受它的指导，并且作为一种生活方式去反复履行它。由此可见，道德价值概念能较好地反映道德现象的本质。

道德价值结构的统整性就其内容和形式的相互作用来说，反映着道德结构的内容发展到一定程度时，便会引起标志着道德思维、道德情感和道德决策的形式上的变化；而一旦反映着品德结构的形式发生阶段性的变化时，整个结构的内容就会具有相应的新的内容。

根据初步的探索性研究，他们认为，道德价值结构是人们进行道德判断、道德推理和道德行为决策的基础，并兼含知、情、意、行四个方面的意义。所以，学校道德教育应该着重促使儿童青少年发展一个既具有丰富而正确的道德内容，又具有较高道德推理形式水平的道德价值结构，并使之得到有效的应用。

### 三、学生良好品德的培养

品德不是与生俱来的，它是学生在后天的社会环境与教育影响下，通过自己的道德实践逐渐发展起来的。中小学生具有良好的品德，不仅可以促使他们在当前更加努力认真地进行学习、锻炼，更和谐地在群体中生活、成长，而且也会使他们在将来更加自觉地从事社会主义的建设事业，为推动人类社会的进步作出积极的贡献。教育工作者应如何培养学生良好的品德呢？

1. **定势的建立与意义障碍的消除**

在学校教育的实践中经常看到，同样的教育措施在不同的学生身上往往有不同的反映和效果。这是什么原因呢？原因之一就是与定势现象有关。定势是一种心理准备状态，是人对当前事物的反映受先前经验、观点的影响而产生的心向。也就是说，人对外界事物的反映不是像镜子那样进行直观的反映，人脑中先前一些经验、观点、动机、需要总是会影响着当前的反映。因此，人对外界事物的反映是有准备的、有倾向性的，是经过加工改造的。例如，一个学生小学毕业了，考上了某一中学，如果这个学生入学前就听哥哥、姐姐或邻居的同伴说，王老师真好，他热爱学生、讲课生动，为人热情、和蔼，那么学生入学后就对王老师有好的印象，就容易接受他的教育和要求。如果听说李老师厉害、偏心，动不动就批评人，那么学生就会产生害怕李老师或情绪对立的心理。教育实践表明，运用好定势规律，有利于提高教育效果。教师在开学或接任初期，应妥善处理好最初几件事，如上好第一节课；重视与学生的第一次见面与谈话；处理好第一次课堂偶发事件；批改好第一次作业；带好第一个班；转变好第一个后进生以及做好第一次家访……在学生心目中形成积极的定势是很有必要的。教师有了威信，那么学生对教师的教育就容易接受。学生若认为这个老师好，内心对老师充满钦佩，他们对老师的教导就爱听，而且乐意按老师的要求去行动。这就是教师给学生建立的定势。

在学校教育的实践上还会发生另一种现象：有时学生领会了某些道德要

求，却不能见诸行动，或有对立情绪，严重时甚至拒绝接受来自这个教育者的一切要求。这又是什么原因呢？心理学研究表明，这是由于学生身上出现了某种"意义障碍"。意义障碍是指心理因素阻碍了学生对道德要求和意义的真正理解，从而不能把这些要求转化为自己的需要。意义障碍产生的原因有：第一，要求不符合学生原有的需要。比如，学生爱玩弹弓而老师不让玩，由于学生有这种需要，即使被没收了弹弓，他还是会玩其他的，硬性制止就容易产生意义障碍。第二，要求过于频繁而又不严格执行。第三，由于学生经验的局限，对要求产生误解。第四，要求太强制，触犯了学生的个性和自尊心。第五，要求或处理问题不公正，学生有反感。第六，由于老师言行不一，不能以身作则，因而对老师产生不信任。由此可见，消除意义障碍，解除对立情绪，使学生与老师之间相互了解和信任，有利于提高教育效果，有利于学生品德的形成。

### 2. 生动具体、形象鲜明地讲解道德概念

学生对道德知识的掌握，常常是以道德概念的形式表现出来的，它是道德认识的理性阶段。道德概念是社会道德一般的、本质的特征的反映。掌握道德概念对于品德的形成有着十分重要的作用，它是品德形成的基础。对善恶、是非的界限分不清，会导致行为的摇摆；对执行准则的意义认识不清，则会产生意义障碍。学生掌握了道德概念，就能够根据道德概念去行动，并以一定的道德准则去评价自己和别人行动的是非、善恶；学生掌握了道德概念，就能够概括地认识什么是道德的，什么是不道德的，分清善与恶、美与丑、是与非、公正与偏私、诚实与虚伪、勇敢与冒险、正义与邪恶的界限，就能辨明道德的善果与不道德的恶果，从而知道应该怎样在自己的行动中实行道德准则。因此，教师应该重视对学生进行道德概念的教育。道德概念一般是概括抽象的，在讲解道德概念时要生动具体、形象鲜明。例如，在讲解"礼貌"一词时，不能停留在"礼貌是一个人的语言、动作所表现出来的谦虚和恭敬"这种概念上，还必须生动具体和形象化。比如，在语言上，请求别人给予帮助时，要说"请"；称呼长辈或为了表示对人的尊敬，要说"您"；当别人给了方便或给予帮助时，要说"谢谢"；听到别人道谢时，要说"别客气"；给别人添了麻烦或无意中碰撞了别人时，要主动说"对不起""请原谅"；当别人对自己表示歉意时，要说"没关系""不要紧""没事"；早晨见面问声"您早"；午后见面问声"您好"；分别时别忘了说声"再见"。这些就是语言上对人表现出来的尊敬、谦虚的具体化。在行动上，要教育学生：进门要喊"报告"或敲门；到别人家里去，要得到主人允许方可进入；在公共汽车上见了老、弱、病、残、幼者要主动让座；在公共场所看完电影或球

赛后要让路；骑车要礼让；别人讲话时，不要打断；家里来了客人要起立，招呼"请进""请坐"，并倒茶递水双手捧上，热情招待……只有这样生动具体、形象鲜明、联系实际地讲解道德概念，学生才可能注意听、容易懂、记得牢、用得活。此外，学生日常生活中如果形成了不正确的道德概念，教师要用正确的概念去纠正。比如，有的学生把勇敢看成是敢于跟老师顶撞，教师就应该引导他们懂得勇敢的正确意义。

### 3. 激发和培养道德情感

品德的形成必须要有道德情感的参与。道德情感是一个人对于别人和自己的行动举止是否符合社会道德要求所产生的内心体验。有经验的教师总是善于激发学生积极的道德情感，去推动他们履行社会所要求的道德义务。这是因为在道德认识上渗透了情感的因素，有情感，认识才可能深刻与持久。学生有了一定的道德情感，才可能推动他们产生一定的道德行动。一个对班集体有强烈感情的学生，会自觉地为班集体做有益的事情，处处维护班集体的荣誉。

那么，怎样激发和培养学生的道德情感呢？

首先，要创造一种情境，教师用自己的情感去感染学生。比如，在歌颂英雄模范人物的忘我劳动和他们对敌斗争的坚强意志时，教师要有感情，才能激发学生的感情。有的教师在讲述和朗诵《周总理，你在哪里?》这首诗时，充满了爱、敬、悲的情感，因而引起了学生对周总理的无限怀念、无限尊敬和悲痛，激起了学生学习周总理热爱祖国、热爱人民的思想感情。此外，教师有表情地评价学生的思想品德，也同样能起到培养学生道德情感的作用。比如，在谈论一个学生维护集体荣誉的行为时，教师给予赞许的语言和表情，不仅能使那个学生感到欣慰、愉快，同时也使其他学生产生羡慕、尊敬的情感。同样，在讲述一个学生不守纪律、破坏集体秩序的行为时，教师对那个学生的批评能使不守纪律的学生感到惭愧和不安，也能使其他同学感到不满。

其次，提供必要的知识，丰富学生有关的道德认识。正确的认识必然会产生正确的情感，认识的改变也必然会引起情感的改变。同时要培养学生用理智战胜情感的能力，不要让情感支配理智。

再次，开展有意义的教育活动。活动是产生多种多样情感的重要途径，也是巩固学生新的情感的重要方式，在活动中也可以消除某些消极的甚至有害的情感。例如，要克服惧怕的情绪，只有在锻炼勇敢的实践活动中，才能收到预期的效果。

在培养学生道德情感时，还要注意消除不健康的情感。因个人或集体的成就而感到高兴，因一时的挫折失败而感到难过是十分自然的，但因此而在别人面前得意忘形、趾高气扬或垂头丧气、愁容满面，就很不应该。对同学幸灾乐祸或有嫉妒心，则是不恰当的情感。教师应当指出这类消极情感的错误和影响，从而把学生的情感引到正确的轨道上来。

### 4. 抗拒诱惑，增强道德意志的能力

意志在道德认识转化为道德行动的过程中起着重要的作用。有的学生有了道德认识，也有道德行动的愿望，但由于意志力薄弱，不能做出相应的行动。有的学生虽然也能付诸行动，但由于缺乏毅力或不能抗拒诱惑，因而不能持之以恒。锻炼学生的道德意志就是要使学生养成控制和调节自己行动的习惯，以自己的道德意志去克服内外干扰。一种比较稳定的道德意志一经确定之后，人们往往不以外部环境的影响为转移，而以内部的道德意志来调节自己的行动。这时学生的品德形成过程就由外向的传导过程转化为内向的传导过程，从由客体到主体的转变转化为由主体到客体的转变。这时学生的道德品质就有了提升。

心理学的研究说明，外部诱因和不良动机的诱惑往往是产生不道德行为的重要原因，因而良好品德的形成是与抗诱的意志力增强分不开的，而这种抗诱的能力是可以培养的。因此，教师在训练学生的道德意志，增强抗拒诱惑的能力时，应注意三点：第一，提供道德意志的榜样，激发锻炼意志的愿望。第二，组织道德行为练习，提高自制和抗诱惑能力。比如，有的教师坚持组织学生冬天早晨锻炼（如长跑）以培养学生的意志。第三，有针对性地进行意志能力的培养。比如，对胆小的学生培养他勇敢的精神；对优柔寡断的学生培养他果断的品质。又如，有位教师约好一个爱打架的学生上公园，当师生来到公园时，老师说，今天来公园的任务是专找打架的场面去劝架。这样做取得了良好的效果。这种有针对性地抗拒诱惑的练习，不仅使学生改掉了不良行为，而且从中养成了良好的品德。

### 5. 行动习惯的养成与奖惩

学生品德的形成，除了要提高学生的道德认识、激发学生的道德情感和锻炼学生抗拒诱惑的意志力外，还要养成学生良好的道德行动习惯。"晓之以理，动之以情，持之以恒，导之以行"，是在品德教育上四个互相联系、缺一不可的环节，而"导之以行"，即道德行动习惯的训练，则是更为重要的一环。人的道德面貌是以行动举止来表现和说明的，也是在实际行动中形成和发展的。道德行动及其习惯，是受道德认识、情感、意志支配和调节的，同时，道德行动对道德认识的巩固和发展，对道德情感的加深和丰富，以及对道德意志的锻炼又起促进的作用。品德的形成，关键就在使道德认识转化为相应的行动习惯。因此，道德行动习惯的养成，对品德的形成具有重大的

意义。

习惯的养成方式有：

第一，专门组织开展行为习惯训练的练习性活动，创设重复良好行为的情境，排除重复不良行为的机会，响应"培养一个好习惯，改掉一个坏习惯"的口号。

第二，提供良好的榜样让学生去学习。榜样是社会道德规范和道德标准的化身，要提高学习榜样的教育效果，必须启发学生认识榜样的本质，并引导学生联系自己的行为，用道德榜样及其所体现的原则衡量对照自己的行动。

第三，行为习惯要从早抓起，从小事抓起。

第四，与坏习惯作斗争，消除习惯性、惰性障碍。

第五，以创设班集体良好作风来培养每个学生良好的行为习惯。

行动习惯的养成，起初是需要强化的，奖惩褒贬就是道德行动习惯外部强化的基本形式。心理学研究表明，奖惩的效果是相对的，它取决于许多因素：第一，学生受奖惩的历史。一般来说，赞扬比指责的效果要好，如有的后进生，平时受的指责、批评较多，一旦有好的表现，及时受到了表扬，就特别容易感动。一个平时多次受表扬的学生有了过失，教师如果对他迁就原谅，采取"隐恶扬善"的态度，就会对他的品德产生不良影响；教师若从善意出发，进行一次严厉的批评教育，往往胜于过去十次表扬。第二，不轻易批评或表扬的老师，偶尔一次表扬或批评的效果大。第三，评论者是否有权威，会影响批评或表扬的效果。有权威者的表扬，能引起学生的愉快和自豪，促进学生进一步努力；有权威者轻微的谴责和批评，也要比威信差的教师所作的较为严厉的处罚更能引起学生的强烈反应，促使他们较快地改正缺点。第四，师生关系是否融洽，也影响批评或表扬的效果。师生关系好，就是批评也能起到表扬的作用；师生关系紧张，即使表扬，学生也会有疑虑。此外，奖励与惩罚的效果还取决于教师对评价的态度。教师对学生的评价要客观、公正、合理；评价要及时，不要拖得太久；评价的手段要使用适当，不要太频繁；评价要注意年龄特点和个性差异。只有正确、适时地利用奖惩，才能有利于学生道德行动习惯的养成。

### 6. 利用良好的集体舆论和作风

教育工作的实践证明，良好的集体和集体舆论对于学生品德的形成作用很大，集体的好坏直接影响到学生思想品德的优劣。一个优秀集体可以促使学生确立正确的价值观，提高道德行动的自觉性，形成集体的责任感、荣誉感，树立为人民服务的观点和先公后私、公而忘私的优良品德。学生在良好风气的熏陶下，在正确的舆论的影响下，可以相互学习、相互模仿、相互竞赛。健康的舆论可以成为促使学生产生良好行动或消除不良行动的一种巨大力量。从心理学的观点来说，在健康的舆论影响下，学生心理上那些属于优良思想品德的条件反射，可以及时地得到强化；而那些不良的条件反射则可以及时受到抑制。

为了培养良好的集体舆论和作风，教师应当在集体中树立具有优良品德和作风的先进榜样。中小学生都具有模仿、好胜、自尊心强的特点，他们在榜样的指引下，能更快地促进优良思想品德的形成。

### 7. 教师和父母模范行动的感染作用

实践证明，教师和家长的思想进步、作风正派、态度诚恳谦逊、不怕艰苦、处处带头、以身作则这些良好的思想品德，会在日常生活中深刻地感染学生。一个教师，除了善于组织班集体，进行思想品德教育和有良好的教学艺术外，他本人的思想言行，也是学生学习的榜样。学生往往自觉或不自觉地模仿他们所尊敬的老师的言语行动，接受他们的思想观点，教师的情感能变成学生的情感，教师的意志性格也能变成学生的意志性格。因此，学生品德的形成和培养，不可忽视教师和父母的表率作用。

### 8. 针对学生的特点进行品德教育

第一，要注意历史条件不同的特点。

当代小学生身处市场经济时期，有着时代赋予的创新精神，他们比较不盲从、不迷信、思想解放、遇事爱思考。但是，现在的学生最大的特点是没有受过旧社会的苦，同时又深受西方享乐主义思想的冲击，抗腐能力比较薄弱。因此，品德教育要注意以上特点，采取有效的措施，才能收到预期的效果。

第二，注意学生的年龄特点。

由于小学生形象思维占主导地位，在讲解道德概念时就要用形象化的语言、生动具体的事例来作比喻。小学生注意力的稳定性较差，因此，品德教育的活动时间不宜过长，而且形式要多样，富于趣味。教师必须用充分的事例，严密的逻辑推理来阐述道德概念。在教育的内容上，也要注意学生年龄的特点。如进行爱国主义教育，就要按不同年龄提出不同要求，规定不同的内容。对小学低年级学生要从培养他们爱父母、爱故乡、爱学校、爱首都、爱国旗着手；对小学高年级学生就要进一步使他们懂得：祖国地大物博，人口众多，是一个多民族的国家，各民族大团结是社会主义建设的可靠保证。到中学时就要对学生进行"没有共产党就没有新中国、社会主义优越性、只有社会主义才能救中国"的教育，以及爱国主义与国际主义相一致的教育等。

第三，注意不同气质类型的学生的不同特点。

气质类型是指人的心理活动发生的强度、速度、可塑性和指向性等特点的典型结合。不同气质类型的学生有不同的表现，他们都有既容易形成某些好品质又容易形成一些不良品质的特点。为了说明问题，请看下表：

**不同气质类型对照表**

| 高级神经类型 | 气质类型 | 表　现 | 易形成的好品质 | 易形成的不良品质 | 教育中应注意的事项 |
|---|---|---|---|---|---|
| 强而不可遏制型 | 胆汁质 | 精力充沛、充满热情、易怒、动作激烈、情感难以控制 | 勇敢、爽朗、有进取心 | 粗心、粗暴 | 不要轻易地激怒他们，要设法培养其自制力 |
| 强而平衡灵活型 | 多血质 | 热情、活泼、好动、愉快、感情变化快、动作敏捷 | 活泼、机敏、有同情心、爱交际 | 轻浮、不忠实、不诚恳 | 教育他们养成扎实专一、克服困难的精神，防止见异思迁 |
| 强而平衡迟钝型 | 黏液质 | 安静、沉着、冷静、情感发生慢、动作迟缓而不灵活 | 稳定、坚毅、实干 | 冷淡、固执、拖拉 | 要耐心，容许他们有考虑与作出反应的足够时间 |
| 弱型 | 抑郁质 | 敏感、怯懦、优柔寡断、容易郁闷、体验丰富、动作缓慢无力 | 细心、守纪律、富于想象力 | 多疑、怯懦、缺乏自信心 | 要更多地关怀、体贴他们，不要在公开场合指责他们，对他们的要求不要过高 |

第四，还要注意个别学生所具有的心理特点。

比如，有的学生抗拒诱惑的能力差，容易受人唆使去干坏事，教师要培养他们判断是非善恶的能力；有的学生固执己见，不听他人的劝告，教师就要从培养意志的自觉性着手；有的学生胆小怕事，感情脆弱，教师就要多讲些英雄的战斗故事，培养他们勇敢顽强的意志；有的学生急躁粗心，教师就要设法让他们做些需要细心才能做好的工作，培养他们的克制精神或自制力。

品德教育不仅要因人而异，而且还要因地制宜，要考虑自己的学校是在城市还是在农村，是中学还是小学，是在工厂区还是在市民区或机关区，以及学生所在的社会环境和家庭环境。善于从实际情况出发，进行品德教育，才能收到预期的教育效果。

综上所述，学生品德的形成过程，就是对青少年儿童进行知、情、意、行的培养过程。良好的集体和教师的模范作用是培养学生优良品德不可缺少的重要因素。

# 第六节　小学生的问题行为及其矫治

## 一、儿童问题行为的研究

许多父母和教师都曾因儿童的一些行为而烦恼，如有的儿童对学习没有兴趣，上课时候小动作不断，讲闲话，做鬼脸，下课时哄哄闹闹，经常出乱子，严重的甚至发展为逃学、说谎、欺骗等品行性问题行为；有的儿童沉默寡言、孤僻离群；有的儿童则敏感多虑、胆怯怕事，经常处于紧张状态，严重的会发展成情绪性行为……虽然有这类行为的儿童是少数，但常常给学校、社会、家庭带来许多麻烦。

儿童的问题行为不仅扰乱集体的安宁，更重要的是，由于儿童处在个性和世界观形成的关键时期，所形成的行为将会影响到以后的身心发展。如从小退缩怯懦，长大后往往缺乏勇气和自信心；从小惯于说谎或欺骗，到成人时也难以诚实。对那些品行性的问题行为不及时矫正，往往导致品德不良和犯罪；对那些情绪性的问题行为不注意改善，有可能发展成精神性的行为异常。

值得重视的是，有不少家长和教师对儿童问题行为缺乏科学的认识，因而在对待问题行为的态度和处理方法上，往往是不恰当的，如感情上的厌恶，方法上的简单粗暴等。这不仅不能使问题行为得到改善和纠正，相反会使问题行为加剧发展和恶化。因此，从心理学的观点探讨问题行为的产生及其形成的原因、矫正途径和与此有关的一些问题，是很必要的。

### （一）什么是问题行为

什么是问题行为？儿童的问题行为，是指那些阻碍儿童身心健康，影响儿童智能发展，或给家庭、学校、社会带来麻烦的行为。问题行为是和正常行为相比较而言的。在行为的发生和行为的机制上，两者并无明显的区别。确定是否属于问题行为涉及判断问题行为的标准，而这种标准的制定是受各种因素的制约和影响的。因此，判断儿童的行为时，要持慎重态度，特别要注意下述几点：

第一，年龄阶段、社会要求与问题行为。家庭、学校、社会对儿童发展的不同时期有不同的要求，而儿童的生理、心理和行为表现在不同的发展时期也有不同的特点。因此，要确定哪些属于问题行为，只能把所表现的行为与该年龄阶段的正常发展状态以及家庭、学校、社会的合理要求联系起来进行比较，才能作出比较合乎实际的判断。如，活泼好动是学前期儿童的正常行为，如果12岁的初中生在上课时，经常不专心听课，不断地做小动作，或学前期儿童不爱活动、沉默寡言，这就是不符合年龄阶段正常发展的行为。此外，社会历史时期不同，社会形势、社会风气和文化条件不同，社会行为准则不同，评定的标准也有差别。

第二，问题行为的普遍性、偶然性和稳定性。国外许多心理学家曾做过问题行为在学校中具有普遍性的估量研究。美国一个县城的教育部门，曾根据教师对学生问题行为的鉴定做过一个调查。结果是在不同的学区中，小学生和初中生在情绪上严重失调的比例是5%～35%。在这些孩子中，有30%不能与同学和睦相处；25%好吵架，不能完成作业；24%不合群，脱离集体；16%神经过敏；15%注意力极为分散，其中还有较小的比例属于抑郁和小心谨慎，对学习无兴趣等。如果把衡量问题行为的标准从情绪上严重失调、妨碍身心健康等方面扩大到缺乏积极性时，则问题行为的比例也就随之大大地增加。在一个四年级班的调查结果中，55%的儿童都被列入有问题行为的范围。这一调查研究说明，绝大多数的儿童都会有一定程度的情绪问题、社交上不适应和学习上困难的烦恼，即存在着或多或少的问题行为。但这类问题行为的程度不严重，往往是暂时的、偶然的，经过教育是能及时矫正的，因而这样的行为不足以构成真正的问题行为。只有那些在儿童行为中经常表现出来的，比较稳定的，扰乱性较大的，对学习效率影响较严重，需要作耐心、长期教育的行为，才属于真正的问题行为。

第三，问题行为与犯罪行为、变态行为。问题行为与变态行为、犯罪行为有区别，但也互相渗透。问题行为主要是在不良的环境和教育影响下形成的，其中那些影响课堂秩序和集体活动的惹麻烦行为，如小动作、不遵守纪律，以及那些由于情绪上和社交上不成熟所引起的忸怩、缺乏信心、打人、骂人等行为，则会随着儿童生理上的成熟和心理水平的发展、认识能力的提高、行为控制能力的增强而逐渐减少。教育实践证明，年级愈高的学生课堂扰乱的现象愈少。那些不符合社会行为规则的或称之为品行上的行为，在成人正确引导和教育下，相对来讲是比较容易矫正的。

犯罪行为是从法律的观点来判定的，即是违反法律的行为。与问题行为相比，犯罪行为的稳定性和严重性的程度都较高，在一般的教育条件下难以取得良好的效果。但问题行为与犯罪行为是有关联的，前者往往是造成后者的前奏。从心理卫生和精神病学的角度来衡量，行为有常态与变态之分。变态行为多半起源于心理失常所造成的行为异常，在临床上有一定的病理症状。但变态与常态行为之间无质的区别，只有程度上的差异。因此，由情绪障碍或性格异常等心理因素所引起的问题行为，如退缩、神经过敏、孤僻等，如果不采取适当的教育和积极的引导，在一定的条件和诱因下，也可能导致心理失常和行为变态。

### （二）问题行为的分类

国内外心理学家根据问题行为的种种表现，从不同角度提出不同的分类看法。

早在19世纪20年代，美国心理学家威克曼用问卷法，在"学生的行为和教师的态度"研究中把问题行为分为扰乱性的（如破坏课堂秩序、不遵守纪律、不道德等）和心理性的（如退缩、抑郁、精神过敏等）两类。之后，许多心理学家的研究与威克曼的提法大致相似，把问题行为分为品行性和性格性两类。

美国心理学家奎伊（1956）认为，除上述两类外，还存在着青年早期表现出来的在情绪上和社交上的不成熟，如活动过度，低趣味，缺乏信心，注意力不集中等，应作为问题行为的第三类。

日本心理学家大泽赖雄（1970）则把问题行为分为五类：神经性行为，由心理原因引起，如咬指甲、抽搐等；人格问题上的行为，由不良的性格特征引起，如反抗、粗暴、说谎等；智力活动上的行为，如智力不能适应学习、学习成绩不良、逃学等；精神病行为，由精神病引起的行为异常；社会性行为，如不良品行和犯罪行为。

到目前为止，对儿童问题行为的分类颇不一致。我们认为，问题行为是指那些阻碍儿童身心健康发展或是在集体中惹麻烦的行为，属于需要进行教育和矫正的范围，与犯罪行为和变态行为有所区别。我们在小学的调查材料表明，从儿童行为表现的主要倾向方面进行分类比较符合实际情况。现试分为以下两类：

一类为外向性的，即攻击型的，表现为活动过度，行为粗暴，上课不专心，不遵守纪律，不能跟同学友好相处，严重的还有逃学、欺骗和偷窃。另一类是内向性的，即退缩型的。这类细分起来又有两种不同的表现形式：一种是沉默寡言，胆怯退缩，孤僻离群，不易适应新环境；另一种是性格温顺，但神经过敏，烦躁不安，过度焦虑，白天稍不如意，晚上就会做噩梦、讲梦话、失眠等。

从客观影响上看，攻击型的行为扰乱别人，具有捣乱性和破坏性，经常惹起麻烦，为教师和家长所厌恶；而退缩型行为则以消极的、顺从的、依赖成人的形式表现出来，对集体活动或集体纪律的干扰不明显，甚至无任何影响，不容易被成人所注意，但从真正的危害性上看，退缩行为对心理的健康发展和智能效率的影响要比攻击型严重得多，而且往往是造成各种适应不良的预兆。因此，按问题行为的后果和影响程度来说，退缩行为较之攻击行为更应引起重视。

### （三）问题行为的成因

为什么会产生这样那样的问题行为呢？问题行为产生的心理因素又是什么呢？要理解这一问题，需要从行为的机制、产生行为的动因和条件等方面进行分析。

问题行为和其他任何行为产生的机制一样，是对客观情境的反应。诚然，人们对内外环境的刺激作出反应时，还有赖于对环境的认识、看法和态度，因而行为会因不同情境和身体状况而作出不同的反应。动机是促使个体做出行为的原因，是与满足某种需要有关的活动动力，是需要的具体表现；而需要是在社会活动和教育过程中形成的。在一般的情况下，社会对不同年龄、不同社会地位的人提出不同的要求和行为规则，在教育影响下这些要求转化为个人的需要。需要一旦形成，则产生相应的动机，并采取一定的行为使需要得到满足。在实现目标的过程中，情感起着推动或者阻碍行为的作用，影响活动的进行。

问题行为除了具有上述的机制和动因外，还受下列心理因素的影响：

第一，对社会行为规则的认识存在着意义障碍。

对社会行为规则的认识是指儿童对规则内容和执行规则的意义的认识。当有关的行为规则知识和要求为儿童所接受，并转化为他们的愿望和意向时，才能起到推动行为的动力作用。但教育实践中常常出现这样的情形，学生能领会社会行为规则和对自己的要求，但不一定立即接受，甚至拒绝接受。这是由于儿童原有的某些思想、需要及其他一些心理因素对社会行为规则转化为自身需要的这一过程产生阻碍作用。出现这种意义障碍后，就会影响行为的表现。这也就是教师常反映某些儿童"今天检查明天又犯"，或明知故犯的原因之一。产生意义障碍的原因是多方面的。其一，向儿童提出的行为要求，没有从他们原有的需要和动机的基础及水平出发，要求过多、过高，反而阻碍了需要的转化，激不起积极的行为动机。例如，成人片面追求高分数、升学率，不顾学生的负担，每天布置大量的作业，儿童不得不终日在题海中度日，以致对学习厌烦，失去兴趣，出现种种扰乱行为。又如，有的儿童为了逃避成人的责备和压力，就采取抄袭、作弊等欺骗行为。其二，社会上存在的不良思想意识和不良倾向，符合某些儿童直接的、低级的、个人主义的需要，因而为儿童所接受，成为其需要的一部分，并推动其行为，而对合理的要求和正面教育则持对抗情绪，采取捣乱性、对抗性的行为。

第二，动机抉择时产生心理冲突。由于社会生活中矛盾的多样性、复杂性，人们在活动中，经常会同时产生两个或两个以上对立的需要，出现互相矛盾、对立或排斥的动机。如果这些并存的动机不能同时获得满足，或者一个优势的动机获得满足而使其他的动机受到阻碍，就构成冲突。最常见的儿童的心理冲突是家庭和学校在教育上的不一致，甚至互相抵触。例如，学校对学生不仅要求学习好、品德好，身体健康上也有严格的要求，但有的家长提出的学习要求却超过儿童的智能水平；有的家长忙于自己的工作和生活，对子女不管不教，任其自然发展，这种教育条件下的儿童行为，在适应学校的要求上就有困难。另一种情况是成人对儿童的教育要求前后不一，或本身言行不一致，如一面教育儿童要与同学友好相处和互相协作，一面又鼓励他们与同学争夺名次，使儿童陷入迷惑不解的境地，无所适从。另外，满足需要和抑制需要的冲突在儿童中也经常产生，如实现个人意愿与助人为乐，保持友谊与批评同学的错误之间的矛盾。

大部分的冲突是由于某一动机获得满足而解决，但由于动机所反映需要的社会意义是多级性的，因而就显示出动机及其所引起的行为的不同水平。例如，适应良好的儿童能按社会行为规则或道德观念来认识行为的结果，支配和控制直接的意愿，甚至克服一定的困难，表现出一定的意志力，直至取得动机斗争的胜利，使行为符合一定的要求和规则，得到成人和所在集体的赞扬。而有的儿童则为了满足个人需要，为了达到低级的、直接的、利己主义的目的，会不顾社会行为规则和成人的正确劝导，不惜采取说谎、欺骗、违反纪律等问题行为。另一些儿童在冲突的情况下采取逃避现实、回避矛盾的态度，表现出自卑、孤独等退缩行为。

第三，动机促使行为实现目标的过程中遭受到挫折。动机在引导行为实现目标的过程中可能遇到不同的结果，有的动机能轻易获得实现，无须特别的努力即可达到；有时在行动过程中会突然出现另一个更为强烈的动机，为了满足后出现的动机，不得不放弃原来的动机；有的动机的结局一直受到干扰和阻碍，因而无法实现目标而使人感到失败和沮丧。因动机不能获得满足而产生的消极情绪状态，称为挫折。

挫折对行为的影响是通过情绪反映的。如：

（1）愤怒。激烈的愤怒情绪可引起儿童对造成挫折的人或物直接的攻击，如学生受到不公正的批评和训斥时，会顶嘴、怒目而视，而一些缺乏信心、自卑的学生，则把攻击转向自己，因而责备自己；儿童也有可能把愤怒发泄到与构成挫折无直接关系的人或物上去。

（2）焦虑。儿童一而再、再而三地遭到失败或挫折，就会失去信心，情绪不稳定，表现出焦虑或惶惑不安。特别是那些神经过敏、自尊心强、容易紧张的儿童，一旦遇到失利，精神就处于紧张状态。过度焦虑还会引起生理上的变化，如头昏、失眠、做噩梦等。

（3）情绪失去控制。儿童在幼年时情绪会任意发泄，随着年龄的增长逐步学会控制，在适当的场合中作适当的反应。遇到挫折后，有的儿童会失去这种控制，表现出大哭大闹，暴跳如雷，动手打人，出口伤人等，攻击行为和破坏行为增多。

在现实生活中，挫折是不可避免的，"人生不如意十之八九"是正常现象，这也可能是行为上出现问题比较普遍的重要原因。在学校里儿童的挫折主要是由于学习成绩不良和社交关系失败。他们在学习上屡遭失败，会失去信心，产生自卑、内疚，继而对学习失去兴趣。儿童参加集体活动的欲望是强烈的，如果交不到朋友而离群孤立，或是好强逞能，行为粗暴，遭到同学的排斥，都会造成不适应状态。这些由挫折引起的愤怒、焦虑等消极情绪影响智能的发挥，如不及时处理，就会造成恶性循环。

第四，问题行为是以习惯了的行为方式对冲突和挫折情境的反应。处在冲突和挫折的情境中，儿童一次偶然的行为，即使是指导思想不正确，不符合社会行为规则和道德品行要求的行为，只要能解决当时的困境，不立即出现严重的后果，并使需要能获得暂时的满足，那么该行为就会成为儿童解决困境的行为方式，与特定的情景形成联系。在基本条件不变和出现同样的情况时，这种行为就会再现。多次重复，使形成的联系得以强化而固定下来。例如，有的学生对学习不感兴趣，因而对复习功课感到厌烦，但又想避免考试不及格所带来的不愉快，或是老师、家长的严厉责备，一旦得到考卷，发现大部分试题答不出来时，往往会出现作弊行为。如果他第一次欺骗未被发现而得高分，还受到称赞或奖励，那在以后的考试中，只要情况不变，他就会重复这种行为。行为方式一旦习惯化、稳固化，成为个性特征的一部分时，就会成为支配行为的强烈动力，在一定的情况下，类似的行为就会如影随形似的立即出现，这时对行为的矫正也就更困难些。这也说明对儿童的问题行为，要及早采取教育措施给予矫正，使问题行为消除在萌芽状态。

形成问题行为的原因极为复杂，既受家庭、社会环境和学校等教育条件所制约，又有赖于儿童自身的自然素质、身体成熟水平、认识能力和行为发展水平，是环境、教育等外在的因素和生理、心理活动等内在因素相互作用的结果。各种问题行为的产生都有各自的原因，但还是有一定的规律可循的。

首先，家庭的不良影响和教育是儿童产生问题行为的主要原因。我们对具有较多问题行为的儿童的家庭情况作了简单分析：有父母离婚后重组家庭或单亲家庭的；有教育不力、对孩子苛求、经常打骂孩子的；有父母不能作出榜样的；有对孩子过于溺爱、对其百依百顺的；有父母忙于自己的工作或分居两地，无时间和精力管教孩子，任其自然发展的……这样的家庭缺乏正常的爱和教育。

其次，学校生活和学校教育中的一些不良因素是儿童产生问题行为的直接原因。儿童的问题行为，很大程度上是由于学习成绩不好，在教师、同学中遭到冷遇，集体活动中受到排斥所致。造成这种情况往往与学校工作有密切关系。如学校的教育计划是否适合儿童的年龄特点；对潜力发展较好的学生能否满足他们的求知欲以及对差生是否做到因材施教；要求学生遵守纪律和行为规则是命令式的、强制性的，还是有认识基础的；教师的教育方式是民主、论理的，还是粗暴、激烈的，甚至动辄训斥或变相体罚；对儿童的问题行为从了解动机入手，不同性质的行为根据不同儿童的特点，采取不同的教育措施，还是采用简单生硬、不分青红皂白"一刀切"的方法；对儿童是满腔热情地关心、同情、尊重其自尊心，还是冷淡、嘲讽或厌烦……

目前学校中竞赛之风盛行，以此作为刺激儿童上进的方法。教育经验证明，适当的竞赛，是激发学习积极性的有效手段，但使用过多则产生消极作用，使成绩差的学生或失败者灰心、失望、丧失信心，或采用取巧、欺骗等不良行为手段，尤其是那些胆小、易紧张的儿童会形成思想负担，加重焦虑的情绪。

再次，不能忽视社会上的享乐思想和不良社会风气的影响。这是问题行为的诱发因素。儿童生长在特定的社会中，从思想到行为无一不是社会环境的反映。又因儿童知识和生活经验缺乏，模仿性强，容易"近朱者赤，近墨者黑"。我们在调查中发现，儿童居住的区域和条件，父母的职业和文化水平，以及学校周围的环境都与问题行为的多寡相关。如居住在拥挤的、人口密度高的街区，父母文化水平低，学校紧靠市场、集市贸易区或摊贩等地区，问题行为的发生几率相对比较高。

儿童具有强烈的交友和社交需要，但不良友伴的骂人、打架等粗暴行为有潜移默化的作用，有的儿童在校外还"拜把兄弟"或成立小帮派，互相鼓动干坏事。广播、电影、电视节目和文学作品等都对儿童行为有很大的影响。如武打影片和武侠小说中的惊险动作迎合儿童好动和探索的特点，学校中伸拳头打架的行为明显增多，有的学生还从高墙往下跳，造成骨折。由于儿童辨别是非能力较差，不善于分析行为的真伪、善恶，而是从好奇心和兴趣出发去欣赏和模仿，如对其缺乏正确引导和激发教育，会产生不良的后果。

## 二、小学生问题行为的矫治

在国外，对问题行为学生重视心理治疗，如心理分析疗法、行为疗法，还有的采用催眠术疗法。

我们认为，所有的问题行为都是学生心理不健全的结果，所以对他们的矫治和预防应从小就施行良好的品德教育，及早地培养他们的是非观念，使他们懂得真、善、美，激发他们积极的道德情感，创设良好的环境，根除恶行。下面就问题行为的教育谈几点意见：

（1）善于抓住或发现问题行为的征象，把问题行为消除在萌芽状态。

一个学生感染了结核菌，身体又缺乏抵抗能力时，往往会出现发烧、咳嗽、咳痰、消瘦等症状，若及早发现、及时治疗，就可以使病情不致恶化。问题行为学生在起初也是有些征象的，问题是教师和家庭不能及时发现，甚至视而不见，以致由偶然性向经常性发展。比如，骄傲自大、狂妄的学生也许是第一次考试成绩好，或做了一件好事而受夸奖时，当时没有对其进行虚心的教育所致；反之，也许有的学生某一次考试失败，或在某次活动中受到了批评，刺伤了他的心灵，以后又多次失败而变得自卑，一自卑又离群，老师、同学又看不起，就变得孤独起来。这就是说，问题行为的产生不是突如其来的，它常有一个潜伏期，在这个潜伏期内，总会出现一些征象，如果我们及时发现这些征象，并配之适当的教育，就容易收到好的效果。

（2）了解、尊重、关心和爱护问题行为学生，调动他们的积极性。少年儿童年幼无知，缺乏生活经验，理解水平低，他们有的行为初看起来似乎是不道德的，但仔细观察分析，却是少年儿童成长过程中的一种正常现象。例如，一个学生随便拿人家的东西，也随便把自己家里的东西给别人，当某同学丢失了亲友送的一只电子表，老师在询问、调查时，他本想当众承认是自己拿了，但害怕老师、同学说他是小偷，就没有承认，第二天他悄悄地放回了原处，还给了同学。当时他拿了电子表，只是对这件物体感兴趣，或有好奇感，或有占的欲望，根本就没有"要偷"的观念，教师如果不了解学生的心理，就认定是偷的行为，势必会伤害学生的心灵。所以教师要了解、尊重、关心、爱护学生，处理问题时要保持冷静的头脑并采取客观的态度，要细心、耐心处理，不可意气用事。此外，教师还要善于调动问题行为学生的积极性，利用他们的长处去克服其短处，以德育德，发扬他们优良的品德，去克服问题行为，使他们在大脑中以优良的品德形成"优势兴奋中心"去抑制问题行为。

(3) 利用交替作用，扭转问题学生的不良倾向。

心理学家认为，问题行为既可由不良的交替作用形成，也可由良好的"再交替作用"加以消除。所谓交替作用，就是把已经形成的行动习惯再行革除的过程。这就是我们平常说的因势利导，以一个好的行动来代替他原来的坏行动。比如，年龄小的学生喜欢用笔在墙上乱涂乱画，或者用剪刀乱剪东西，甚至剪女同学的辫子、衣服等，这时教师就可以用交替作用，主动给他一张纸画画，或给他一张画报，叫他把人像或某个活动剪下来。学龄大的学生，喜欢玩虫、鸟等动物，有时用毛毛虫来吓唬同学，这时可以主动交给他一个任务，让他做一个或几个动物标本，或引导他认识这些动物的特点，对人类的益处和害处，使其既增长知识，又获得了成功的喜悦。这样学生就会振奋情绪，勇于接受成人的教导。所以说，成功的刺激是正常发展和心理健康的必要条件。

(4) 运用暗示、启发，唤醒问题学生的自尊心，增强其自信心。尽管问题行为学生遭到指责时，会感到丧失自尊心，但是他们心灵中求上进的火花并没有熄灭，这就需要教师在他们有醒悟时，给予帮助和力量，使他们获得前进的勇气和动力。比如，他们对自己的问题行为表现得满不在乎，但内心却有要求进步的愿望；他们对好学生、对干部常表现出鄙视和看不起，但有时心里却暗中泛起羡慕之情，这时就需要教师及时启发他们，让他们看到自己身上的闪光点和缺点，激励他们去改正缺点，发扬闪光点。当他们刚刚改正缺点，取得进步时，要用点头、微笑、喜悦的目光暗示他们："老师在赞赏你，继续努力吧！"当他们在进步中有反复时，或问题行为刚冒头时，老师应用摇头暗示他停止，他一旦停止又要表示高兴，以增强其自信心。由于问题行为学生年龄小，矫正时需要有一定外因的力量，老师不可忽视此时外因对他们的作用。

（5）尽量少用消极的惩罚，以免学生受长期的心理刑罚。对问题行为学生多用积极、鼓励、表扬的方法，对矫治他们的行为是有好处的。但不是说绝对不可用惩罚的办法，应该注意积极地感化、引导，消极的惩罚应该减到最低限度。教师要了解，长期的心理刑罚为儿童带来压抑的、反抗的情绪，是不利于他们的转变的。比如，一个学生偶然做错了一件事，教师或同学就天天批评、指责他，时常提起此事，或者长时间地表示讨厌他，这就会使学生的情绪异常、郁闷。对于个别心理素质差的学生，还会影响到他成年以后的道路。

（6）取得学生的信任，是矫治学生问题行为的基本条件。问题行为的学生是需要真诚的朋友的，教师给予他们真挚的同情，用友谊、关心代替嫌弃和厌恶，尽量满足他们合理的需要，帮助他们解决实际困难，一切事情采取同他们协商、合作的态度，就能取得他们的信任。学生信任教师，是教师教育好学生的基本条件，能使教育收到事半功倍的效果。

除此之外，教师应教育其他同学正确对待、热情帮助有问题行为的学生，允许他们反复，在反复中耐心诱导，不断提高要求，促使其持续进步，也是矫治学生问题行为的好方法。

第五章

中学生（13～18岁）的心理发展

# 第一节　少年期的过渡时期

少年期（从 11～12 岁到 14～15 岁）在人的一生中，无论在生理上或心理上都是一个急剧变化的关键时期。这个时期孩子心理发展的特点，引起世界各国生理学、心理学、教育学、社会学以及伦理学界的重视，他们提出了少年期是"反抗期""危机期""飞跃期""烦恼期""孤独期""闭锁期""心理上的断乳期"等的说法，但是，这些说法是以现象当本质，把支流当主流，没有揭示出少年儿童的根本特征。我们认为，处于少年期的孩子是精力充沛、求知欲强烈、记忆清晰、思维敏捷、情感丰富的，是发挥聪明才智、积极向上、个性和世界观逐步形成的时期；是孩子向成人过渡或从童年向青年过渡的时期；是他们想离开双亲，开始求得个人独立自主的时期；是从不成熟到成熟，从不定型到定型的半成熟半幼稚、半儿童半成人的时期。因此，过渡性是少年期的根本特点。在这一过渡时期，孩子充满着依赖性和独立性、幼稚性与自觉性等种种错综复杂的矛盾。在这段过渡时期，学习是他们的主导活动，而且学习活动、学习内容、学习方式方法、学习范围的变化，集体生活的变化以及在家庭和社会中的地位的变化，都促使他们心理上发生变化。这一过渡期表现的"身"和"心"的变化都是质的变化，而且有变化大、变化快、周期短（与童年期、青年期、成年期比较）的特点。父母和教师必须充分认识和掌握少年期过渡性这一根本特点，并针对这一特点，努力促使其顺利实现这一过渡。

## 一、少年期过渡的主要表现

### （一）由依赖性向独立性过渡

这一过渡是少年期孩子最显著的特征。这是由于孩子进入少年期后，生理上出现三大特征，为这个过渡时期的心理发展奠定了一定的基础。其生理上三大特征是：

第一特征是性开始发育成熟，第一、第二性征开始出现。儿童进入少年期即青春发育期后，性腺机能开始成熟和发生作用，这是少年生理发育的一个重要方面。第一性征主要指生殖器官的发育（性腺的发育）特征，女性主要是卵巢，男性主要是睾丸。第二性征又叫副性征，主要指男女两性在发育时期从体态等方面表现出来的一些变化。如少男的声音变粗，甲状软骨开始增大，并且出现胡须；少女的声音高，乳腺形成，乳房突起，开始有月经，皮下脂肪增多等。

第二特征是体态突变。少年期孩子的身体生长正处于发育的第二个高峰时期。孩子在这个时期似乎突然地长高、长大，身高每年平均增加 7～10 厘米，体重每年平均增加 3～3.5 千克，四肢（特别是下肢）发展很快，显得大手大脚。他们站在父母旁边，也不比父母矮多少，甚至有的孩子比父母还高出一点。体态的突变使他们开始意识到自己不再是小孩子了。

第三特征是体内机能健全，神经系统发育成熟。孩子进入少年期后，性腺机能的逐渐完善和性激素的作用，对人体各器官、各系统的生长发育有着明显的影响。比如性激素促进了骨骼的成长与成熟，此时肌肉的生长也非常突出，变得坚实有力，体态日益健壮或丰满。握力、肺活量、血压、脉搏、体温、血红蛋白、红血球等生理标志的变化，表明各器官、各系统的发育。在这个时期，大脑皮层细胞的机能与结构特别快速地发展着，联络神经纤维在数量上大大增加，联络神经元的联系也在形成着，为联想、推理、抽象和概括的思维过程创造了条件。少年期孩子大脑神经活动的主要特点是兴奋性比较高，大脑的功能开始从第一信号系统占优势很快变为第二信号系统占主导地位，为抽象逻辑思维的发展奠定了基础。

由于这些特点，少年期的孩子开始逐渐摆脱对父母的依赖，独立性意向的发展日趋明显。小到生活料理，大到对自己前途、家庭中大事、社会上发生的重大事件，他们都不像以前那样只听从父母意见了，而要表明自己的意愿、看法、见解。这时他们反对父母像对待儿童一样对待他们，而愿意父母像对待大人一样，以平等的态度对待他们，相信他们。孩子从少年期开始，进入一个喜欢怀疑和争论的时期。这时，他们对于父母的话开始不大听从；对于书本上的结论，报纸、电视的某些报道，不再轻信和盲从了，而是批判地看待一切，有时还非与父母的看法不一样。这不是孩子对父母的不尊重，而是他们向独立性过渡的表现。

### （二）由自我朦胧向自我认识过渡

孩子从 3 岁起，开始意识到自己的存在，自己是男孩还是女孩，是谁的孩子，在镜子或照片中能认识自己了：但这仅仅是从外表上认识自己，自己是好孩子还是坏孩子，都依赖于父母或成人的评价。因此，童年时期的孩子对自己的认识，是模糊的、不准确的，处于自我朦胧的时期。进入少年期以后，孩子的自我认识、自我评价向着"自知之明"的阶段过渡。这一时期，他们开始对自己的兴趣、爱好、品格、气质、性格的某些特点有所认识；也注重自己在家庭中所处的地位，开始参与家庭中重大事件的讨论与决策；在家中的自由权、自决权相应地增多，不必事事都去请示父母，能开始为父母分担忧愁和家务劳动；开始根据自己的学业成绩、品行表现、人际关系意识到自己在班级中的地位，并且能对照同学、父母及家庭其他成员、影视剧中的人物来进行自我评价。他们重视在同学与同学、同学与自己的对照、对比中来认识自己。这一时期孩子很喜欢听一听别人对自己的看法或主动征求别人的意见，所以，这一时期的孩子对同学、对成人，特别是对父母的赞扬、批评很敏感。这种通过别人的评价来认识自己的方式，往往把想象中的我与现实中的我加以对照或糅合在一起，或高估自己，或低估自己。参照别人对自己的评价，少年期的孩子能逐步客观地、实事求是地认识自己。这是自我教育的基础，是孩子前进的动力。

### （三）由幼稚向成熟过渡

少年期的孩子正是处于从不成熟到成熟，从不定型到定型的半成熟、半幼稚的时期，是从幼稚向成熟的过渡。童年期的孩子由于年龄小，生活经验不丰富，头脑比较简单，对问题不能作深入的分析而显得幼稚可爱。到了少年期，由于进入青春期和社会影响的扩大，身心的发育向着健康、完备的阶段发展而逐步地成熟起来。这种由幼稚向成熟的过渡表现在诸多方面。

（1）由好奇、好问向深入探究发展。

孩子年龄小时对各种事情总是好奇、好问的。他们不可能去作进一步的思考，总是向成年人或父母提出一连串的"为什么"。孩子进入少年期后，由于独立性的增强，这种好奇、好问的特性就逐渐升华为对事物的深入探究了。这种探究特点表现为钻研性（积极方面）和冒险性（消极方面）两方面。在日常生活中我们看到一些少年儿童把家里的钟表拆开来研究研究，或把电子表、录音机打开看个究竟，这是表现在行动上的探究、钻研。这时做父母的要支持孩子，不要因为孩子拆开了钟表或录音机而打骂、斥责孩子，否则会扼杀孩子的创造性。也有的孩子表现在深思上，或翻阅资料，或看科技书。另外，在探究性中也会出现一些消极的冒险和不正当的行为。如有的少年看了武打片后，曾去深山访"师"求"艺"；有的少年离家出走去蛇岛；有的少年竟想攒钱去看看外国究竟是个什么样子，以及异性间的越轨行为等。父母和教师的责任就在于开发与引导，把孩子的精力引向正确的轨道。翻开当今的科技史，许多科学家的成才，都是由于对宇宙间各种奥秘进行探究而有所发现的，并且从少年时期就开始探究。因此，做父母的应当给孩子创造条件，大力支持孩子的探究，促使孩子的成熟和成长。

（2）由模仿性向创造性发展。

处于幼年、童年期的孩子，在学习和生活中，模仿能力是很强的。他们常常喜爱模仿父母说话、走路和一些习惯性的动作。进入少年期以后，由于思想活跃、认识水平提高，他们就不满足于重复别人的动作，而喜欢新奇刺激，好标新立异，不愿墨守成规。这就是少年创造性的开端。一般来说，他们的创造性主要表现在：在学习上寻求一题多解，一问多答，一文多作，无论是造句或作文都力求创新；在课外科技活动上，积极从事科技方面的创造活动。做父母的不仅在孩子有了创造性的成果时要鼓励孩子，而且在孩子的创造性活动表现出幼稚可笑、不完备或有错误时，也不要伤害他们的自尊心。当孩子的创造性表现在破坏性上，如有的孩子出现调皮、越轨行为或搞恶作剧时，则要耐心加以引导说服，使孩子的创造性向健康方向发展。

（3）由志向、幻想向理想发展。

幼儿和小学生对自己长大了要做什么事、做什么人往往停留在志向和幻想的水平上，既不分析自己的主客观条件，也不付诸行动。有的心理学工作者曾做过这样的研究：在小学生中问："你长大了干什么?"回答总是五花八门：工人、医生、科学家……样样都有。然后，请有30年教龄的模范教师作桃李满天下的报告，又带他们参观了教师展览后，再问小学生同样的问题，发现有50%以上的孩子改变了原来的志向都愿当教师了。过了一段时间，又请几位战斗英雄作报告，报告后再问他们同样的问题，男孩子大都表示长大了要当解放军，女孩子要当解放军的也增多了。这就说明，小学时期的孩子的志向，往往随着教师引导而转移，并不是以自己的主观条件为依据的。孩子进入少年期后，由于成人感的萌生，自我意识的发展，对"将来做什么"就不单是向往，而是根据自己的条件来回答了；不是无根据的空想，而是开始接近或切合实际。古今中外，很多有贡献的人物大都在少年时确立了志愿、理想，并使这种志愿、理想转化为强大的动力，而且努力付诸行动。父母的责任就在于向少年介绍各方面有贡献的人物事迹，引导他们阅读名人传记，鼓励孩子多参加读书心得交流会，帮助他们巩固理想，落实行动，克服困难，持续前进。

（4）由交友的自发性向交友的选择性发展。

小学时期的孩子交朋友往往局限于家庭附近或街坊邻居的小孩，或同班的伙伴。他们交友带有很大的自发性，一会儿很友好，一会儿又疏远，一转眼的功夫却又好起来了。孩子进入少年期后，交朋友就从爱好、兴趣、理想上加以选择，学习成绩的好坏也成为交友的条件。这时可以看到孩子中学习好的在一起，差的也容易在一起；喜欢文学的在一起，喜欢科技的在一起，喜欢体育的在一起。到了初中毕业时，又可看到根据理想交友，考高中的经常在一起，考中专、技校的又经常往来。所以，孩子进入少年期后，开始出现类聚群分的趋向，他们在交往中的相互影响也大为增加，在一定情况下，会超过家长的作用。父母要根据孩子交友的强烈要求，因势利导，把有不同爱好、兴趣、才能的孩子在自愿的基础上组织起来，利用假日或孩子的生日，邀请孩子的朋友来家做客，以加深他们的友谊。此外，要警惕自己的孩子是否加入了后进的群体，一旦发现，应做个别工作，切断其联系，慎重地为其寻找新的伙伴，并培养孩子新的爱好和兴趣，以有益于孩子的成长。

### （四）由形象思维向抽象思维过渡

思维无论从个体发展还是从种族发展来看，大致上经历四个阶段，即动作思维（或叫直觉行动思维）、形象思维、形式思维和辩证思维。前两个阶段属于具体形象思维，后两个阶段属于抽象逻辑思维。少年期的孩子正处于从具体形象思维向抽象逻辑思维过渡的阶段。少年期的大脑发育处于第二个加速时期（第一个加速期在五六岁）。由于大脑皮层细胞的机能与结构的发展，联络神经纤维在数量上的增多，联络神经元的联系也正在形成，这为抽象逻辑思维创造了物质基础；此时，教学内容的深化，物理、化学课程的设置，更加促使少年要用抽象思维来思考问题了。这时，他们已能领会和掌握更多的抽象概念，能够理解一般事物的规律性及因果关系，并能对较复杂的问题作出恰当的判断和合乎逻辑的推理。父母则要扩大孩子的知识领域，丰富他们的生活，促进孩子抽象思维的发展。

## 二、少年期的特点

### （一）少年期是人生当中最短暂的时期，也是最富有特色的时期

人生经历许多时期，有儿童期、少年期、青年期、成人期、老年期，而少年期在人生当中是最短暂的时期，并富有它的特色。它的特色是什么呢？用四个字来概括就是"短、快、多、大"。

所谓"短"，就是时期短，在漫长人生中，少年期只有三四年的时光，真

是来也匆匆，去也匆匆。

所谓"快"，就是变化快，少年期是人生急剧发展的第二个高峰时期。在这个时期，少年的生理、心理发生着急剧的变化，它的变化速度之快，不管是儿童期还是青年期，都是不能与之相比的，有的人形象地称之为"一日不见，如隔三秋"。"快"的第二个方面是性意识快速发展。尽管此时性意识尚处在低水平上，但发展速度快。

所谓"多"，就是矛盾多。少年期是个体在生理、心理发展上充满着矛盾的时期，这个时期正经历着成熟前的动荡。有人称这个时期是"多事之春"。既有个体自身的心理发展和生理发展不平衡的矛盾，又有个体内部和个体外部之间的矛盾。

所谓"大"，就是影响大。这个时期，不仅影响少年能否顺利向青年过渡，而且对其一生的影响也是很大的。有的人后来成了伟大人物，成为政治家、科学家，追溯其成长史，是少年期打下了一个良好的基础；有的人走上歧途，正是源于少年期的不良品行的恶性发展。

### （二）少年期是心理发展上的危机期，也是品德教育最困难的时期

儿童进入少年期后，比较稳定的心理平衡被打乱了，而一种新的心理平衡还没有建立起来，于是在这个时期就出现了生理和心理发展上与儿童期质的差异，心理学家称这个阶段为"心理上的断乳期"。这一时期少年心理的变化是非常明显和激烈的，他们的思想起伏多变，发展变化急剧，教师和家长很难捉摸，难以掌握，都感到少年期的教育是很头痛的问题。之所以说少年期是心理发展的危机期和思想品德教育最困难的时期，是因为：第一，这个时期的初中学生品德发展表现出明显的动荡性，是成熟之前的动荡，他们在道德认知、情感、意志和行为等各个方面处于一种矛盾状态，他们的人生观、价值观、世界观处在萌发期，左右摇摆；第二，此时，心理发展进入了人生的第二次反抗期，容易产生逆反心理，他们对教师、父母的教育采取否定的态度，我行我素；第三，13~15岁是初犯品德不良或初犯劣迹行为的高峰年龄，呈现起伏变化大、不稳定的特点。

少年期身心发展的急剧变化，以及发展中的不适应，会引发一系列的问题，如早恋、离家出走、吸烟、厌学、弃学等。这个时期，如果引导不好，各种问题就可能越演越烈。

### （三）少年期是公民诞生期，也是奠定人生基础的重要时期

从人的社会化过程来说，少年期应该说是人的社会化过程中的重要一步，因为这时他们开始思考人生，探究人生，开始形成人生观的底色。在这个时期，少年开始萌发一种社会的责任感，开始有公民意识。因此，有的教育学家把这个时期称作"公民诞生期"。身处一个开放的环境，面对商品经济的发展，思想意识的多元化，以及社会上各种不良风气的影响，少年在选择自己的人生道路时，出现了许多新的问题，也出现了许多新的困惑。所以，如何面对这个开放形势，对少年进行人生观的教育，就至关重要了。在这个时期，少年开始进入社会，思考社会，但是由于他们的经历少，鉴别能力差，分不清是非，正处在人生的十字路口上，若我们的家庭教育、学校教育从少年的特点出发，因势利导，加强教育，则会为他今后的成长打下良好的基础。假如这个时候忽视了对他们的教育，他们有可能成为"失足少年"。

## 三、对少年儿童的教育

思想品德教育是我们教育中一个极为重要的组成部分。伦理和道德对于人类的意义是有目共睹的。自古以来，没有哪个民族、哪个国家是不讲道德和伦理的，道德和伦理是人类社会化的工具，也是人类文明的标志。一个人如果没有道德，他在社会上将没有立足之地，将不能成为幸福的人，因为一个人不懂得做人的道理，他就将失去做人的价值和尊严。一个社会如果不讲道德、伦理，就会导致整个民族、社会精神崩溃。所以孙中山先生曾经说过："无道德不成国家，无道德不成世界。"教育学家苏霍姆林斯基认为："道德是照亮一切的光源。"因此，一个人的成长，一时一刻也离不开光源的照耀。少年期是个特殊的阶段，思想品德教育还必须根据他们身心的特点来考虑恰当的内容，不仅要满足社会的需要，还要满足少年自身发展的需要。因此，少年期的思想品德教育必须要善于寻找社会需要与少年精神需求的结合点。那么，少年期思想品德教育的重点应放在什么地方呢？

我们认为应该放在以下几个方面：

### （一）打好做人的基础

这个时期是少年立志和思考人生的开始，我们要抓住这个时机，教育少年如何思考人生，理解人生的真正价值。特别要树立爱国主义和集体主义思想，让他们立下为社会作贡献的志向。当代的少年，他们的思想是非常活跃

的，思路是非常开阔的，但也有很多不足之处。他们是在顺境中长大的，因而多是以自我为中心来思考问题。这样一种思维模式，导致他们想索取多，想贡献少；只知被爱，不知爱人。他们想的只是别人怎么理解我、关心我、爱我，而很少为别人设想，去爱别人。

例如，教室门前横着一根破桌子腿，17 个孩子跳过去了，没有一个人扶起。老师拦住第 18 个孩子："你打算怎样过去？""准备跳过去。"老师说："我觉得你蹦过去使的劲不比扶起桌子腿小，为什么只想蹦过去，没想到扶起来呢？"孩子理直气壮地说："因为这个桌子腿不是我放的，我就没有责任把它扶起来。"

再比如，现在学校食堂泔水缸里的粮食、肉、馒馍很多都是没吃就倒进去的；还有教导处的失物招领，东西越来越多，就是没有人来领。某中学校长讲："我最怕的是中秋赏月晚会，操场上仅丢掉的月饼就可以用筐装。"

在这种情况下，怎样教育儿童心中有集体，心中有祖国，心中有他人，成为高尚的、有价值的、幸福的人？在少年期打下做人的基础是很重要的。

### （二）养成良好的品德习惯

少年期是良好品德习惯形成的时期。一个人在少年时期形成的习惯能够一生存在，并成为个人的基本特质。那么少年应该养成哪些良好习惯呢？

（1）爱劳动的习惯。对 2 292 人进行调查后发现，参加家务劳动的小学生占 22.3%，平均每天家务劳动时间是 0.2 小时，比 20 世纪五六十年代学生的劳动时间少，比发达资本主义国家学生也少。很多初中生连起码的衣服、袜子都不会洗，受访者中 37% 不叠被子，70% 不会做饭。这样下去，即使他们长大了，劳动观念也是非常差的。

（2）刻苦学习的习惯。有的地区厌学学生占 1/3，主要是没有刻苦学习的习惯，如有不少学生做作业、看书时，还听收音机、听音乐。一边做作业一边享受，哪里谈得上刻苦？

（3）诚实守信的原则。现在少年的行为中，一个很大的问题就是考试作弊行为愈演愈烈。有个学生统计了作弊的方法，一共有 20 多种。有的学校调查发现，作弊学生占 33%～35%。诚实守信是做人的基本原则，这种习惯应该在少年期养成。

（4）有规律的生活习惯。少年应该从小严格养成有规律的生活习惯，这不仅对心理、思想，而且对身体健康也是有利的。但是现在的少年问题很多，如吸烟现象，中学生中吸烟成瘾的人占 8%，他们常下课后跑到厕所或校门口去抽烟。北京市少管所对 127 名少年犯做了一次调查，结果显示，107 人从小有吸烟的毛病。另据上海市的调查，初一男生中吸烟者占 1/4，高中男生中占 1/3，职高男生中占 2/3，工读生中占 92%。

（5）遵守法律和社会公德的习惯。遵守法律和公德的行为习惯要从小养成。教育少年儿童要有礼貌，要尊重年长者、尊重女性。教师和家庭必须严格要求，通过不懈的努力来强化、培养儿童良好的公德行为。

### （三）指导少年的同伴交往

这一时期，少年开始与父母疏远，并努力在同龄人中寻求友谊。少年的交往有两个领域：一是与成人的交往，少年处于被动、被引导的地位；二是与同龄人的交往，在这个领域里，少年处于平等地位。第二领域对他们更有吸引力，因为通过这种交往，他们可以从同龄人当中寻找自己所需要的品质、共鸣和同情，并受到较大的影响。

中学生早恋问题是令教师、家长很苦恼的问题。"早恋"的问题在"早"，可是你觉得早，他们不觉得早。有些孩子就提问："马克思是什么时候跟燕妮谈恋爱的？"老师气急之下说："你们真狂妄，小小的年龄竟敢和革命导师相比。"学生一听觉得更有理了："请问老师，马克思不是一生出来就是伟人吧？马克思年轻时谈恋爱并没影响他成伟人嘛！"有的学生还说："我看了一本书，书上说，男人是女人的一面镜子，女人是男人的一面镜子，你们不是要我们早当家、早成才、早自我完善吗？今天我们想拿镜子照一照自己，你们又乱加干涉，这是什么道理？"许多孩子有很多似是而非的问题，有的孩子甚至认为交朋友是成人的表现，也是成熟的表现。

我们对这些孩子要正确地加以指导。比如，有的教师在早恋问题上，突出"早"字，对学生进行人生优选法的教育：人生有好几个阶段，每个阶段都要优选，每个阶段有必须做好的事，过了这阶段就做不好了，要补都补不上；有的事，这个阶段可以做，下个阶段也可以做，这就要考虑人生的优选。在中学阶段，接触人少，见识又少，经济不独立，学习负担重，谈恋爱的成功率是很低的，会浪费时间、浪费精力，也会浪费感情，如果推到下个阶段去做，就会好得多。

### （四）注意心理保健

人的健康有躯体健康、心理健康和社会功能良好三个指标。

现在少年心理不健康的表现很多，如人际关系不良，胆小，过分依赖，心胸狭隘，嫉妒，神经质等。要教会少年自我保护，教会他们怎样战胜不幸，引导他们把自己的困惑、忧郁告诉亲人，以达到心理健康。

除此之外，对少年儿童要加强营养，做好保健，开展适当的文娱体育活动；充实孩子的生活，培养他们的多种兴趣、爱好；给孩子创设良好的条件，合理利用他们过剩的精力；另外，多关心孩子的内心世界，与孩子保持心灵渠道的畅通，这都有利于孩子的健康成长。

# 第二节　青少年生理发育的一般特征

青少年时期正是长身体的时期，在生理方面的变化特别迅猛。所以掌握好青少年生理的特点，有利于做好青少年的教育工作，有利于促进青少年的健康成长。那么，青少年时期在生理上有哪些特点？生理的变化又是怎样影响他们的心理的？如何针对青少年的生理特点、心理特点进行青春期的性教育呢？

## 一、青少年生理发育的三大特点

### （一）性开始发育成熟，第一性征、第二性征开始出现

儿童进入青少年时期，即青春发育期，性腺机能开始成熟和发生作用，这是青春期生理发展的最显著的特点。性成熟有赖于脑垂体前叶分泌出来的促性腺激素。在青春期，具有抑制早熟机能的胸腺急速地萎缩下去，生长激素和性激素急剧增加，进入成年期出现高潮。女性的性成熟开始与结束的时间比男性早些，男性从13、14岁到21、22岁，女性从11、12岁到19、20岁。

现代男女在性成熟方面比20世纪50年代早1～2年。青少年生理成熟提前的表现有：身高发育比过去快；女性月经初潮提前。青少年生理成熟提前的原因有：营养中动物蛋白的增加；社会物质生活条件的改善；无线电波和少量电离辐射对人体的影响。

性腺的发育促使第一、第二性征的发育。

第一性征主要是指生殖器官的发育特征。女性主要是卵巢的发育，男性主要是睾丸的发育。

第二性征又叫副性征，主要指男女两性在发育时期从体态等方面表现出来的一些变化。

男孩：声音变粗，甲状软骨开始增大，长胡须、阴毛。

女孩：声音变高，乳腺形成，乳房突起，胸部渐趋丰满，开始有月经，骨盆增宽，长阴毛，皮下脂肪增多，臀部变大。

女孩卵巢于出生时已基本发育完全，10～12岁时生殖器官开始迅速成长，13岁时子宫已达成人子宫大小，出现月经初潮，16岁时子宫发育完全。13岁左右开始生长阴毛，15岁左右开始生长腋毛，骨盆逐渐长宽，臀部变大。乳房于10岁左右开始发育，胸部渐趋丰满，至20岁左右发育完成。

男孩14岁长出阴毛，15岁长腋毛，睾丸显著增大，16～17岁前列腺成长迅速，开始遗精，17～18岁长胡须。13岁左右进到变声期，喉结增大，声带增宽，19岁喉结突起形成，声音变粗。

### （二）体态突变——身高的增长进入第二个发育高峰

少年期孩子的身体生长正处于发育的第二个高峰时期。一个人的整个生长发育过程一般出现两个突起的高峰。

第一次生长高峰是从出生到1岁左右，这时儿童的身高、体重增长最快，身高一般从出生时的50厘米左右长到70～75厘米，差不多增长了50％；体重从三四千克增加到七八千克，增加一倍左右。

第二次生长高峰期就在青少年期。性腺的发育促使骨骼、肌肉的发育生长，身高体重出现陡增现象。根据中国青少年体质研究组的调查，我国城市青少年生长发育的快速期（或称突增期）男子为12～14岁，其中以12～13岁为增长最高值年龄（身长平均增长6.6厘米，体重平均增加3千克左右）；女子为10～12岁，其中以11～12岁为增长最高值年龄（身长平均增长5.9厘米，体重平均增加2～3公斤）。16岁时，男子显得壮美、有力；女子脂肪增多，显得丰满、柔软。生长发育完全成熟的年龄在22岁左右，此时身高、体重达到最大值。

研究资料表明，早熟的少男在许多年内始终比同龄人高一些、重一些，更有力气些，这些差别在14～16岁最为明显。少女的成熟要比少男早开始两年，早熟的少女体态丰满，在身高剧增前，早熟少女的身高超过同龄晚熟的，但最后晚熟的少女更高一些，身体更匀称一些。早熟少女和晚熟少女在身高和体重方面的最大差异是在12～14岁。

美国心理学家克洛津指出，身体的特点，有可能从三个方面影响青少年的行为和心理：

（1）身高和体格直接影响相应的能力，早熟的少男在身高、体重和体力上占优势，所以他们在若干年内可以毫不费力气地在运动和体力作业上胜过同龄晚熟的少男，常被教师当做班里的骨干对待，在同龄人中有一定的地位。

（2）成熟和仪表具有一定的社会价值，可引起周围人们适当的好感和期望，而仅以外表为基础的期望有时与个人的能力不相符合。例如，一个高个子男生，由于动作不协调而不能成为一名优秀篮球运动员，但人们往往对他有这种期望。每个少年都会意识到自己体型和外表给予周围人的知觉、评价和期望。

（3）自我形象也发生作用，因为"自我"形象可以反映出一个人的条件、能力及周围人对他的能力的知觉和评价。此时少年"成人感"增强，感到自己长大了，不再是小孩子了，在行动上常模仿大人的样子，并且强烈地要求人们承认这点。

由于青春期的男女身高、体重发育迅速，因此，要多注意并纠正他们站、坐、走的姿势，多让他们进行体操、球类、游泳、舞蹈等运动，在文体活动中，使他们的体格健康、强壮。

### （三）各器官与神经系统发育成熟

性腺的发育和性激素的作用对人体各器官、各系统的生长发育有着明显的影响。青少年身体各系统机能的发育状况，是青少年发育的水平的重要指标。根据中国青少年儿童体质研究组提供的调查材料，可得出以下一些结果：

（1）脉搏。青少年脉搏频率随年龄的增长而逐渐减慢，18～19岁时趋于稳定，而11～12岁时为104次左右，17～18岁为96～98次。

（2）血压。收缩压随年龄的增长而增加。男子自13岁起增加迅速，16岁后速度减慢，18～19岁趋于稳定；女子增长较为均匀，到16～17岁时出现下降趋势，18～19岁趋于稳定。舒张压也随年龄的增长而增加，但变化比较小，女子15岁以后，男子18～19岁时趋于稳定。

（3）肺活量。肺活量随年龄的增长而增大。中学生心肺急速增大，特别是心脏容积与血管容积之比达到140：50（出生时为25：20），肺活量增加到3 000～3 900毫升。男子自12、13岁起增长加快，19、20岁趋于稳定；女子增长比较均匀。

青少年机体能量代谢较大，据统计，18岁以前，中学生每小时要比18岁以后多释放8千卡的能量。因此，他们表现比较活泼、好动，对许多活动都跃跃欲试、充满朝气。因此，组织一定的力所能及的活动，让他们在活动中发展体力和提高认识，是符合他们身心发展水平的。

（4）中枢神经系统的发展。中枢神经系统的发展明显，大脑皮层的发展有了巨大的变化。脑重接近成人水平。

我国有关脑的研究表明，儿童大脑皮层各区的机能发育成熟的时间不同，首先成熟的是枕叶，之后依次是颞叶、顶叶、额叶。枕叶于9岁基本成熟，颞叶11岁时基本成熟，而全皮质的成熟要到13岁以后。

联络神经纤维在数量上大大增加，并加长、加粗，为联想、推理、抽象和概括的思维过程创造了物质基础。

这一时期儿童大脑神经活动的主要特点是兴奋性比较高。大脑的功能开始从第一信号系统占优势，很快转为第二信号系统占主导地位，为抽象逻辑思维奠定了基础。

## 二、青少年的性发育与性心理

### （一）性机能成熟是少年把自己看做是成人的标志，是产生成人感的重要原因之一

由于身高、体重的迅猛增长，特别是身高的增长，孩子发现自己比妈妈还高了，过去与父母扳手腕子总是失败，现在竟也能战胜妈妈，与爸爸力量接近或相持不下，因此：①在他的眼中自己是大人，再也不是小孩子了；②在行为上处处模仿大人，以大人的标准要求自己；③要摆脱对父母的依赖，有时有意反抗父母，以示自己长大了，并与成人争论问题，述说自己的看法、观点；④有意识地参与家庭、班集体中重大事情的决策；⑤不顾身体的脆弱，硬要干劳动强度大的体力活动和从事成人的激烈的体育活动。

### （二）性机能成熟，使他们的性意识觉醒

青少年开始对性知识发生兴趣，对两性关系产生一定意识，并对异性产生特殊的好感和好奇心，开始关心异性并寻找异性朋友。

青少年获得必要的性发育知识，对其健康成长有益无害。例如，遗精本来是青少年正常的生理发育现象，但不少青少年对此感到害怕、羞愧，就是因为没有掌握相关的知识。

性意识的萌发，使青少年对异性产生好感和好奇心。进入青春期的青少年，由于性腺的发展与成熟，性意识发展加速并日趋强烈。在这方面，女孩尤为明显。这时期明显的表现就是男女学生开始分群活动，其活动方式也变得越来越符合自己的性别特点。与此同时，男女学生都开始注意到对方的变

化，尤其是女学生，这种意识来得更早一些（如少女用打扮吸引异性注意），性意识明显，但很少有性冲动的体验。

等到男子出现遗精，女子出现月经之后，男女则开始体验到性冲动。性欲的增加同性激素的分泌量的相互关系，因性别不同而异。进入青春期发育后，性冲动的体验是不以人的意志为转移的客观事物，而且进入青年期后会变得越来越强烈，因而青年的性意识及对性生活的需求，既是一种正常的生理现象，也是一种正常的社会现象。

### （三）性机能成熟，也可能使他们产生不安、害羞和反抗

少女往往对月经初潮产生不洁感，表现出情绪不安；有些少女对于身体的女性化怕羞，因而故意驼着背。

有人对少女月经初潮引起不同的情绪反应的调查如下：积极的情感者占23.2%（包括不在乎占16%，感到愉快占3.8%，有兴趣占3.4%），消极的情感者占76%（不愉快占21%，感到羞耻占17.2%，惊奇占16%，悲伤占12.6%，悔恨的占6.8%）。

有些少男由于梦遗而产生悔恨、恐惧，认为是一种见不得人的行为。曾有一个男青年误认遗精为不治之症而卧轨自杀，甚至有的喝敌敌畏自杀。

青春期的不适应给青少年带来的烦恼是：身体与容貌引起的烦恼；性开始成熟引起的烦恼；能力与性格引起的烦恼；人际关系引起的烦恼；与成人管教上的矛盾引起的烦恼。

## 三、青少年的性教育

青春期的性教育主要包括以下三个方面：

### （一）性生理知识

对少女的教育应告诉她们，乳房的隆起并不可羞，月经的来潮并不可怕，这是正常的生理现象。重要的是，要注意不要驼背和束胸，要注意经期卫生。经期时不要做剧烈运动，运动时间不宜过长，应适当减轻运动量，以免太累；不要做腹压过大的动作和力量性练习，以免引起经血过多或子宫位置改变；不宜游泳，防止病菌侵入内生殖器引起炎症；还应避免寒冷刺激、潮湿，特别是不要使下身受凉，不要洗凉水和进行冷水锻炼；月经混乱或痛经时，应停止体育活动。

对少男的教育要突出三个方面：①怎样看待喉结隆起和变声；②男性生

殖器的作用和保护；③出现了遗精和手淫该怎么办。

告诉少男遗精是正常现象，这是因为性器官中的精液储存过多便会机械射出，以减轻阴囊因饱满而引起的不适，这是正常的现象，并没有什么可怕。特别要告诉少男切勿手淫，当他们有了射精及淫猥的举动之后，手淫便会随之而来。要告诉少男过多的手淫是一种有害健康的行为。

对孩子过早或过晚进行生理知识教育是不适宜的，应以孩子出现第二性征时为宜，即以女孩经期到来，男孩第一次梦遗开始教育为好。进行性生理教育要注意方法。一般来讲，妈妈对女孩讲，爸爸对男孩讲，在学校则交给医务教师，对青少年进行性知识教育可根据实际情况，进行辅导性谈话或暗示性引导。

## （二）性心理知识

性心理指人对性生理变化、性别特征和差别以及两性交往关系的内心体验。

青春期的青少年容易产生两种心理：一种是压抑心理，一种是冲动心理。压抑心理表现为由于不了解青春期人体生理变化的知识，当身体发生某种变化时便惊恐不安。如当出现痛经、遗精之类现象时，内心便会恐慌、害怕；当乳房突起时便采取束胸、驼背走路的做法，以免他人讥笑；当发生手淫时，内心更是惴惴不安，甚至有犯罪感；当和异性交往中出现不顺利时，会闷闷不乐；发育较晚的孩子也会感到不安和烦恼。

冲动心理是指青少年青春期生理上的性自然冲动和心理上力求表现成人行为的冒险冲动情绪。社会媒介中过多的性信息的刺激（如电影电视中情爱的镜头过多，社会上青年男女相爱的举动等）也会引起性冲动。少年在控制不住自己的情感时，会出现涂抹异性名字、看色情画、讲下流话、调戏异性、吸引或勾引异性等行为。这些心理表现的产生是不奇怪的，但也不是正常的。因此，要引导青少年区分健康心理与不健康心理，教给他们调节心理和平衡心理的方法，转移他们的注意力，引导他们把精力集中到学习以及各种有益的社会活动、文体活动、科技活动上来。

## （三）性道德知识

性道德是指两性必须遵从的道德规范和行为准则。性意识指对于性差别、性特征、性需要、性行为及两性关系的生理意义和社会意义的认识。青春期正处在性的萌发期，机体内部性激素的刺激作用所引起的生理感受比较强烈。他们开始发现两性的奥秘，这是矛盾的一方面，这阶段的少年道德观念还不完善，理解很肤浅，法制观念很淡薄，情感一冲动，什么道德、法律一概不顾。因此，在进行性知识教育的同时，要强调道德教育、法律教育，使青少年的道德成熟先于性的成熟。

在性道德知识方面，要讲清三个方面的道理：

（1）外貌、体形与美的关系。

青春期的青少年特别渴望美，希望以美好的体态去吸引异性，这是正常的。但刻意追求这种美，甚至不顾及身体健康（少吃或不吃饭以保持苗条身材），或不择手段去猎取衣物装扮自己，或利用色相去挑逗、勾引异性，以显示自己的魅力，这样做就危险了。要让青少年知道，体形、外貌美与心灵美结合起来，才是真正的美，要引导青少年去追求心灵的美。

（2）本性与理智的关系。

青少年有性兴趣、性冲动是不奇怪的，但是必须教育青少年学会自我控制性冲动，要做到自尊、自爱、自重。在与异性交往时，要有理智、有礼貌，要尊重对方，语言行为要文明，保持一定的空间距离与心理距离。

（3）情爱与责任的关系。

青少年男女之间产生好感而建立友谊，这是完全合理合法的，但在少年时就产生爱情，发生性关系就过早了。因为一旦形成婚姻的事实，双方必将承担责任和义务，而刚步入青春期的青少年是不可能做到这一切的。在青春期，孩子之间的异性交往只能是友谊，不能进入到爱情。要不断地向他们进行道德、法律知识方面的灌输，引导他们集中精力搞好学习，加强责任感。同时，要充实他们每天的生活内容，培养他们高尚的道德情操。

# 第三节　当代中学生的主要心理特点

中学生由于进入青春期，他们的生理发育为这个时期的心理发展奠定了一定的基础。这个时期的学生精力充沛，求知欲强烈，记忆清晰，思维敏捷，情感丰富，是发挥聪明才智、积极向上、世界观开始形成的时期；这个时期的心理发展处于一个半成熟、半幼稚，半儿童、半成人的状态，是充满着独立性和依赖性，自觉性和幼稚性等错综复杂矛盾的时期。这是人生旅途中一个非常特殊的时期，是一个令人烦恼而又充满希望的时期；这个时期的教育对他们的成长与发展起着关键的作用。

## 一、当代学生的时代特点

学生总是生活在一定的社会、一定的时代之中，总是从属于某一个家庭、民族、国家的。因此，不同的家庭、民族、国家以及不同的时代会赋予学生个体不同的特点。

当代学生处于一个什么时代呢？

从国际上讲，旧的世界格局已经打破，新的格局尚未形成，目前是多元化代替前两霸称世的局面。国际形势是处于"两个挑战"的时代，即新的科学技术的挑战、资本主义向社会主义挑战的时代。也有人说，当今的世界是处在政治多元化、经济全球化的时代。

从国内来讲，当代学生是处于一个历史变革的时代，即由以阶级斗争为中心转入以社会主义经济建设为中心，对外开放，对内进行经济体制改革和政治体制改革的历史转折期。

时代赋予当代学生哪些特点呢？

（1）思想解放，敢想、敢说，遇事爱思考，不盲从，不迷信。

（2）政治方向上热爱中国共产党领导下的社会主义祖国，迫切希望祖国富强。

（3）人生目标上希望一生有意义地度过，希望把自己的智力、才能充分发挥出来，对生活的态度是积极的，希望得到友谊、尊重和理解，对社会不正之风反感。

（4）学习目的、动机总的来说是正确的，但是，由于新的读书无用论在抬头，一部分学生对学习生活没有兴趣，这种厌学情绪在有的学校、地区有所蔓延。

（5）热爱生活、追求生活美，对现代生活方式很快适应，但同时崇尚超前消费，爱比阔气、穿名牌衣服、吃高档食品，生活水平在一定程度上超过父母和人均水平。

（6）现在的学生普遍的特点是没有吃过苦，抗腐能力比较弱，艰苦朴素的精神日益淡漠。

（7）接受各种思想、信息的容量大。

（8）两重性特点突出。价值观上不追求社会价值，只追求个人价值；希望国家富强，但又不愿意到边疆、农村中去；憎恨社会不正之风，但又默认自己的父母走后门。

（9）当代学生具有"三自两少"的特点，即自尊、自私、自理能力差；社会实践少、劳动少。劳动能力退化，而生活享受水平越来越高。

（10）青春偶像往往是影视明星。

## 二、当代中学生的主要心理特点

### （一）成人感的产生和新的自我发现

青少年时期的自我发现，是把探索的视线转向自己的内部，并产生了成人感。新的自我发现和成人感的产生会给青少年学生带来一系列的心理矛盾。

首先是独立性与依赖性的矛盾相互交织在一起。青年初期的学生，由于身心内在的成熟与发展，在心理上出现了要摆脱父母的"心理上的断乳期"。这种心理上的独立，正是通过破坏儿童的自我，建立起新的青年的自我。这种对过去内部统一的自我破坏，对于中学时期的青少年来说，已足以引起他们精神上的混乱和不安。所以，正是这个时期，他们反而想依赖父母，愈是追求依赖，就愈难以像过去那样轻易接受父母的责备、教师的批评以及朋友、同伴的非难。由于他们对批评与责备的反应愈来愈强烈，他们反而又失去了依赖。这就是独立性与依赖性相互交织在一起，今日的自我却又要求脱离昨日的自我，以便构成新的自我。

其次是反抗与屈从这一对矛盾突出地反映出来。在青少年前期，独立的要求强烈，他们自作主张，故意提出与成人相反的意见。从这个意义上来说，他们的一切心理活动，都是为了否认自己是儿童，而确认自己是成年人。他们企图从反抗中独立出来，他们的反抗，更多地以潜在的形式表现出来，如采取无所谓、不关心的态度，不作表示，任凭对方的安排等。然而，由于他们的知识、经验少，他们也会屈从，从而达到内心的平衡。反抗多必然会促进他们内部的成熟，因此，青年初期的反抗不完全都是坏的、消极的。

再次是理想的自我与现实自我的矛盾。青少年是富有理想的，他们幻想着将来成名成家，对未来充满着理想。由于现实社会的政治、经济或家庭的各种因素，理想的自我与现实的自我的矛盾会尖锐地摆在他们面前，如有时热衷于体育、恋爱和娱乐，但不久就完全失去兴趣，变得空虚。这里就有一个如何引导青少年的问题。

青少年发现新的自我，有了成人感，这是他们走向成熟的一个重要标志。

## （二）闭锁性——性格开始内向

孩子进入青少年初期以后，就失去了幼小儿童的直爽、天真、单纯。他们的内心世界更加丰富多彩，而且常常不轻易表露出来。他们不再像幼小儿童那样向成人敞开自己的心，而是闭锁起来。有的心理学家把闭锁性看成是青少年期最显著的心理特征。

所谓闭锁性，就是对不理解他内心的人，不透露自己的秘密。即使对最亲近的人也很少吐露真情，不愿与他人接触，好像自己把自己锁起来一样。孩子一上中学，父母会发现，孩子不跟父母沟通了，话特别的少，好像不是自己家里的人一样，父母很难了解孩子的想法。他们希望自己单独住一间房，未经他的同意，不准父母擅自进入。若居住条件差的，也希望自己有一个箱子或一个抽屉，然后上锁，把自己的"秘密"、日记给锁上，不让别人知道。这种闭锁性时间久了，又出现了新的矛盾，即闭锁性带来了孤立感，因而又产生了希望被人理解的强烈要求。从这个意义上说，在人的一生中，青少年时期又强烈地渴望着被人理解。

对于青少年的闭锁性，只要找到了"钥匙"，就容易打开其心里的秘密。这把"钥匙"可以是青少年的日记、笔记、书信、自传和他最知心的朋友。当然，父母不要去偷看孩子的日记、书信，否则就侵犯了孩子的隐私权。要知道，孩子记日记是他们某种程度的自我意识的表露，通过写日记，可以把自己的秘密表露出来，倾诉自己的真情，以便得到安慰。日记对他们来说，是自己保持沉默的亲友，是倾诉心声的对象，是一位听了自己的话绝不向任何人告密的理想的听众。写日记固然有好处，但日记不能帮助年轻人出主意、想办法，不能做到意识、情感的交流，于是就出现突破孤独的第二条道路，即找自己的知心朋友。知心人是无话不说的，对自己父母不能说的事，可在知心人那里畅所欲言。因此，了解年轻人的最好办法，就是找到他最知心的人。

与此同时，青少年很重视团体交往，他们愿意和年龄相仿的同学、朋友交往，而且关系密切，许多心事和秘密往往宁肯告诉朋友，也不对父母、老师讲。青少年越来越接受同伴的影响，有时同伴的影响比父母、老师的作用还要大。他们也更加重视自己在同伴中的地位和作用。

## （三）反抗性——逆反心理的产生

逆反心理是当代中学生最为典型的心理特点。逆反心理是指客观环境与主体需要不相符合时产生的一种心理活动，它具有强烈的情绪色彩，即带有较强烈的抵触情绪。我们经常可以看到这样的事情：在吃完晚饭后孩子正要去看书、做作业，这时父母说了一句："应该去做作业了。"孩子一听，火冒三丈，心想，本来我要去做作业的，你这么一说，好像是听了你的指挥。于是，孩子就是不去做作业，继续看电视，以示反抗。有时晚上11点了，父母关心孩子说："时间晚了，该睡觉了。"孩子本来是想睡的，听这么一说，就是不睡，跟父母唱反调，父母强行关灯，孩子就点着蜡烛或打着手电继续学习。这是我们经常遇见的逆反心理的现象。

人的一生，第一次反抗期在2～3岁，由于孩子年龄小，知识、经验不丰富，这次反抗让父母给"镇压"下去了。他们反抗的目的是要独立，要自己的事自己做，不要成人来管。第二次反抗期在青春期，从十三四岁开始，这次反抗成功了，父母无奈，"镇压"失败。青少年反抗的目的就是要独立、要自主，不依赖父母。

强烈的独立愿望使中学生希望与成人形成新型的平等关系，不再满足于服从、听话，他们渴望平等的、像朋友那样的交往，因此经常顶撞、违抗父母、老师，家庭关系、师生关系有时会变得紧张。这时，如果父母、教师采取粗暴、简单、生硬的态度，只能加剧与孩子间的对立情绪。

当孩子有逆反心理时，父母和教师要理解孩子，体谅孩子，让孩子在逆反中成长，在逆反中自理、自立，在逆反中总结经验、教训，在逆反中逐渐成熟起来。父母和教师也可巧妙地利用逆反心理，如说反话，出不合理的主意，让孩子达到父母的要求。

### （四）交友性——向情趣相投发展，友谊与"早恋"交织在一起

小学生交友的标准、范围是同班同学或同楼、同胡同、同街的人，而中学生交友的标准、范围打破了小学生时空的范围而向情趣相投、诚实做人方向发展，他们知道选择良友就是选择希望。在校园里你可以看到，成绩好的学生在一起，成绩差的在一起；爱好语文的在一起，爱好数理的在一起；喜爱文艺体育的在一起，喜欢摄影的在一起；到高三毕业时，想上大学的学生经常在一起，报考职业学院的在一起。这时，他们早已打破男女界线，而是以兴趣、爱好相投来交朋友。

首先，应正视中学校园中学生异性交往的普遍现象。学生进入了青春期，性的成熟、成人感的出现，使他们逐渐有了性冲动，男女之间产生吸引力，并开始交往。女孩群体里开始有了关于男同学的话题，男孩群体中也有了关于女同学的玩笑，这就是中学生异性交往的开始。中学生生理、心理的变化使得他们注意到了自己"性别角色"的不同。

男女同学间既有三五成群的集体交往，也有个人之间的交往；有学习上的交流，也有关于人生问题的探讨；有由于相同的兴趣、爱好走到一起的朋友，也有相互信任、相互关心建立起的友谊。这种交往是正常的，反映出当代学生积极开放的心态。

中学生交往中也存在"极端"现象：①一些中学生对男女同学之间的交往过于紧张、敏感，表现出说话脸红、不自在、心理紧张、行为拘谨；②另一些中学生把握不住交往中的"度"，有的过于随便，有的过于频繁，往往跨越了友谊的界线，走进了"早恋"的误区。因此，帮助中学生正确认识异性交往是非常必要的。大多数中学生对异性的好感是十分纯洁的，只要引导得当、环境条件正常，一般都可以发展成为健康的、美好的情谊。

其次，我们谈谈男女同学之间的交往有哪些好处。

国内外有关专家、学者按现象的平均统计水平评价男女品质，认为男女之间，根据他们不同的兴趣、爱好、气质、能力、性格，将相互补偿，具体地说，男女同学之间的交往有如下"互补"：

（1）智力上互补。

差异心理学的研究表明，男女智力虽没有高低之分，但却有类型不同。比如，在思维方面，女生往往擅长具体形象思维，因而适合于应用科学和形象思维占主导地位的学科，如语文、外语、地理等学科；男生却擅长抽象逻辑思维，其思维往往是离奇、大胆的，他们更喜欢用综合方式对待现实，善于抽象概括，因而更适合于基础学科和抽象思维占主导地位的学科，如数学、物理、化学等学科。

男生在掌握基本功上稍逊一筹，但在解题的灵活性上略占上风。女生在作文的命题、叙述、描写、运用词汇上略占上风，但在立意的新奇和结构的不拘一格上却稍逊一筹。不言而喻，通过交往，男女同学均可从对方那里取长补短，以提高自己的智力活动水平和学习效率。

（2）情感上互慰。

人际间的情感是极其丰富复杂的，除了爱情之外，还有亲情、友情、同情、敬爱之情、感激之情等。这就说明，男女之间可以有不带爱情色彩的情感交流，它可以使人感到温暖，达到心理上的平衡。一般来说，女性的情感较为细腻、温和，富有同情心；男性的情感粗犷、热情，且容易外露。有的男性好向女友吐露自己的不幸和难堪，在女性同情声中平静下来；有的女性向男友诉说自己的犹疑和愁苦，在逻辑性的鼓励中振奋起来……这种异性间的情感交流是微妙的，也是在同性朋友中得不到的。

（3）个性上互补。

心理学研究表明，处在集体中的个人，交往范围越广泛，和周围生活的联系越多样，他深入到社会关系的各个方面也就越深刻，他的精神世界就越丰富，他的个性发展也就越全面。在生活实践中不难发现，交往范围广泛，不仅有同性朋友而且有异性朋友的人，性格相对而言豁达开朗，情感体验丰富，意志也比较坚强，这显然不是什么偶然现象，因为正是多方向的交往，以及交往对象的个性渗透和反馈，才丰富了他们的个性。

（4）活动中互激。

心理学家发现，大多数人都有心理上的"异性效应"，青少年尤甚。这种"异性效应"的表现是：有两性参加的活动较之只有同性参加的活动为好，参加者一般会感到更愉快，干得也更起劲、更出色。这是因为当有异性参加活动时，异性间心理接近的需要得到了满足，这会使人得到不同程度的愉快和喜悦，从而激起内在的积极性和创造性。

为此，在中学生异性交往上，老师要教育学生：不应过分拘谨；不应过分随便；不应过分冷淡；不应过分亲昵；不应过分卖弄；不应过分严肃；不违反习俗。

## （五）思维活动进入活跃时期，思维类型基本定型

中学生思维的深度和广度大大增加，而且特别活跃，尤其关心各种社会问题，乐于发表各种"高见"，作出各种判断结论。

### 1. 初中学生思维的特点

（1）抽象逻辑思维日益占主导地位，但抽象逻辑思维发展还是"经验型"，在思维过程中具体形象成分仍然起主要作用。

初中生思维发展的显著特点是抽象逻辑思维开始占主导地位，他们能理解一般的抽象概念，掌握一定的定理、定义、公式，并进行逻辑推理，对许多现象能够进行概括抽象。在语文学习中，可以独立分析中心思想、作者的写作意图，以及分析人物的性格特征，这说明初中学生思维的发展已基本上适应中学学习的客观要求。

但是他们的逻辑思维属于"经验型"的，在思维过程中具体形象成分仍然起主要作用。他们在进行抽象逻辑思维时，常常需要具体的、直观的、形象的感性经验的支持，不然，就会出现理解、判断、推理的困难。

在学习中具体表现如下：①把握概念的本质特征，在抽象上存在困难。如历史时间上的"世纪"，物理中的重力与重量、沉浮与悬浮，英语中的抽象语法概念，都必须要有感性经验作支柱，才能理解。②把握文章的整体，在

概括上存在困难。比如，对长篇小说往往只注意次要、细节的内容，而丢弃了重要内容；被一些情节所纠缠，而不理会文章的实质内容。③在作文写作上，写作方法运用困难。学了很多写作方法，到自己运用时困难重重，不知所措。

（2）思维的独立性、批判性得到明显的发展。

初中学生由于知识、经验的不断积累，思维水平日益提高，他们容易高估自己的实际能力，常常不满足于教师或教科书中的解释，不喜欢现成的结论，并能大胆地提出自己的意见。校园里经常看见初中生聚集一起，对国家政治、体育新闻、社会现象、科学道理等发生争论，提出怀疑，进行辩论，他们要求独立思考，对什么事情都要追根究底。

但从总体上看，他们毕竟知识、经验有限，独立性、批判性欠成熟，片面性和表面性的倾向难以掩饰，表现为有时竟会毫无根据地争论，好走极端，以及孤立地看待事物。这些都有待于他们思维能力的进一步完善，特别是有赖于其辩证思维能力的提高。

（3）求异思维发展速度快，灵活多变，富有创见性。男生的求异思维发展速度超过了女生。

例如，想象图形"M"，初中生的联想有：侧过来看像数字3，倒过来像字母"W"，像映在湖里的山的倒影，像火山口、驼峰或两个船头，像展翅飞翔的海鸥，像海上的波浪，像人游泳的两臂……

求同思维得到发展，正确解答问题不能离开求同思维。求异思维发展有助于迅速迁移，求同思维是求异思维的基础，而求异思维是求同思维的突破。

**2. 高中学生的思维特点**

（1）抽象逻辑思维处于优势地位，运用理论假设进行思维。

研究发现，初二学生抽象逻辑思维由经验型向理论型水平转化，到高二这种转化已完成，成为理论型的，这意味着思维水平的成熟，成熟的标志是运用理论假设进行思维。

假设是对因果关系的一种猜想、推测。有了假设，思维才能有明确的目的和方向。一切科学思维都离不开假设。高中学生能撇开具体事物，运用抽象概念进行逻辑思维。抽象逻辑思维的科学性、理论性更强，思维步骤更完整，他们能按提出问题——明确问题——提出假设——验证假设的完整过程去解决思维的课题。

（2）思维具有更强的预见性。

高中学生生活经验日益丰富，科学知识增多，对事物之间的内在联系了解得更深刻，他们能对事物之间的规律、联系提出猜想、假设，并设计方案去检验假设。高中学生不只看眼前，而是着眼未来，他们在活动之前，事先有了打算、计谋、计划、方案和策略等预计因素。通过思维的预计性，在解决问题之前，已采取了一定的活动方式和手段。

（3）对思维的自我意识和监控能力显著增强。

高中学生能对自己的思维进行自我反省、自我调控，确保思维的正确性和高效率。

（4）思维创造性提高。

高中学生能不断提出新的假设、理论，思维的敏锐性、灵活性、深刻性、独创性和批判性明显增强。

（5）辩证思维迅速发展。

高中学生的理论思维的发展有力地促进了辩证思维的发展，从而形成和促进抽象逻辑思维和辩证思维协调发展。高中学生基本上能理解特殊与一般、归纳与演绎、理论与实践等辩证关系，能用全面的、发展的、联系的观点去分析、解决问题。

## （六）中学生情感的特点

### 1. 情感的两极性强烈，情绪转化迅速

（1）情感的两极性首先表现在中学生对同一事物同时出现两种对立的内心体验。

例如，面临考试感到既兴奋又不安。兴奋表现在跃跃欲试的心情，不安可能是一种担心。考试完毕，会感到轻松，在轻松的同时难免对成绩的好坏产生担忧。这种快乐与悲哀、愉快与忧愁、肯定与否定的情感体验，从性质上说，应该是互相排斥、绝对对立的，然而在中学生的情感中同时出现，表现出协调与统一的一面，也表现出主客体之间相互作用的无限生动性。

（2）两极性还表现在对同一情绪情感可能会出现两种对立的效能。如恐惧与焦虑，可能使中学生出现旺盛的斗志，增加他们活动的力量；也可能减少他们活动的力量，导致在情境面前手足无措而丧失斗志。这说的是有增力或减力的作用。

（3）两极的波动性。表现为中学生顺利时得意忘形，受挫折时垂头丧气；喜时花草皆笑，悲时草木流泪。情绪反应的强度大，很容易走极端。

（4）情绪活动在反应时间上的特点是体验迅速。表现为情绪体验、反应来得快，平息得也快，维持的时间较短，尤其是初中学生。

### 2. 闭锁性和内隐文饰性增强

闭锁性是中学生一个显著的心理特点。

内隐文饰性指随着年龄的增大，社会化逐渐完成与心理逐渐走向成熟，中学生根据一定的条件或目的来表达自己的感情，出现外部表现与内心体验不一致。如有的学生对异性产生了爱慕之情，却往往留给人的印象是贬低、冷落对方；有的学生成绩差或受到批评，却表现得很高兴。

### 3. 性意识觉醒

性意识是指人关于性问题的心理活动。

美国心理学家赫洛克（H. Hurlock）曾把青春发育期的性意识发展分为四个时期：

第一个时期是性的反感期（对异性排斥）——性爱的开始。有两种表现：一种是跟异性离得远远的；另一种是对性的不安、害羞和反感，认为恋爱是不纯洁的，对异性采取回避、冷淡、粗暴的态度。

第二个时期是牛犊恋期——对年长异性的爱慕。

第三个时期是接近异性的狂热时期——爱众多异性。①把年龄相当的异性作为向往的对象；②在各种活动中设法引起异性对自己的注意；③尽量创造条件、机会与异性接触；④接近的异性常常变换。

第四个时期是浪漫的恋爱期——只爱一个异性。①对其他异性的关心明显减少；②喜欢与自己选择的对象单独在一起；③不愿意参加集体活动；④经常陷入结婚的幻想中。

我国把青少年性意识的表现和发展分为三个阶段：疏远期、爱慕期和恋爱期。

## （七）偶像崇拜是当代中学生又一显著的心理特点

许多中学生会有狂热的偶像崇拜行为，比如迷恋歌星、影星、体育明星等。为了"追求"明星，他们甚至会做出许多出格的事，如逃学、旷课、说谎、乱花钱等。

20世纪90年代以来，中小学生里出现了"追星族"。据统计，"追星族"里多是10~18岁的青少年，其中以初中生最多。例如，在北京某中学的一个初二班里，全班42人，共分了9个"族"。从形式上看，孩子们的"族"，就是按不同人的共同特点自发组织起来的非正式小团体，是某种合法的集合。

中学生追星，最流行的一种追法是，让偶像的相片随处可见，如课本的封面、笔盒、钱包、椅子、书桌玻璃板上、镜子、相架、墙壁，甚至天花板……无处不是"星"。有的学生还模仿偶像的发型、衣着，把自己完全迷失在明星的影子里。中学生说起自己的偶像，往往眉飞色舞，对偶像的生辰、身高、体重、爱好，甚至口头禅都了如指掌，倒背如流。中学生追星，对自己的偶像可谓"爱护有加""忠心耿耿"，他们业余的谈资是关于偶像的种种趣闻、秘闻与绯闻。有的学生因收集明星照片齐全而受同学的拥戴；有的学生因得到一个明星签名而"身价骤增"；而有的学生则因对明星的星事少知少闻或不知不闻而受到冷落。

青少年崇拜偶像的原因是什么呢？

从心理学角度分析有三点：

第一，青春期是人成长过程中自我认定的时期，而这个时期对孩子来说，是处于角色混乱的阶段。他们要解决"我是什么人"和"我将向何处去"的问题。他们在认识自我的时候，也在为自己寻求一个理想的榜样来加以认同和模仿。基于这种心理需求，他们很自然地，也很容易地把那些经过"包装"，举止、言谈风度不凡，令万众仰慕的大明星当做自己认同、模仿、欣赏的偶像，以达到心理上的满足。

第二，对同辈文化的遵从。当孩子的周围、同伴都在津津乐道于明星的言行、爱好、打扮等话题时，如果自己对此一无所知，就会遭到同伴的嘲笑、讽刺、冷淡，甚至排斥。因此，一部分孩子为了获得同辈人的内在认同，也产生了"合拍"的崇拜偶像的心理与行为。

第三，"追星族"是晕轮效应的结果。晕轮效应也叫光环效应，是指对某人某方面有了好的印象后，总会对这个人的其他方面作出好的评价。进入青春期后，少男少女渴望感情的释放，而流行歌曲及影视片为他们提供了一个很好的释放感情的渠道，因此，很容易引起他们感情的共鸣。与此同时，他们也会把自己的情感寄托在歌星、影星或球星身上，形成崇拜。

从社会学角度分析，崇拜明星本来是一种正常的社会文化现象，少男少女对此多倾注一些热情也在情理之中，但是这种崇拜一旦演变到废寝忘食的地步，就是不恰当的行为。造成"追星族"进入误区的原因有三点不能忽视：

第一，"追星族"将艺术中的明星和生活中的角色视为一体。岂不知卸下铅华、洗尽粉黛的明星和生活中的你我他一样，也食人间烟火，也是凡子俗胎。

第二，文化宣传只将明星光彩的一面展现给"追星族"，很少将一些明星灰暗的一面公开曝光。"失衡"的结果，是为盲目崇拜提供口实，从而将"追星族"一步步导入自认为理所当然的"泥潭"。

第三，社会宣传给青少年提供选择的范围太少。在我们的社会里，自学成才、志向远大者大有人在，奋发有为的青年博士也不乏其人，还有数不尽的科技精英、杰出青年、"十佳"少年和"新长征突击手"，一大批焦裕禄、雷锋式的无私奉献者，以及在改革开放大潮中涌现出来的开拓者等，这些榜样人物在我们的影视圈里露面的机会太少了，而那些港台歌星出现的频率则最多。在青少年极易受外界环境影响的今天，关键是为青少年塑造什么样的偶像。"追星族"是文化消费不成熟的表现，也是"追星族"自身素质亟待提高的佐证。

孩子有自己的青春偶像，可以使他们的生活多一份情趣，多一份快乐。孩子拥有青春偶像，还会给他们树立一个理想的目标，获得一种前进的力量。对明星的崇拜同样是一种精神上的鼓励和鞭策。但许多孩子在追星中失了分寸，丢了主次，颠倒了本末，就难免出现"弃学族"之现象。因此，教师和家长要对他们加以正确的教育与引导。

那么，如何教育与引导呢？

第一，时代呼唤榜样，青少年天然地需要榜样，每个孩子都有自己的榜样模式。教师和家长要将这个榜样模式变成具体化的人，或是伟人，或是科学家、作家，或是战斗英雄、劳动模范。随着孩子年龄的增长，阅历的增加，应逐渐引导孩子抛弃对明星的幻想，取而代之以更成熟的榜样。

第二，教育孩子减少盲目，学会把握自己，掌握分寸。要使孩子懂得自己正处在长知识、长本领、长身体和全面发展的时期，不能只顾崇拜明星而不顾学习，把绝大部分的时间和精力花在与崇拜偶像有关的"事业"上。否则，久而久之，势必会影响学习。崇拜明星、艺术家、科学家并不是件坏事，但是如果一天到晚都在空想，甚至影响学习，就不可取了。

第三，不要只注重明星的外表，而忽视其内涵。青少年对明星偶像的崇拜、追求，不要只注意他们的相貌、发式、衣着打扮等这些外在方面，而要去学习明星的勤奋、执着、善于捕捉机遇及个人修养等富有内涵的东西。球星贝利、马拉多纳被球迷看做是足球的象征、精湛球艺的化身，他们那种积极竞争的活力、奋斗不息的精神和刻苦勤奋的训练，才是应该学习的榜样。追星就要追求明星成功的内在实质，这才是追星、寻求榜样的关键。

## （八）中学生注意的特点

### 1. 注意发展的逐步深化——二次注意

无意注意的深化主要体现在：产生无意注意的原因由外部为主转变为内部为主，即符合人的兴趣、爱好的事物容易引起人的无意注意。

有意注意的深化主要体现在维持注意的意志努力的程度上。开始时需要强迫自己克服困难，甚至要有顽强的意志才能维持有意注意，然后渐渐地转变为自觉的，不需要意志努力的自动注意，即"有意后注意"出现。

二次注意是注意的深化过程，学生的注意发展经历了无意注意——有意注意——二次无意注意——二次有意注意的过程。

二次无意注意是指由被动产生的无意注意转变为主动发生的无意注意；二次有意注意是指由需要付出意志努力才能维持的有意注意转变为无须意志努力的目的注意。

从一次注意发展到二次注意，是初中生注意发展深化的表现。

**2. 注意品质的发展**

（1）注意的稳定性。指在同一对象或活动上注意所能持续的时间，它是注意在时间上的特征。与注意稳定性相反的品质是注意的分散，它是人在某种因素的干扰下，注意离开应当完成的任务，而指向无关的活动的客体。这是一种不良的注意品质，一些中学生学习成绩不好，往往和注意力分散有关系。

研究表明，小学生的注意稳定性在 10～30 分钟，初中生的注意稳定性在 1 小时，高中生的注意稳定性在 2 小时以上。女生的注意稳定性高于男生，因为男生存在着注意品质上的缺陷，如注意不够内化，容易分心，注意内容狭窄，个人兴趣左右自己行动等。

学习成绩与注意稳定性高度相关。注意稳定性对学习成绩的影响比学习能力对学习成绩的影响更加明显。学习成绩与注意稳定性的相关系数为 $r = 0.5527$，学习成绩与学习能力的相关系数为 $r = 0.5305$。

（2）注意的广度。也称注意的范围，指在一定时间内能清楚地把握对象的有效量。阅读水平高的人可以"一目十行"，而中学生因缺乏经验就不能做到这点。

根据实验测定，成年人的广度是 7～8 个点，初一学生的广度是 6.07 个点，高二学生为 7.8 个点。女生的注意广度发展稍晚于男生，发展的进程比男生较为均衡。

中学生的阅读能力，除了与注意的广度有关外，还与阅读中的眼动方式有关。阅读能力强的中学生，眼睛视线是连续平滑地扫视印刷符号的，扫描快速，中间很少停顿；而阅读能力差的学生，眼睛视线扫视缓慢，经常出现滞留、回归等现象。

（3）注意的分配。指在同一时间内把注意指向不同的对象。

以课堂的笔记为例，听课是不断接受新知识的活动，始终需要注意力集中，而记笔记是自动化过程。小学生不能一边听课一边记笔记，而中学生由于书写的熟练，听课中能将重要内容熟练地选择出来，因此有较好的分配能力。

（4）注意的转移。指个体根据任务要求，主动地把注意从一个对象转移到另一个对象，或根据新任务的需要，主动地变换注意的中心，使之符合活动任务的要求。它是注意的积极品质，是人的高级神经活动灵活性的表现。

实验研究表明，初中学生与高中学生注意转移的能力基本上属于同一层次，没有差别。注意转移速度的差异，取决于中学生原来的注意紧张度和新对象的吸引程度。中学生原来注意紧张程度越高，注意转移就越困难，反之，注意转移就越容易；中学生如果对新的对象有浓厚的兴趣，符合自己当时的心理需求，注意转移就比较迅速和容易实现，反之，转移就缓慢。

### （九）中学生时期是理想、信念形成的重要时期

小学生的理想、信念意识是比较模糊、笼统、零散和不确定的，到了中学生时期，由于生理发育趋向成熟，知识、经验的增多，各种各样的道德观念、社会现象促进了中学生理智的增长，他们开始要求深刻地了解自己，自觉地关心自己的发展，自我评价能力迅速提高和开始自我教育，从而加速了他们理想和信念的形成。

理想可以说是对未来的渴望，是人生追求和奋斗的目标，是鼓舞人们奋斗、前进的巨大精神力量。

道德信念是推动一个人产生道德行为的强大的动力，它可以使人的道德行为表现出坚定性和一贯性；它可以引起个体情绪情感上的种种体验，是一个人品德形成的关键因素。

心理学研究表明，在不同年龄阶段，学生道德信念具有不同的质的特点。小学一、二年级的学生还没有形成道德信念；三、四年级时道德信念开始萌芽；五、六年级时开始表现出某种自觉的道德信念；从少年期开始，真正概括、深刻而坚定的道德信念才逐步形成。有的研究认为，初中阶段是一个人道德信念形成的关键时期，它为高中阶段的人生观、世界观的形成打下一定的基础。

笔者曾在北京五中和新源里中学采用问卷量表和教育性活动，对中学生道德信念的形成做了探讨性研究。经过对中学生在"诚实""关心集体""勤奋"三个方面道德信念的研究和有关问卷的调查，笔者得到如下结论：

（1）中学生是奠定人生基础的信念的重要时期。

在两所中学的初二和高二两个年级中各选一个实验班和一个对比班。在实验研究之前进行一次道德信念的测查（初测），然后进行教育活动，教育性活动只在实验班中进行，时间为一个月。

进行的教育活动主要有：①利用政治课学习有关伟人的著作或语录，如毛泽东的《为人民服务》《纪念白求恩》，以及模范榜样人物如居里夫人不为

私利的科学精神，华罗庚的"我们应当回去"，吴运铎的"我愿做共产主义的铺路泥"的学习。②组织实验班的学生看电视系列片——《共和国之恋》。该片主要反映了科技工作者为祖国事业奉献和勤奋工作的精神。③组织实验班的学生到社会实践中采访工厂中的科技、行政人员，如北京五中学生去电视设备厂采访部分工程师等科技人员。④召开交流会、专题讨论会、主题班会。比如召开了"做学问要诚实"主题班会，批评了考试作弊的错误做法，以及开展"祖国在我心中"的主题班会。

教育活动后，使用变动题次的、与初测同质的量表进行测查，以对比教育前后实验班与对比班道德信念的变化情况。研究结果表明，中学生道德信念水平复测比初测有明显的提高和差异（见下表）。

中学生道德信念水平初测、复测比较

| | 实验班 | | | 对比班 | | | | |
|---|---|---|---|---|---|---|---|---|
| | $n$ | $\bar{x}$ | $s$ | $n$ | $\bar{x}$ | $s$ | $Z$ | $P$ |
| 五中初中初测 | 44 | 133.13 | 12.15 | 47 | 127.96 | 9.67 | 2.247 | <0.05 |
| 五中高中初测 | 41 | 134.34 | 13.47 | 44 | 136.22 | 14.52 | -0.620 | >0.05 |
| 新中初中初测 | 45 | 144.93 | 13.27 | 44 | 137.56 | 15.54 | 0.748 | >0.05 |
| 新中高中初测 | 42 | 140.09 | 14.54 | 42 | 137.56 | 15.54 | 0.748 | >0.05 |
| 五中初中复测 | 44 | 140.8 | 24.09 | 47 | 131.6 | 13.31 | 3.982 | <0.001 |
| 五中高中复测 | 41 | 139.63 | 12.26 | 44 | 135.6 | 16.83 | 3.177 | <0.01 |
| 新中初中复测 | 45 | 144.86 | 24.79 | 44 | 138.09 | 19.27 | 2.334 | >0.05 |
| 新中高中复测 | 42 | 148.33 | 13.68 | 42 | 137.76 | 17.69 | 3.043 | <0.01 |

从上表可看到，两所学校初二、高二实验班在初测和复测的平均分上都可以看到变化，其变化与对比班比较都有显著差异。这充分说明，对中学生进行有关教育和活动，可以大大提高他们的道德信念水平，帮助他们形成一定的道德信念。

中学时期是开始进入社会、思考社会的时期；是开始思考人生、探究人生，考虑选择人生的目标和道路，打下人生观底色的时期；也是一个人道德信念形成的重要时期，道德信念的形成将奠定做人的良好基础。有的教育学家把中学时期称为"公民诞生期"，学生在这个时期开始有了公民意识，产生了社会责任感，这种社会责任感将促进其道德信念的形成。

（2）中学生道德信念的培养，必须注重道德信念的认知教育。

道德信念是对某种道德观念的正确性坚信不疑。道德信念由认知、情感和行为三种心理成分组成。认知是基础，是核心，是个体对某种道德规范的认识、理解和评价。

本研究表明，中学生信念的形成，必须注重信念的认知教育。下面以"做一个诚实的人"为例，列举在实验班中主要进行的三次教育活动：一是以"做学问要诚实"，以考试作弊为中心议题，进行了全班性讨论；二是要求每个同学摘抄有关诚实的格言、警句；三是进行理想人物的学习和社会实践中榜样人物的学习。

班会后我们问实验班学生："你愿不愿意做一个诚实的人？为什么？"全班有44人作了答复。表示愿意的有32人，理由是：诚实是起码的道德准则，是做人的基本要求，是一个人的美德所在；有4人表示不愿意，主要原因是：诚实的人在社会上会吃亏；有8人回答因人而异，因时而异，理由是：对不同的人和事应区别对待，有时对人要诚实，有时则不然。

在"做学问要诚实"的讨论中，集体的舆论、认知说理教育以及强化教师的语言，对于形成"诚实"的信念是有重要作用的。这里要注意，防止反面的经验与体验（如作弊能得高分而又不受到惩罚）。通过讨论，增强了学生评价的能力，提高了分析问题的能力，也有助于道德信念的形成。

在注重道德认知教育的同时，也不能忽视道德信念中的情感和行为成分的教育。

（3）中学生道德信念的形成大体上经过模仿、信服、内化三个阶段。

模仿是在没有外界控制的条件下，个体受到他人言行的刺激和影响，仿照他人的言行举止，使自己的言行举止与之相同或相似的一种活动。模仿是社会学习的重要形式。人类具有相互模仿的能力，也具有对脑力劳动方法的模仿。在实验研究中，我们提供的理想人物——居里夫人、华罗庚、吴运铎，以及社会实践中活生生的具体劳动者，都为中学生道德信念的形成提供了榜样。榜样的存在是模仿的条件，引起中学生模仿的是非控制性的社会刺激，模仿是自愿发生的，不需要通过社会或学校的强制命令。从道德信念形成过程来看，中学生的模仿更多是有意模仿，是对榜样人物内部的、实际内容的模仿，是对榜样人物思想、风度以及脑力劳动方法的模仿。

信服就是对榜样人物的相信和佩服，是带着情绪、情感的色彩自愿地接受他人，要求与其相一致。信服是在认知的基础上产生的同感成分，信服的程度往往决定于榜样的吸引力。

内化是道德信念形成的最后阶段，是真正从内心深处相信并接受榜样的观点。这意味着个人已经把新的观点、新的思想纳入了自己的信念体系，成为自己信念的一个有机组成部分。道德信念的内化是经模仿、信服的作用所认同的信念与自己原有的思想、观点、价值观协调一致的理智过程。比如，"要做一个学问上诚实的人"的道德信念达到内化程度的中学生，在任何考试场合中决不会去作弊，并且持一种坚定不移的态度。

（4）中学生道德信念具有情绪情感色彩及社会性、稳定性、习惯性、内隐性的特点。

根据实验研究，我们认为中学生的道德信念具有以下特点：①带有情绪、情感色彩。按信念去行动产生肯定的情感体验，否则就会产生消极的情感体验。②道德信念的社会性。任何道德信念都不是先天具有的，而是在后天的社会环境中产生的，道德信念具有社会性的特点。③道德信念的稳定性。也就是说中学生的道德信念一旦确立，就比较难以改变。如形成了勤奋学习的道德信念，无论遇到任何艰难险阻都会刻苦勤奋地攻克难题以获得知识技能。④道德信念的习惯性。是指自然而然地按照自己的道德信念去行动，使行动自动化。如确立了做学问要诚实的信念，就会严格要求自己努力用功学习，而决不会以作弊来获得高分。⑤道德信念的内隐性。道德是一种内在的心理活动，是不能直接观察到的。但道德信念与行为有密切的关系，它能从个人的言语、表情和行为中间接地进行分析和推测。道德信念是一种内化的理智活动。

（5）中学生道德信念形成的途径。

从实验研究的进程和结果来看，中学生道德信念形成的途径是：①认知教育，包括理性的伦理教育和榜样教育；②通过实践教育活动获得情感体验，如走访平凡的劳动者或劳动模范；③集体舆论和强化教师的言语，如"做学问要诚实"中对作弊行为的分析批判，以及教师对道德信念行为或思想作经常性的表扬，强化将要形成的道德信念；④人生理想、价值观、世界观的教育；⑤避免反面经验与体验，如不让作弊而得高分的学生沾沾自喜；⑥通过各种活动增强中学生评价能力，提高他们分析问题的能力。

（6）根据实验结果可知，中学生道德信念的形成没有年龄阶段和男女性别的差异。

初、高中学生道德信念发展水平的对比

| | 初　中 | | | 高　中 | | | Z | P |
|---|---|---|---|---|---|---|---|---|
| | $n$ | $\bar{x}$ | $s$ | $n$ | $\bar{x}$ | $s$ | | |
| 五中初测 | 44 | 133.13 | 12.15 | 41 | 134.34 | 13.47 | -0.435 | >0.05 |
| 新中初测 | 45 | 144.93 | 13.37 | 42 | 140.09 | 14.54 | 1.657 | >0.05 |
| 五中复测 | 44 | 140.8 | 24.09 | 41 | 139.63 | 12.26 | 0.258 | >0.05 |
| 新中复测 | 45 | 144.86 | 24.79 | 42 | 148.33 | 13.68 | -0.816 | >0.05 |

上表表明，不论是重点中学的北京五中，还是普通中学的新源里中学，初中与高中学生道德信念发展水平之间没有明显的差异，他们初测和复测的 $P$ 值都大于 0.05。

中学生男、女道德信念形成的差异

| | 男 生 | | | 女 生 | | | $Z$ | $P$ |
|---|---|---|---|---|---|---|---|---|
| | $n$ | $\bar{x}$ | $s$ | $n$ | $\bar{x}$ | $s$ | | |
| 五中初中初测 | 19 | 134.2 | 13.14 | 25 | 127.52 | 26.69 | 1.089 | >0.05 |
| 五中高中初测 | 23 | 131 | 14.91 | 18 | 137.22 | 11.56 | 4.133 | <0.001 |
| 新中初中初测 | 21 | 145.0 | 10.69 | 24 | 144.75 | 15.16 | 3.875 | >0.001 |
| 新中高中初测 | 24 | 138.3 | 16.69 | 24 | 144.75 | 15.16 | 3.875 | >0.05 |
| 五中初中复测 | 19 | 135.82 | 31.75 | 25 | 145.6 | 14.69 | −1.245 | >0.05 |
| 五中高中复测 | 23 | 138.8 | 14.77 | 18 | 139.66 | 11.87 | −0.206 | >0.05 |
| 新中初中复测 | 21 | 148.2 | 12.95 | 24 | 148.3 | 15.03 | −0.023 | >0.05 |
| 新中高中复测 | 24 | 147.8 | 15.54 | 18 | 148.9 | 11.02 | −0.267 | >0.05 |

中学生道德信念形成中，男生与女生之间是否存在差异呢？上表告诉我们，在初测时五中的高中和新中的初中表现出差异，从得分在 144 分以上来看，这两个年级女生道德信念要比男生高。但经过教育活动后，这个优势已不存在。上表的复测告诉我们，两校男生与女生在初、高中都没有显著的差异，$P$ 值都大于 0.05。

## 三、根据青少年的心理特点，及时调整教育方式

（1）关心中学生的内心世界，保持心灵渠道的畅通。

（2）耐心细致，讲究方法和教育艺术。

在批评时要注意：情况不清时不批评；外人在场、公共场合下不批评；气头上不批评，等心平气和时再谈。

（3）中学生需要师长的尊重、宽容和理解，也需要师长的关怀、帮助和引导。

（4）教育学生不要太在意自己的长相、身材。

（5）教育学生中学时期不宜早恋。

如何对待有早恋行为的学生呢？

首先，在思想上要明确两点：一是要分清正常交往和早恋的界限，不要把早恋扩大化。不要一看到男女学生在一起做功课或假日外出游玩，就出来"敲边鼓""约法三章"。二是正确对待早恋。不要把早恋看成是败坏校风、家门的丑事，视早恋为"洪水猛兽"，一味地控制、严禁。否则会迫使学生反抗，产生"逆反心理"，会加大教育的难度，疏远师生的感情。

其次，我们不赞成早恋，但要理解、宽容，并耐心地疏导。

不赞成早恋是因为早恋会占用和浪费学生宝贵的时间，分散精力，妨碍学习，影响他们成人、成才。但也要看到，少男少女在青春期彼此之间的爱慕属于正常情况。早恋的产生，除少数是游戏性的，大多数是纯洁的、健康的、正常的，"哪个少男不钟情，哪个少女不怀春呢？"所以要理解、宽容，耐心疏导。

最后，要尊重学生的人格和感情，可实施"爱情冻结法"。

一旦发现有学生早恋，第一件事情需要做的是学会保密。第二是对早恋学生实施"爱情冻结术"。冻结情感就是要求早恋的双方把原有的感情埋藏在心里，不再外露，不再发展，待到适当时机才"解冻"。教育这些学生感情是珍贵的，必须用理智加以保护。

冻结后双方的感情不会呈现静止不变的状态，可能会时而"解冻"，时而"交流"；或在校内"解冻"，在校外"交流"。这时要和他们作一次平等、民主的交谈，并提出：必须克制感情，不准私下见面、通信；学习成绩好或平时表现出色时，可以考虑满足他们提出新的要求。

# 第四节　优秀学生的心理特点与教育

优秀学生是指品学兼优，在德、智、体各方面得到较全面的发展，而且连续 2 年以上被评为"三好学生"者。教育工作的根本任务是培养人才，要为社会培养更多、更优秀的人才，就必须重视优秀学生的发现、培养和教育，使更多的青少年成为优秀学生。下面就优秀学生的心理特点与教育问题，做初步的探讨。

# 一、优秀学生的心理特点

优秀学生除具有青少年的一般心理特点外，还具有以下几方面的显著特点：

## 1. 具有正确的道德观念

优秀学生具有爱憎分明和正确的是非观念。他们确信勤奋学习、热爱科学和劳动、文明礼貌、遵守纪律、诚实勇敢、尊敬师长、关心集体、团结同学、助人为乐、拾金不昧、艰苦朴素等是一个人的美德。他们立志使自己成为热爱社会主义祖国，忠于党和人民，有远大理想，有共产主义道德品质的一代新人。因而他们对社会上的现象、对周围的事物都有正确的见解和评价；对社会上的不良风气看不惯，勇于斗争。他们做了好事，从不夸耀自己。一般来说，优秀学生有丰富的精神生活和正确的政治方向，能自觉地抗拒不良思想的影响。

## 2. 好胜心强和富于进取精神

青少年正处于向上发展的阶段。优秀学生的积极肯干、善于思考、主动热情、求知欲强等优良品质，都是与他们的好胜心和进取精神分不开的。他们有一股力争上游，什么事情都要办得比较好、比较理想的劲头；有一股什么事情都要自己独立地去干，还要干得好的热情。他们的求知欲尤其旺盛，不仅喜爱抽象概括的数理化，而且喜爱课外的文艺和科技读物；他们喜欢深入思考和探讨各种问题，像海绵吸水一样，如饥似渴地去吸取人类丰富的知识营养。他们不甘落后，事事、处处都有自己的奋斗目标，而且能控制自己的活动，判断自己行为的正确与否，有自我检点、自我训练、自我体验、自我鼓舞和自我禁约等自我教育的能力。但是，由于他们的年龄特点和思想方面的片面性，教师也要注意他们的好胜心和进取精神所带来的消极一面。如对别人的成就不服气，但不外露，只是内里鼓劲，力求超过别人；获得了成功或取得了优良成绩时不好自吹，但好自赏；遭到了失败，严于责己；受了委屈，不好争辩，只是心里难过，暗自流泪，暗自悔恨或责骂自己。教师发现优秀学生出现这种苗头时要对其特别热情关怀、细心体察，把握他们细微的脉搏，耐心开导，打开他们的心扉，敞开他们的胸怀，扩大他们的眼界，帮助他们摆脱个人得失的羁绊。

## 3. 责任心强，富有正义感

优秀学生对集体生活比较关心，集体观念较强，能维护集体荣誉，积极完成老师和集体交给的任务，工作热情、办事公正。他们能主动地为班级和学校做好事，并关注在学习、生活中存在的问题，具有强烈的责任感。他们对同学有较强的友谊感，能够互相帮助、共同提高，特别是对后进生乐于帮助。他们对集体的关心不仅限于校内，而且也十分关注社会生活和国家大事。

正义感，是指对是非、好坏能分辨清楚，对维护或破坏集体利益的现象有鲜明的态度。他们能顾全大局，能使个人的爱好服从于组织、集体的需要。他们爱憎分明，对不良行为和现象敢于批评和斗争，不怕打击报复，不计较个人得失。他们乐于助人，做了好事好大喜功。

### 4. 具有荣誉感与自尊感

荣誉感是对个人或集体的实际行动所带来的光荣名誉的一种内心体验。荣誉感是在集体活动中形成的一种积极的心理品质。它促使人们珍惜集体荣誉，根据集体的要求与利益来行动。荣誉感对于优秀学生的成长，起着十分重要的作用。有了荣誉感，优秀学生就能自觉地关心和维护集体的利益和荣誉，自觉地抵制一些不良诱因的干扰，自觉地去完成社会、学校和教师所分配的工作。优秀学生有了荣誉感，就会要求自己以实际行动给集体带来荣誉，也会为别人的行动给集体增添荣誉而高兴，会为自己（或别人）做了不好的、不应该的事而感到羞愧。荣誉感促使优秀学生发扬优点，克服缺点，力求进步。

自尊心是对自己个性品质的肯定的评价，表现为充分地肯定自己的长处和成就。在优秀学生身上，自尊心是与自信心、进取心、社会责任感、荣誉感紧密联系的。它是一种积极的心理品质，是推动学生积极向上的动力。优秀学生的自尊感不仅表现在自己尊重自己，不向别人卑躬屈膝，而且还时时处处懂得尊重别人，因为他们懂得，只有尊重别人的人才会被别人尊重。强烈的自尊心，促使他们严格地要求自己，自觉地约束自己，以取得教师和同学的尊重与信任。他们不甘落后，目光始终向着"走在自己前面的人"。优秀学生对自己的行为负责，一旦自己有了错误就会感到内疚，受到良心的责备；自己在某方面不如同学，就暗下决心去追赶，会以别人之长补己之短，并从中接受教训，以鞭策自己。

### 5. 具有自制力与克服困难的精神

优秀学生优良品德的意志表现是具有自制力。他们能用正确的思想指导自己的行动，不为诱因所干扰。他们有的在上学路上也不愿意浪费时间，默默地背诵公式和外语单词；有的学习废寝忘食；有的在嘈杂的环境中克服干扰，闹中求静，坚持学习。他们能为实现正确的目标而不畏困难、持之以恒，能克服犹豫、恐惧、懒惰、羞怯等不良情绪；善于听从别人的忠告，反省自己，对自身的道德修养能以"吾日三省吾身"来要求自己；行动时能控制自己的消极情绪。他们还具有克服困难的精神。他们在执行决定过程中主要是克服两方面的困难：一方面是克服内部困难，即主观动机上的干扰或目的诱惑；另一方面是克服客观上的困难，如诱因的干扰、恶劣的天气和缺少必要的工具、设备等。他们能自觉地确定行动的目的，在要立即行动时能当机立断、毫不犹豫。

### 6. 具有坚持真理、知错必改和言行一致的精神

坚持真理、知错必改和言行一致是人的美德。坚持真理的人是有理想、有信念的人，也是敢于改正错误的人。知错必改的人，一是严于解剖自己，经常地反省自己；二是善于听取别人的意见，对别人的意见抱着"有则改之，无则加勉""言者无罪，闻者足戒"的态度，尽可能从各种意见中汲取合理的营养；三是认错诚恳，改错坚决。认为言行一致的人"言必行、行必果"，不许下自己做不到的诺言，不作出空洞无物的保证，说到做到，不夸大成绩，不隐瞒缺点。

### 7. 养成了良好的行动习惯

行动习惯是一个人心理活动的外在表现，它总是以内心的修养（知识、观点、信念、理想、品质）为基础的。优秀学生的良好习惯是在道德认识的基础上，经过道德感的激发并转化为道德行动而形成的牢固的习惯。良好的行动习惯有助于学生身心的健康发展和有效地掌握科学写文化知识。一般说来，优秀学生都具有良好的学习习惯（能做到预习、认真听课、作业前复习、当天作业当天完成并检查作业）、工作习惯和生活习惯，并有良好的学习方法和一定的自学能力；对师长彬彬有礼，对同学团结友爱；能自觉地遵守学校纪律和公共秩序。一些好的行动习惯还会发生迁移。比如，从小养成作业本干净、整洁，遵守作息时间，积极参加劳动等习惯，时间长了，就形成了爱清洁、准时和爱劳动等品德。

事物总是一分为二的，优秀学生的良好品质中也潜在着不良的因素，而这些往往不被人们所重视，也不易被发现。教师对优秀学生要注意其缺点，多提出严格要求，及时发现潜伏在他们身心中的不利因素，进行正确的引导和教育。这些不良因素主要有两个方面：

（1）优越感。

优越感是一种消极的心理品质，它表现为过高地估计自己的长处、成就和自己所处的地位。优秀学生是学生中的榜样和骨干力量，也是教师的得力助手，学校和班级里的许多事情，要通过他们去做，依靠他们发挥积极的影响和作用。他们在学生中有一定的威信，在教师心目中是理想的学生。在他们的成长过程中，往往得到老师、家长的宠爱，同伴的尊敬和羡慕。他们耳

听表扬声，眼看微笑脸，手拿奖励品。对于他们往往是表扬多、批评少，重用多、教育少。他们在同学中也往往是发号施令多，接受别人的指令少，常常在各种活动中很自然地形成以自我为中心。这些客观现实反映在优秀学生的头脑里，就会自觉不自觉地产生"优越感"，而这种优越感常常是不外露的，是教师和家长起初觉察不到的。例如，有一个学生，在小学是尖子生，到初中每年被评为"三好学生"，由于受到不恰当的赞赏和尊重，常常自以为了不起，对同学的问题总是以"这还不容易"来回答。如果谁赶上自己，不是为之高兴，而是怀着嫉妒和抵触情绪。对老师的话也只爱听赞扬的话，不爱接受批评。由此可见，尽管在优秀学生身上有许多积极因素，但也要注意被掩盖的消极因素，应该帮助他们克服这些因素，否则他们就会脱离同学，停滞不前，甚至可能不顾大局，不顾集体的利益，走上错误的道路。

（2）高傲自大。

高傲自大是自私心理在人与人之间关系上的外向表现。有的优秀学生由于能力较强、成绩好，而自高自大、目空一切、藐视别人，甚至连教师、父母都不放在眼里。他们对人简单粗暴，处事主观武断，处处要求别人赞许和尊重自己，而自己根本不知道应该尊重别人。自尊之心，人皆有之，人人都应该受到尊重和爱护，唯我独尊的心理则是不健康、不应有的，对本人、对社会都是有害的。

高傲自大的突出表现是竞争心切，总想比别人强一截、高一头。当看到别人强于自己时，往往产生不服气和嫉妒心理，总想暗地赶上，压倒别人。当看到别人失败时，往往幸灾乐祸、冷嘲热讽，毫无同情心，也无友爱之意。高傲自大的另一个表现是不虚心，听不得不同意见，一旦受到批评，就灰心丧气、情绪低落，或者态度蛮横、反唇相讥。

有的优秀学生，在某些因素下，存在着只重智育，不顾德育和体育，不愿参加公益活动和不担任社会工作，不懂得艰苦朴素，不参加体力劳动等问题，这是要引起重视的。

上述心理特点并不是每一个优秀学生都具有的，它的表现形式和程度也不一致。因此，在教育工作中，既要考虑优秀学生的一般心理特点，又要考虑每个学生的个性差异。

## 二、优秀学生品德优良的原因分析

优秀学生品德优良是在社会舆论的熏陶下和家庭、学校道德教育的影响下，通过学生的心理内部矛盾斗争而形成的。

**1. 社会影响**

"近朱者赤，近墨者黑。"学生周围环境较好，来往接触的人（家长、亲友、邻居、教师和同学）都很正派，学生大部分的时间是过集体生活，很少接触坏人坏事，这些都会对学生产生好的影响。

社会上举办战斗英雄、劳动模范、科学家优秀事迹的报告会，开展"学雷锋、争'三好'"和"学英雄，树新风，争当'新长征突击手'"以及"立志成才，为祖国四化从我做起"的学习活动，以及揭露、打击违法犯罪分子的宣传活动，从正反两方面教育青少年分辨是非和善恶，促使他们朝着优良心理品质方面发展。

大学招生制度的改革，招工"择优录取"的方针，使学生感到不好好学习就没有前途。中小学生守则的颁布，也使学生在道德行动上有了准则。

当前正在大力加强社会主义精神文明的建设，全国上下开展以讲文明、讲礼貌、讲卫生、讲秩序、讲道德和心灵美、语言美、行为美、环境美为内容的"五讲""四美"文明礼貌活动，使我国城乡的社会风气和道德面貌有了一个根本改观。这样一个社会主义高度精神文明的新面貌的出现，无疑将大大促进我国青少年优良品德的形成。

**2. 家庭的影响**

（1）家长的以身作则、身教胜于言教，给孩子树立了学习的榜样。

学生品德的好坏，取决于童年和少年时期的启蒙教育，其关键又在于家长的教育。家长是子女的第一个老师，家长的一言一行，无不直接地或潜移默化地给子女以影响。家长思想进步、行为端正，工作表现好，处处做子女的表率，都是搞好家庭教育的前提，也是孩子养成良好心理品质的关键。学生有礼貌、讲卫生、爱劳动、助人为乐、拾金不昧、诚实朴素、吃苦耐劳等好品德，就是从小受到家长的熏陶而形成的。

（2）家长教育得法，父母对子女要求一致。

教育子女要从大处着眼，如用革命英雄人物、科学家的事迹教育孩子，鼓励孩子树立雄心壮志；要从小处入手，教育子女每天严格遵守作息制度，并时时处处检查督促。

父母若发现孩子做事方法不对时，因孩子年龄小，不该当面提出。孩子年龄大了，有一定的分析问题的能力，有不对之处应要求他实事求是地承认。父母之间要相互合作、相互支持，才能教育好孩子。

（3）严格要求，不娇惯，不溺爱，不袒护孩子。

有的家庭经济条件好，家长也不随便让孩子乱花钱，从不娇惯孩子，从而让孩子养成生活朴素的好习惯。家长应分配孩子做力所能及的家务劳动，孩子自己能做的事尽量让他自己去做，不依赖家长，培养其独立生活的能力；经常用周围孩子的优点同自己孩子对照，激发孩子学习别人的优点；孩子有缺点、错误时，引导孩子认识错误，并帮助孩子改正错误、缺点。

（4）不同职业的家长，具有不同的良好品质，影响着孩子的良好品质的形成。

比如，工人的团结性，组织纪律性；矿工的坚忍性；仪表工人的细心，精确性；农民的关心集体；互助合作；勤劳朴实；诚实的品质；解放军指战员的敏捷性；纪律性；自我牺牲精神；知识分子的爱科学；独立钻研；勤学好问的精神；中小学教师的活泼；冷静；机智；敏感；对人文明礼貌；医护人员的爱整洁；安静；沉着；耐性；富有同情心；文艺工作者的灵活；开朗；富于创造性等品质；商业服务人员的和蔼；耐心；细致；助人为乐的品质……都在程度不同地影响和左右着孩子良好品质的形成。有的家长还经常利用学生的假期，让孩子到工厂、农村去劳动，到商店、车站去做些公益性的劳动和服务性工作，以帮助孩子良好品质的形成。

（5）革命老干部总是以革命的传统教育孩子不要特殊化，不要躺在父母的功劳簿上，要以自己的实际行动去写自己的历史。

（6）重视早期教育和早期行动的培养。人的思想品质以及学习都要受先前经验的影响。特别是早期学习，是成长的基础，早期行动的培养对成长后的行动影响也是持久的。不少家长重视对子女从小在智力、品德、身体素质以及学习习惯、生活习惯、劳动观点等方面的培养和训练。

### 3. 学校教育的影响

在学校与社会、家庭的相互关系中，学校教育对培养学生优良品质起着主导作用。学校教育是根据社会主义的教育方针和教育目的，根据中小学生身心发展的特点，采用适当的教育内容和方法，使学生在短时间内掌握较多的知识和技能，形成社会主义的道德观点、信念和行动习惯，促进学生智力和个性品质的发展。

学校对优良品德学生的培养有赖于以下几种因素：

（1）校风、榜样与身教。学校是培养人的场所。学校要把儿童培养成具有好思想、好作风的一代新人，就必须要有一个好的校风。好校风一经形成，就有很大的免疫力，不但能抵制社会上的不良风气，而且还能把学校里的新风尚带到社会上，推动时代前进。比如，学校有艰苦朴素的好校风，学生的衣着整齐、整洁、大方，这就能使学生一心扑在学习上。

青少年年龄小，分析问题能力差，但模仿能力强，可塑性大，他们在榜样和教师身教的影响下，是会形成良好的思想、品质和作风的。例如看电影，学生争抢好票，到电影院后大家发现老师坐在最后排的角落上，学生深受感动，议论纷纷。有的学生在日记中写道："老师的行动是我们的榜样，我感到羞愧！我要学习老师的风格。"教师的一言一行，一举一动，对学生往往是非常有力的教育。

（2）爱、热情与信任。没有爱就没有教育，爱是教师教育学生的基础和开始。一个好的教师必须是既爱教育事业又爱学生的典范。教育学生的成功来源于对学生的最大热情，来源于对学生的最大信任。对优秀学生是这样，对品学双差的学生更应是这样。教师以冷淡、轻视和傲慢的态度对待学生，就会跟学生疏远，从而破坏教师的威信，没有威信就不可能做好一个教育者。

（3）尊重、引导与奖惩。尊重就是尊重学生的人格和自尊心。人格不可侮辱，自尊心不可伤害。自尊心是学生进取的力量源泉。品德优良的学生自尊心强，"响鼓不要重敲"，给予一定的暗示性谈话即可。发现他们有了缺点、错误，也不要掩饰，要正确引导，一般不要当众批评，而是个别谈心。但也不能姑息，而应当实事求是，尤其是对那些在众目睽睽下犯错误的学生，更要在大家监督下给予恰当的批评，有时还要其当众检讨。实践证明，这种做法非但无损好学生的形象和威信，反而有助于提高、保持其威信，甚至对维护班主任的威信也有好处，因为大家有这样的看法：谁犯错误都要改，老师一视同仁。品德优良的学生听到表扬多、奖励多，在一定的情况下，适当的批评、惩罚也是必要的，这要掌握好时机，不能滥用。

（4）教师、学生要稳定。教师、学生的稳定指的是要减少换班主任的次数和学生调换班级的次数。不然各个班主任都要重新了解学生，学生也要了解老师，而学生对老师的熟悉程度又很有限，很不利于学生积极性的发挥，尤其是班干部、优秀生，处理不好很容易挫伤他们的积极性。

## 三、培养优良品德的心理依据

学生的优良品德不是自发形成的，也不是天上掉下来的，而是在家庭、学校、社会各方面的综合影响下形成和发展的，各种因素又是互相交叉、互相制约、共同作用的。但是受教育者不是消极、被动地接受影响的，他是积极的、能动的主体。在他们所接受的各种影响中，有的可能产生与现行社会要求相符合的思想品德；有的则可能产生相反的结果。下面就培养学生优良品德提供一些心理依据。

### 1. 充分利用学生对集体活动的兴趣

青少年的大部分时间是在学校（班）集体活动中度过的。一个优秀集体可以促使学生确立正确的政治方向和革命理想，提高道德行动的自觉性；形成集体的义务感、责任心、荣誉感、友谊感以及主动精神和服从集体要求等良好品质；形成纪律性与自我牺牲精神；树立为人民服务的观念和先公后私及公而忘私的优良品德。

青少年具有精力旺盛、活泼好动、求知欲强、上进心强、好奇心强、积极好学等心理特点。集体活动内容的丰富、形式的多样，适合学生的需要、兴趣，能满足学生的愿望。学生一旦失去了参加集体活动的机会，常常会产生孤独感，渴望参加集体活动。

有教育意义的活动，如主题班会、战斗英雄、劳动模范和科学家的报告会，参观革命圣地、博物馆、展览会，校庆活动等，对形成学生的优良品德都有积极作用和重要意义。树典型、立榜样、创"三好"的活动，以及各种课外活动、校队活动和团队活动，既符合青少年的特点，又具有知识性、趣味性和思想性。

集体活动，可以使学生亲眼看到集体力量比个人力量大，亲身体验到参加集体活动对每个人的德、智、体的发展都有好处，这就可能促使学生产生建立良好集体的迫切要求和愿望。在集体活动中，个人与集体的关系十分明显，使学生容易体验到个人的努力程度将直接影响到集体的成败，集体的成败又影响到每个成员所受教育的效果，这就使学生产生尊重集体、服从集体的要求，逐步形成集体主义思想。

### 2. 充分利用学生好模仿的特点

模仿是对榜样的一种效仿，是对别人行动的反映。学生在集体中，由于与老师、同学共同活动、直接交往，别人的言行常常会引起自己的思索、对照，产生模仿的心理。少年儿童模仿别人有它的发展规律，他们开始只是模仿邻近的人，随后模仿较远的人。例如，儿童先是模仿家人，进而模仿老师、朋友和班级里的同学，而后模仿广大社会范围中的榜样；先是模仿现实社会存在的人，而后模仿文学艺术作品中的英雄；先是模仿现代人，而后模仿历史人物。模仿发展的基本趋势是：从无意的模仿到有意的模仿；从游戏的模仿到生活实践的模仿；从把模仿当做目的到把模仿作为达到目的的手段；从模仿榜样的外部特征产生类似的举动，到模仿榜样的内心特征而产生独创性的道德行动。

要充分利用学生好模仿的特点，引导学生向先进榜样学习，激起学生丰富的感情与想象，引起模仿榜样的意向。通过先进榜样人物的言行、思想活动，把高深的政治理论、抽象的道德标准人格化、具体化，可以使学生获得难忘的印象并受到深刻的教育。先进榜样对提高学生的政治思想和道德水平、陶冶革命情感、提高自我评价能力以及培养良好的行动习惯都能起积极的作用。

学习英雄榜样，实质上就是使榜样的优良情操和思想品质转化为学生自身的品质。这就必须激发学生学习和寻求榜样的需要，寻找的榜样要符合学生的标准，而且必须是认真地、虚心地学习。对教师来说，选择的榜样必须是：榜样的人格和品质是高尚的，但又是可以学习到的，不是高不可攀的；榜样应是公认的、具有权威的，能引起敬仰的心情；榜样是典型的，特点是突出的，能引起学生的重视。教师在进行先进榜样教育时，还要注意引导学生去学习榜样的本质特点，把认识转化为自觉的行动，并坚持在实践中学习，绝不停留在口头上。指导学生学习榜样的方法，培养他们的良好习惯，并及时肯定、赞扬学生学习榜样的行为，使其不经常的道德行动转化为道德习惯、道德品质。

为了使先进榜样发挥更大的教育作用，教师要注意：一是实事求是地宣扬、表彰先进榜样的事迹，组织学生参观先进的班集体。二是引导学生正确对待榜样，一分为二地看待先进榜样，学其所长，防止仿效榜样的缺点。三是分析先进榜样成功的条件，指明要赶上先进榜样的途径，增强学生模仿先进榜样的信心。四是让学生参加表扬、介绍先进事迹的会议，形式上要隆重、热烈，激发学生敬慕先进的心情。五是及时表扬学习先进榜样的积极分子，扩大先进榜样的队伍和影响，提高学生模仿先进榜样的积极性。

### 3. 充分利用学生的集体舆论和荣誉感

学生在集体生活中，逐步会意识到个人在集体中的地位，产生荣誉感、自豪感，或者是自疚情绪、羞愧体验等。集体舆论，即在集体中占优势的正确言论与意见，常常是个人与集体的关系的直接表现。它以议论、褒贬、奖惩等形式肯定或否定这些关系，引起集体成员思想上的考虑、情绪上的体验，促使集体成员调整自己的行动。它是个人与集体关系正常化的"晴雨表"。它表示集体的意志，是集体成员根据集体利益调节个人行动、改变关系的信号；是学生产生荣誉感的一种重要源泉。

一般来说，受到集体舆论支持并引起自豪感与荣誉感的行动可以使学生坚持和发扬；而受到集体舆论指责并引起羞愧与自疚感的行动学生则会回避和克服。因此，健康的舆论便成为学生产生良好行动和消除不良行动的一种巨大力量。为了培养健康的舆论，教师应该时刻注意舆论的倾向与性质，以自己的言论和行动给集体舆论树立正确的方向；通过谈话和讨论肯定正确的舆论和否定不正确的舆论；培养积极分子分析和评论各种舆论的能力，通过他们带动其他同学来议论各种事情，并形成一种正确的舆论力量。此外，教师还可以利用刊物、漫画、墙报等来表扬或评论各种言行，表达集体的愿望和要求，使其成为舆论中心。

培养学生的集体荣誉感还可以采取其他有效措施：①向学生展示整个学校的成就、先进事迹以及发展远景，使学生产生爱校感情；②利用各种形式表扬班内先进事迹，指出先进事迹与整个集体的关系；③组织学生参加爱校、爱班的活动，增强学生建设好集体的意志。此外，正确运用奖励和惩罚，不仅可以培养集体荣誉感，而且也是利用荣誉感进行教育的有效手段。

对集体和个人同时施以教育影响的方法也是不可忽视的。当教师的要求、指责或批评并不直接指向个别学生，而是指向班集体或小组时，集体会运用自身的力量去影响个别学生。

### 4. 充分利用学生对集体前途向往的心情

青少年学生是富有幻想的。幻想是创造性活动的前奏，是意志行动的一种动力。当幻想集体发展的远景时，不仅可以使整个集体生气勃勃、奋发有为，而且可以使学生在奔向集体共同目标的活动中更加关心与热爱集体，更加自觉地严格要求自己。

教育家马卡连柯十分重视前景教育。他认为，一个人如果能根据集体的远大前景的愿望来行动，他不仅有强有力的意志，而且也有高尚的人格。他认为"培养人，就是培养他对前途的希望……教育机关，如果不能建立前途观念，就不能获得良好的工作和纪律"。

培养集体成员的前途观念，应根据年龄特征与心理发展规律来进行。在进行前景教育时，要随着年龄的增长由近景扩展为远景。①为了使儿童热爱生活，在建立近景时先从满足个人需要的活动着手，而逐步引向对美好明天的向往。在实现前景教育的具体活动中，使学生形成个人利益服从集体利益的观念，逐渐使学生把个人前途与集体前途协调起来。②学生年龄越大，要注意把近景的境界往后推得越远，应该向他们提出需要克服的某些困难，和在相当时期以后要实现的前景。③接近成年的学生政治上比较成熟，这时远景的作用愈加显著。要使学生知道，现在的学习与劳动就是为祖国建设做准备，使他们在未来美好前景的鼓舞下艰苦奋斗。不断给集体提出前景与要求，不仅以明天的欢乐鼓舞学生前进，也在为实现集体前途的忘我劳动中使其人格美化和高尚化。

### 5. 通过学生自己的道德努力形成优良品德

要使学生通过自己的道德努力形成优良品德，首先要培养学生自我教育的能力。青少年的思想品德是在教育和其他外界影响下，通过他们的认识和实践活动而发展的。因此，他们不仅是教育的对象，而且也是教育的主体。

自我教育是指一个人为了形成良好的思想品德而进行的自觉的思想转化和行为控制的活动，是一个人在道德修养上的自觉能动性的表现。

青少年的自我教育的能力是在学校教育的主导作用下成长的。一种思想一旦被青少年接受，就会在他们的身上作为一种能动的力量反映出来。随着他们的认识能力和思想品德的发展，也必然在他们身上逐步形成并不断发展自我教育的能力。例如，青少年从有意识地模仿成人的道德行动，努力完成教师与集体提出的任务与要求，到自觉地控制自己的行动举止，立志为崇高的理想进行道德的自我完善，就是自我教育的表现。自我教育体现在知、情、意、行各个方面。在知的方面，有自我意识和自我批评；在情的方面，有自我体验、自我反悔；在意的方面，有自我鼓舞、自我命令、自我誓言、自我禁约和自我检查；在行的方面，有自我检点、自我训练和自我监督。青少年如果能逐步形成这些自我教育的能力，就能大大推动他们思想品德的发展和提高。

自我教育实质上是学生自觉地参与他们自身思想品德塑造的最高形式。当学生自我教育的能力形成后，他们就能自觉地提出道德修养的自我奋斗的目标，坚持不懈地为实现这一目标而努力。在这个过程中，他们还将主动地对自己的思想、行动进行自我分析、自我评价、自我改造和自我提高，从而自觉地抗拒不良思想的影响，塑造自己的无产阶级的思想品德和共产主义的世界观。

### 6. 优良品德的培养要因人而异

同一年龄阶段的学生，虽然有大体相同的心理特点，但同中有异，彼此之间是存在着差异的。他们不仅在智力上、生理上有差异，在性格上和精神面貌、道德品质上也存在着差异。这就要求教育工作者在优良品德的培养中从实际出发，做到因人而异，做到一把钥匙开一把锁。比如，对骄傲自大的学生，就要培养其谦虚谨慎的品德；对胆怯的学生，就要培养其勇敢的精神；对马虎、敷衍了事的学生，就要培养其认真、细心的品德；经常说谎的学生，就要对其进行诚实和实事求是的教育；只能听表扬而经不起批评的学生，就要对其进行批评与自我批评的教育；对办事不认真、不负责任的学生，就要培养其责任感和义务感。此外，还要注意男女性别的差异。一般说来，女生比较细心、安静，但比较胆怯；男生比较胆大、勇敢，但不够细心、谨慎等。教育工作者要善于从学生的实际情况出发，做到因材施教，因人而异。

### 7. 真诚爱护与严格要求相结合

教师对品德优良的学生是会很快就喜欢上的，这比喜欢那些心灵受到创伤的后进生容易得多。这种喜欢并不是教师单方面起作用的，而是师生相互作用、相互影响的过程。任课教师首先从学习成绩中获得了对某个优秀学生的印象，产生了积极的定势心理。然后通过观察考查，对政治上力求上进、组织纪律性强、学习努力、成绩优良的学生，寄予了殷切的希望。这种希望往往会通过教师的语气、面部表情、手势充分地表现出来。这些反应让学生感觉到教师的关心、爱护和鼓励，从而以积极的态度对待教师，表现为更加努力学习，更加进步，和老师更加亲近。当学生的这些表现又为教师所觉察时，教师又增加了对这些学生的爱护和关心，并在教育和教学中表现出来。这样反复几次，教师就会产生偏爱和放松对学生的严格要求了。这是一种情况。还有一种情况，比如，教师看到某个学生长得逗人喜爱；或会亲近老师，帮助老师做事；甚至学生家长职务的高低和经济条件的好坏，都会使教师对某个学生产生偏爱的情感，放弃严格的要求，从而助长好学生不良品质的发展。好学生变坏，也是长时期内对其缺点和错误袒护、纵容的结果。如果教师对学生只有爱心而无严格要求，学生还会把这样的教师当做软弱可欺。"严是爱，松是害，不管不教要变坏"就是这个道理。教师对学生爱的同时，必须对学生提出严格的要求，只有辅之以严格要求的爱，才是对学生真正的爱。教师只有把爱溶化和贯穿在严格要求之中，才能防止教育的片面性，也才能培养学生的优良品德。

### 8. 正确运用表扬与批评

表扬与批评是教育工作中的辅助方法。表扬能起到发扬学生优点的作用，有利于调动学生的积极性和主动性，有利于培养学生的自尊心和自信心。表扬对学生的心理发展也能起到积极作用，但用得不恰当也会产生弊端。对品德优良的学生，表扬太多，奖励太频繁，夸奖太过分，就会忽视自己的缺点，产生骄傲自满的思想。品德优良的学生变坏是长期对其缺点、错误缺乏应有的教育的结果。对品德优良的学生适当运用批评倒比表扬有效果。批评是否定学生思想、行为的错误部分，使学生克服或根除不良的思想、行为。批评能起到抑制的作用。批评必须实事求是，符合实际，使学生心服口服。品德优良的学生经常听到的是表扬和奖励，而公正合理的批评对其也能起到积极的作用。一般说来，后进生对表扬的反应比对批评的反应更强烈些，而品德优良学生却往往相反。运用批评时，要使学生意识到教师是真心诚意地在帮助他们，这样效果就会更好。与学生关系好的教师，威信高的教师以及不轻易夸奖人或批评人的教师，一旦对他们运用批评，就会收到良好的效果。在对他们进行批评时，不要说得一无是处，有时也要与肯定他们的优点相结合。与此同时，也要对他们进行羞耻心的教育。当他们偶然做了不应该的、愚蠢的事时就会感到痛恨，感到这种卑鄙的事对自己来说是不能容忍的，也是绝不允许的。有了羞耻心，就有了对可耻的、卑鄙的行为的强有力的抗毒剂。这也是义务感和责任心的道德情绪的支柱。

**9. 进行一分为二、严于解剖自己的教育**

世界上的事物总是一分为二的。一个人身上，不仅有积极因素，也有消极因素。优秀生并不是"十全十美"的人，只是积极因素在他们身上占主导地位，消极因素被掩盖而占次要地位；后进生也不是"一无是处"的人，只是消极因素在他们身上占主导地位，积极的闪光因素被掩盖而占次要地位。积极因素和消极因素，在一个学生身上并不是一成不变的，它可以在一定条件下发生变化，优秀生可能会变成双差生，双差生也可以转化为优秀生。这里的关键就在教育。

对待优秀生，教师首先必须一分为二地给予评价，不能言过其实地赞扬和鼓励，要善于发现优秀生身上被掩盖的消极因素，对他们的缺点不能轻描淡写、姑息迁就。只有这样，才能培养学生正确地评价自己的能力。当优秀生过高估计自己，对自己的长处看得多、短处看得少，对同学的缺点看得多、优点看得少时，必须引导他们看到自己的缺点，看到同学的优点，教育他们"以人之长，补己之短""严于责己，宽以待人"，养成善于剖析自己的习惯，自觉地进行自我分析、自我评价、自我改造和自我提高，自觉地抗拒不良思想的影响。

**10. 进行劳动和艰苦朴素的教育**

有的优秀生，在家长、学校的影响下，片面追求智力的发展，认为只要学习好就能考上大学，因而不会劳动，连自己的衣服、被褥都不会洗；有的在生活上则不懂得艰苦朴素，花钱大手大脚，穿着追求时髦。作为学校教育，要重视把其缺点和错误消灭在萌芽状态。要教育学生尊重体力劳动和体力劳动者，培养他们热爱劳动的习惯和热爱劳动人民的感情，从而珍惜劳动果实，时时处处做到"勤俭""艰苦朴素"，自己能做的事绝不让别人做。同时教育学生懂得：毕业后升学或者参加工农业生产劳动同样是国家所需要的，同样是光荣的。更为重要的是，学校对他们在日常的自我服务劳动、家务劳动和社会公益劳动都要有安排、有布置、有检查。这样，他们才能逐步地养成良好的劳动习惯。

**11. 优良品德的培养有多种开端**

品德的培养可以有各种开端，可以从提高学生的道德认识开始，使他们了解行动的社会意义；也可以从激发学生的道德情感着手，要改变一个人的思想，先转变他的感情；又可以从磨炼学生的意志开始，做一个有坚强意志的人，督促自己坚持原则，排除困难，坚决实践自己的诺言，使之成为自觉的行动；还可以从培养学生的道德行动习惯开始。这要根据学生的年龄特征、个别差异，从实际情况出发，不能机械地遵循由道德认识到道德情感、道德意志，再到道德行动习惯的模式。当学生对行动规范认识不清时，就要着重提高他们的道德认识，增强其行动的自觉性；对道德认识较好而行动习惯没有养成的学生，就要着重训练其道德行动，加强督促、检查，以培养他们良好的行动习惯；对言不由衷、表里不一的学生，要着重调整其思想感情，强化情感的感染，同时致力于意志的锻炼，要求他们做到言行一致。只有当上述几种心理成分都得到相应发展时，学生的道德品质才能更好地形成。

总之，要重视对优秀生的培养和教育工作，这是面向全体学生的一个不可分割的部分。我们必须充分发挥学校教育的重要作用，掌握优秀生的心理特点和个别差异，重视对他们的教育，决不能掉以轻心、等闲视之。对他们必须坚持教育、严格要求，以利于优秀生的健康成长。

# 第五节　品德不良学生的心理特点与矫正

在青少年中，由于种种原因，总会出现一些品德不良的学生，他们虽然为数不多，但活动能量往往很大。教育得好，这些学生能为祖国的建设事业添砖加瓦；教育得不好，不仅会扰乱学校的正常秩序，而且会危害社会治安，甚至对整个社会风尚都有不可忽视的影响。因此，学校教育要重视对学生不良品德的矫正工作。

学生不良品德的形成有个发展过程。一般说来，可分为不良品德因素的萌芽阶段，即问题行为产生的阶段；不良品德向外扩展的过程，即不良品德形成的阶段；不良品德严重发展阶段，即构成犯罪的阶段。

由心理性原因引起的问题行为，可以导致品德问题，而品德问题行为中也含有情绪、性格异常的因素。有些问题行为与不良品德两者互相交错、渗透，有时难以严格区分。

问题行为的产生是学生成长期缺乏社会导向能力而适应了不良情境，或者屈从于外部诱因，或由于内部冲动的结果。为了防止问题行为的产生，对年幼的学生，尽量控制外部不良因素的影响是重要的；对年长的学生，有计划地培养他们的社会导向能力，即形成是非感，增强评价能力和抗诉能力也是相当重要的。问题行为发现得越早，纠正得越快，就越有利于学生品德的培养和健康发展；否则，将导致不良品德的形成。

# 一、不良品德学生的心理特点

学生不良品德是指学生经常违反社会主义道德准则，或犯有比较严重的道德过错，甚至有触犯法律、危害社会治安、需要法律制裁的行为。不良品德的形成起初是问题行为在偶然的机会发生了，当时并没有受到批评、指责，以后一而再，再而三地反复多次都没有受到阻止。在发生不良行为时，往往会产生方便、自然，甚至适合的情绪体验，因而又成为发生类似不良行为的内部动力。同时，这些不良行为还伴随着错误的道德认识，以后又受到"同伴"的及时强化，再加上家庭和学校的教育不当和品德不良的学生之间的相互影响，就逐渐形成了不良品德。学生不良品德的形成，不仅是从行为开始，还有的是从认识开始，或者是从意向（如态度、情感、意志等）开始，是不良的环境条件（外因）通过学生的认识活动和意向活动（内因）而逐渐形成的。形成不良品德的内部原因主要是缺乏正确的道德观念或道德上的无知，盲目模仿消极的东西，意志薄弱，不能用正确的观念战胜不合理的需求，以及不良的行为习惯成了定型。

对品德不良学生的教育，应根据他们的心理特点，采取与之适合的教育措施，才能收到良好的效果。因此，研究和掌握品德不良学生的心理特点，摸清情况，对症下药，是教育工作者的当务之急。品德不良学生的表现及心理特点究竟有哪些呢？下面就他们的认识、情感、意志、行动习惯等几个方面作简要的分析。

## 1. 认识的心理特点

品德不良学生在道德认识上的主要特点是道德无知、行动盲目。他们的道德观念十分模糊，是非、善恶不分。例如，他们把"天不怕、地不怕、不怕流血和挂花"式的流氓、坏蛋当"英雄"；认为谁最野蛮，谁就是"英雄"。他们把"哥儿们义气、姐妹和气"这一套江湖义气当做"友谊"；错误地认为"哥儿们"要"有福同享，有难同当"，"哥儿们"犯了法情愿自己坐牢，也不能出卖朋友。他们把偷摸行为看成是"马不吃夜草不肥，人不得外财不富"；甚至把偷摸认为是"体脑相结合的劳动"。他们把助人为乐、要求进步看成是"假积极"；把"人不为己，天诛地灭"看成是天经地义。他们把自己吃好、穿好，手中有钱花，看成是"实惠"，当做自己的理想；为了追求这些"实惠"，他们不惜侵犯别人利益，破坏社会秩序，甚至干出十分冒险的事；一旦失去这些"实惠"，他们就会悲观失望，精神空虚。

品德不良学生所接触的一切，不是被颠倒了的是非，就是极端不良的道德行动。起初他们对这些错误的道德认识还是不稳定、不牢固的，以后由于错误的道德行动受到"同伴"的及时强化，反过来加深了已有的错误认识，加上家庭或学校教育不当和品德不良学生之间的相互影响，就逐渐形成了各种根深蒂固的错误认识。因而品德不良学生不能在出现错误举动时加以辨别和制止，在发生错误行动之后，也不会产生忏悔与改正的意向。

### 2. 情感的心理特点

品德不良的学生在情感方面具有以下几个特点：

（1）情感的对立。很多品德不良的学生是在被打骂、批评、斥责、讽刺，甚至是被关押中长大的，因此他们和教师、家长、法制部门在情感上是对立的。他们无论是在学校，还是在家庭、社会上都是不受欢迎的人，各方面的冷遇，使他们产生一种本能的戒备心理。他们既自卑又自尊，往往自己瞧不起自己，又不允许别人在人格上蔑视他们。

（2）情绪易外露，很少隐藏，而且行为异常。他们高兴时会狂欢乱叫，不高兴时会发怒暴跳。看电影时，当故事情节触动他们的情感时，他们立刻会有反应，甚至手舞足蹈地议论。

（3）是非、善恶、爱憎不分。他们对什么可爱，什么可憎，有时模糊，有时完全颠倒。他们有的认为给他一点便宜的人都是瞧得起他的"好人"，对对方就有好感。相反，认为凡是严格要求和管束他的人就是"贬低"他。他们还有的是非不分，把光荣当耻辱，把耻辱当光荣。

（4）性格暴躁。当他们被激怒时，往往什么都不顾，根本不考虑后果。他们常借机发泄难以压制的烦躁情绪，如毁坏东西、起哄、嚎叫……甚至在他们之间，也常常为了一件小事而大动干戈。当他们狂怒时，难于自我控制，这时别人好心的帮助和教育，往往也会引起反感、对抗，甚至以恶相报。

（5）情感多变，情绪不稳定。这些学生看上去有时十分凶暴，但有时却也十分动情。当他们犯了错误，经过教师谈话后，也会激动得热泪盈眶，痛表改正错误的决心。但这种情感在不少品德不良学生身上又会很快地消失，甚至重犯错误。他时而觉得周围的人都很好，都在帮助他进步，是他的朋友；时而又觉得周围的人对他都不好，不把他当人看。他有时和同学谈心，非常感动；有时又大打出手，把帮助他的同学打伤，失去了正常人的感情。

（6）他们既自尊又自卑。在品德不良学生的内心世界里，自尊心与自卑感是经常支配他们行为的一对矛盾。他们尊重自己，不向别人卑躬屈膝；也不允许别人歧视、侮辱自己。他们不愿意别人提他过去的错误和缺点，又害怕老师、家长和集体的指责，更不愿意被当众批评。但是，应该注意到：为了一时的好强，或为了集体的荣誉，他们可以在一定的场合、一定的时间内控制自己的错误行动。在受到教师的尊重和信任时，他们会尽力去完成交给自己的任务，有时完成得十分出色。在受到表扬或奖励时他们会感到害羞、激动。尽管这些自尊心、自信心和自觉性很微弱，却是推动他们前进的积极因素。与自尊心相反的性格特征是自卑，由于他们是在被打骂、被批评中成长的，因而也就产生了轻视自己、自甘落后的自卑心理，自认为是"坏料""四季不开的花"，于是就"破罐破摔"了。教师不应在他们和公众面前流露出看不起他们或丧失信心的想法，而是要发现和肯定他们微小的进步，点燃他们进步的火种。

### 3. 意志的心理特点

品德不良学生的意志特点是：

（1）意志薄弱。他们犯了错误，经过教育也会后悔，表示"决心改正"，在一段时间里，也会有较大的进步。但他们在进步过程中，缺乏坚强的意志和毅力，常常有曲折和反复，往往对自己的进步持怀疑态度。

（2）缺乏自制力。主要表现在两方面：一方面是在遵守社会公德时，缺乏自制力，不能用正确的思想约束自己的行动；另一方面是犯了错误经过教育，有所进步，甚至暗下决心，"洗手不干"，但在同伙煽动、诱惑下，他们常常失去控制自己的能力。

### 4. 行动习惯上的特点

（1）养成不少坏习惯。他们有的养成了张口就骂、动手就打的坏习惯；有的沾染抽烟、喝酒、占便宜等坏毛病，看到别人的东西不拿就难受，看到烟酒就抽个过瘾、喝个痛快。

（2）与别人交往时，欺软怕硬。他们面对强者，委曲求全；面对弱者，常常以欺凌、侮辱别人为乐趣。他们与人交往时，总是表现出强烈的逞能、显胜的心理。

（3）没有养成劳动和学习的习惯。品德不良的学生对劳动的态度是消极的，没有养成劳动的习惯，劳动不能有始有终，不能自觉地遵守劳动纪律，对劳动工具和原材料任意损坏和浪费。但是，他们的精力旺盛，喜欢量大、强度大的劳动，特别是对定时、定量的包工活，他们会以出乎意料的速度去完成，有时还会表现出一定的创造精神。

学习是一种艰苦的脑力劳动，他们没有明确的学习目的和自觉的学习态度，也没有养成良好的学习习惯。他们对学习丧失信心，上课不听讲，课后不完成作业。有时为了应付，也只是抄袭。他们有的考试作弊，有的干脆交白卷，有的逃避考试，但他们也有微弱的求知欲，愿听生动有趣的讲课和有关国内外大事的讲话。

（4）远离集体，不愿受纪律的约束。由于他们没有正确的群众观念和集体主义思想，因此，在集体中不愿受纪律的约束，或一哄而起、朝聚夕散，或损人利己、自私自利。他们有的对人不诚实，说谎已成了"脱口而出"的坏习惯。但是，他们对真诚爱护、热心帮助他们改正错误，对他们的错误不讽刺、不挖苦的老师，也能表现出尊敬、依恋的感情和诚实的态度。

## 二、学生品德不良的原因分析

### 1. 社会环境的消极影响

不良的社会风气的侵染，坏人的教唆，"黄色读物或影视"的腐蚀，落后非正式群体的影响等都滋生着学生的种种不良品德。

此外，以揭露资本主义和旧社会阴暗面为主题的文艺作品及外国的某些小说和电影，虽然具有进步性，但其中关于剥削阶级生活方式和思想意识的某些描写，如无正确的指导，也往往容易产生一些消极的影响。而且，对资本主义经济的所谓优越性和腐朽的资本主义文艺（如凶杀和淫乱的电影等），若不加选择、不加批判地引进，与其说是消极影响，毋宁说是毒害青少年的心灵。

执法不严和不公平，对犯罪活动和犯罪分子打击不力，对学生品德不良也具有潜在的影响。

对于中小学学生来说，整个社会都是一所大学校，处处都有他们的"老师"，如商店、电影院、公园、大街……有时候这种"老师"，往往比讲台前的老师有更大的影响和作用。只要社会上存在一些消极的东西，而学校、家庭又缺乏及时的教育，学生就容易为这些消极的东西所影响和感染。

### 2. 家庭的不良教育和不良环境的影响

有不良行为的学生，受家庭教育和家庭环境的影响，往往有以下几个方面：

（1）有的家庭家风不正。如家庭成员有某些恶习，家长本人行为不正，如偷窃、赌博、酗酒、生活腐化等，往往把子女引入歧途。

（2）有的家庭缺乏正确管教子女的原则和方法。有的父母双方对子女教育的要求不一致，有严有松，使学生感到无所适从，或使学生感到有机可乘。有的父母对子女养而不教，放任不管，出了问题，手足无措，于是训斥、打骂、禁闭、捆绑、禁食、驱赶，或姑息纵容、要啥给啥，其结果适得其反，子女越变越坏。

（3）有的父母对子女要求不高，督促不严，甚至溺爱、袒护。他们视子女（特别是独生子女、头生子女或最小的子女）为掌上明珠，爱不够、疼不够，"捏在手里怕碎了，含在嘴里怕化了"，子女的不良行为得到家庭成员的默许、包庇。对孩子有"短"就"护"，或纵容子女处处"拔尖""占上风"，养成"娇骄二气"，非常自私，随心所欲，"老虎屁股摸不得"。孩子在家"拔尖"，到社会上就逞"狂"。父母没有认真地担负起教育孩子的责任，以致贻误了子女的前途。

（4）有的家庭结构受到破坏，家庭环境突变。如父母双亡或父母在外地；或父母离婚、再婚；或由于某段时间工作关系无暇教育子女，对孩子教育不力，或放任不管，以致学生在精神上受打击后，又受坏人的勾引。

（5）由于居住条件差，家庭环境不好，父母生活不检点。

### 3. 学校教育工作上的缺点

学校教育是培养共产主义品德，预防和矫正学生品德不良倾向的主导力量。然而，有时由于教育观点的错误或教育方法上的缺点，也可能给学生不良品德的形成与恶化造成了机会和条件，概括起来有以下几个方面：

（1）不能正确地、全面地贯彻社会主义的教育方针，错误地理解学校在新时期的任务，忽视了经常性的思想工作。

（2）对品德不良学生不能一分为二地看待。看不到他们身上的积极因素，对他们和其他学生不能一视同仁；对他们冷淡、歧视和不适当的批评、指责。讲课不照顾他们的水平，有的学生学习跟不上，失去了信心，得不到及时的关怀和帮助，反而使其缺点、错误加速发展。

（3）领导干部和教师不负责任。他们把品德不良学生看成是"害群之马"，在处理他们的问题时，感情用事，简单了事，达不到教育目的；或采取息事宁人、姑息迁就的态度；或采取惩办主义，任意停课，甚至把他们赶出教室、赶出学校，使学生产生对立情绪，或失去了自尊心和自信心。

（4）学校与家庭教育脱节，各行其是，互不配合，削弱了教育的力量。

## 三、矫正不良品德的心理学依据

对于有不良品德倾向的学生，作为教育者，应有正确的认识。首先要看到，他们虽然犯有错误，但仍然是祖国的花朵，只是在成长过程中受到毒害留下"伤痕"而已。我们要像对待重病的孩子一样，对他们进行精心治疗和护理，使他们早日恢复健康，成为合格的革命事业接班人。其次，要看到青少年学生思想还没有定型，可塑性很大，在不利的条件下容易变坏，在有利的条件下也可以变好。要看到品德不良学生存在着自尊心和得不到尊重的矛盾，好胜心和不能取胜的矛盾，上进心与意志薄弱的矛盾，我们就是要激发他们的自尊心、好胜心和上进心，促使他们向好的方面转化。

对于这些学生，只能采取毛泽东同志所指出的"不是轻视他们，看不起他们，而是亲近他们、团结他们、鼓励他们前进"的态度。要立足于教育，满腔热情地关怀和挽救他们。实践证明，经过教育，他们完全可以改正自己的缺点，并成为有益于人民的人。

当然，对品德不良学生的教育是一项艰巨、细致而又复杂的工作。需要学校、家庭、社会积极配合，共同努力，协调一致，坚持不懈地进行强有力的无产阶级思想政治教育和共产主义道德教育。由于品德不良学生具有与正常学生不同的心理缺陷，因此，在教育过程中又必须考虑他们特殊的心理状态，采取有力的教育措施，工作才能奏效。

转变品德不良学生要做到讲事实，讲真话，讲道理。对他们的教育应特别注意策略：由近及远，由实到虚，由浅入深，由易到难。做好转化工作，改造后进的学生，要把感化教育与说理教育结合起来；要以理服人，而不是以力服人；要和风细雨，而不是急风暴雨或简单粗暴；要循循善诱、循序渐进，而不可要求过高、操之过急；要用启发式、讨论式，不要用说教式、家长式；要从实际出发，寓教育于丰富多彩的活动中，而不是把他们排斥于活动之外。活动对他们有很大的吸引力和感染力，它可以陶冶青少年的情操，不少品德不良学生的转变往往是从参加各种课外活动开始的。

下面就矫正学生不良品德的教育问题，提供一些心理学依据：

1. **消除疑惧心理与对立情绪，使学生确信教师的真心实意**

由于我们对品德不良学生指责和惩罚多于赞扬和鼓励，所以他们往往比较心虚、敏感、有戒心、有敌意，常常认为教师轻视自己、厌弃自己，甚至对待真心实意教育他们的老师，也常常持以沉默、回避或粗暴无礼的反常态度。这样，教师的教诲在他们身上就很难奏效。

为了消除学生的疑惧心理和对立情绪，必须"晓之以理""动之以情"，入情入理方能入心。要想转化，先要感化。要多方面地关心他们，诚意地帮助他们；要满腔热情地和他们交知心朋友，耐心细致地开导他们，使他们相信教师的善意，从生活实践中亲身体验到教师的一片真心，把教师当知心人。同时可以用一些感人肺腑的事迹，启发学生的觉悟，拨动他们的心弦。许多失足学生就是在这种耐心的感化中敞开自己的心灵，觉醒过来，从而树立信心、力求上进的。

### 2. 善于发现他们的积极因素，点燃他们内心深处"闪光"的火苗

品德不良学生的头脑中并不都是消极的东西，也有积极的一面，只是消极因素占了优势，成为他们行动的动机。比如，一个失足的学生，开始偷别人的东西时，也会犹豫、徘徊，只不过是为完成指使者的命令，或为满足自己某种需要而产生的不良行动。当他第一次动手扒窃暴露时，往往脸红、心跳，有恐惧感和羞耻感，也模模糊糊地认为这些行动是不道德的，感到懊悔和羞愧，这是积极因素的苗头。此时，教师和家长要善于利用孩子这些积极因素，进行教育和开导，并对他改正错误的决心表示信任，不当众公布他的错误，给他留有改正的余地，鼓励他改正错误。相反，对他只是讽刺、挖苦、训斥或惩罚，就会使孩子在错误的路上滑下去。品德不良的学生心灵上虽然受了创伤，但是他们仍然向往美好的未来，向往受到别人的尊重，向往得到老师的表扬，这些是他们内心深处的"闪光"点，教师要善于发现并及时点燃他们心灵上的火苗，照亮他们前进的道路。由于他们身上闪光的东西往往十分微弱，并且常常被消极的东西所掩盖，致使教师看不到他们身上"闪光"的东西，从而对他们失去信心。因此，在转变品德不良学生时，教师要有敏锐的观察力，善于发现他们的积极因素和"闪光"点，引导他们明辨是非和善恶，树立正确的道德观念。只有这样，才有可能把品德不良的学生转变为品德良好的学生。

### 3. 抓住醒悟和转变的关键时机，促使学生品德向好的方向转化

品德不良学生的转变，一般要经历醒悟、转变、反复、巩固、稳定的过程。这是矫正学生不良品德行为过程的一般规律。所谓醒悟，就是指犯错误的学生感到继续坚持错误的危险性，开始有了改正错误的愿望。这种认识一般是在事实的教育和教育者的引导下，学生意识到行动的严重后果时产生的。此外，每当他们遇到一位新老师，来到一个新集体，或受到一次触动他们的思想教育时，他们也渴望有一个新起点，开始一种新的生活，希望进步的火苗会重新燃烧起来。这时，老师要掌握这种心理，给予及时鼓励和帮助是很重要的。所谓转变，即指这些学生开始在行动上有了改正错误的表现。教师应抓住学生醒悟和转变的良机，加紧工作，进行耐心细致的思想教育，努力促其转化。对他们微小的进步也要给予肯定、表扬、鼓励，使其进步的愿望变为进步的行动，并使其正确的行动不断地得到强化而巩固下来。抓住学生思想转化的关键，对矫正学生不良品德是有重要意义的。反复是指学生转变后又重犯错误。品德不良学生在进步过程中出现反复，也是正常现象。这些学生的进步不可能是直线前进的，而往往是迂回曲折、螺旋式上升的。针对这一特点，教师要特别谨慎，在学生反复犯错误时，不要损伤他们微弱的上

进愿望。学生出现反复时，教师绝不能气馁或放弃教育，应该抓"反复"，反复抓，找出反复原因，在反复中前进；在反复中寻找积极因素，坚持不懈地做工作。教师要善于从"出事"和"反复"中了解他们，善于从"反复"中发现他们的进步因素，引导他们前进。因此，教师不但要允许学生反复，而且要对他们的反复、动摇有足够的精神准备，从而更耐心、更细致地做好教育和引导工作。教师对品德不良的学生要有广阔的胸怀，更要有教育家的风度。学生的行动不再出现反复和动摇时，就进入巩固时期了。持久的巩固，就进入了稳定期。这时学生就能按正确的道德观念行动，并形成稳固的良好品德。

### 4. 点燃学生自尊心的火种，培养他们的集体荣誉感

犯过错误的学生有着自卑、自暴自弃或反抗的心理，同时也存在着自尊心理。这种自尊心，促使学生维护自己在集体中的合理地位，保持自己在集体中的声誉，它是学生积极向上、努力克服缺点的内部动力之一。教师的任务就是要善于发现和维护他们的自尊心，让这进步的星星之火，去照亮他们前进的道路。当然，个人自尊心的片面发展，也可能导致只顾个人荣誉而不考虑集体利益，或拒绝别人意见的情况。为此，必须使学生在个人自尊心的基础上形成集体荣誉感。

教师对品德不良的学生要关心和爱护他们，吸引他们参加集体生活和集体工作，在集体活动中培养他们的集体荣誉感。集体荣誉感是人们意识到作为集体成员的一种尊严的情绪体验，它促使人们珍视集体的荣誉，根据集体的要求与利益行动，养成自觉为集体服务的精神。集体荣誉感是推动学生积极向上的动力之一。一般说来，为了集体的荣誉，并受到集体舆论支持和鼓励的良好行动，容易促使学生坚持与发扬良好品德；而相反的行动，就容易促使学生否定它，克服它。因此，健康的舆论和集体荣誉感是发展学生良好品德、制止不良行为的一种重要手段。

### 5. 形成正确的是非观念，提高学生辨别是非的能力

是非观念薄弱，缺乏辨别是非的能力，是一些学生犯错误的原因之一，也是品德不良学生的心理特点。是非观念差的学生，不能在出现错误举动时，及时辨别并加以制止；犯了错误后，也不会很快产生改正的意向。因而一错再错，变成品德不良的学生。因此，提高学生辨别是非的能力，是使学生自愿改正错误行为与坚持正确行为的重要心理因素。

帮助犯有过错的学生辨别是非的方法是多样的。比如，坚持说理教育，组织舆论，开展思想斗争，提高学生对道德行动评价的能力；以奖为主，奖惩分明；树立榜样，提高学生学习榜样的自觉性等，都有助于学生形成正确

的道德观，提高学生辨别是非的能力。

进行榜样教育，是适合学生模仿心理的需要的；而且作为教育的手段，它也完全符合学生认识的特点。榜样，使学生更具体地理解社会主义道德的要求，也是说理教育的一种直观形式。模仿是对榜样的一种效法。由于此类学生分辨是非的能力差，往往对坏榜样的模仿就成为学生犯错误的原因之一。在矫正不良品德时，消除坏榜样的影响，树立新的代表无产阶级高尚品德的榜样，指引学生去模仿，是很有必要的。

### 6. 锻炼与诱因作斗争的意志力，巩固新的行为习惯

学生已形成的不良行动习惯，是不合理的需求与错误行动方式之间建立的巩固联系，要改变是不容易的。由于错误行动总是在一定的诱因影响下，受到内部错误观念的支配而通过一定的行动方式表现出来的，因而对一种错误的行动的矫正，既要改变不合理的需求，也要尽可能控制诱因的条件。因此，在矫正错误行动的初期，切断诱因是必要的。如让学生更换环境或暂时避开某些诱因（如同伴哥儿们，迷恋的对象等）。但避开诱因这种方式是消极的，因为学生很难完全长期地避开诱因，即使能避开，也不能保证在这种方式的诱因下不犯错误。根本的办法是使学生增强在各种诱因下都不受影响而坚持正确方向的能力，以及通过学生自身的道德努力来矫正不良品德。要达到这一目的，不能只是禁止、惩罚，应创设新环境使学生锻炼意志力，培养独立地与外部诱因作斗争的能力；并在锻炼意志的过程中形成和巩固新的行动习惯。

在形成新的正确的动机与新的正确行为习惯的基础上，可通过一定的考验方式，使学生进一步得到锻炼的机会。考验是一种信任的表示，它可以使人产生一种尊严感。在考验中新的高尚的动机战胜了旧的不良动机，学生的意志力得以提高。通过考验，坏习惯受到抑制和进一步的削弱，高尚的行为得到加强。但要注意，考验要在一定基础上，在有监督的条件下，慎重地、有步骤地进行。

### 7. 针对学生的个别差异，采取灵活多样的教育方式

对学生的错误行为与不良品德，应视年龄、个性、错误的性质与严重程度的不同，而采取灵活多样的教育措施。一般来说，年龄小的学生做出某些不道德行为，常常是由于不了解或不理解道德行为准则并出于好奇心而导致的。对他们应当多进行正面诱导，如肯定他们的优点和积极因素，指出行动方式的不当，指导他们应采取什么方法来实现目的。也可以通过让他们担任某些不容再犯错误的工作，在活动中矫正不良行为；还可采取信任的方法，如表示相信学生能较好地完成任务，勇敢承认错误与改正错误等。对于年龄

较大的学生，就可采取较严厉的教育。但也必须根据他们错误的严重程度与性格特点，区分初犯和屡犯、男生和女生、态度的好坏等不同情况，选择不同方式进行教育。因此，在矫正学生不良品德时，教师要进行深入的调查研究，细致全面地了解学生的个性特点，善于发现和利用他们的积极因素去克服消极因素，采取灵活多样的方式、方法去进行工作，做到一把钥匙开一把锁。

对品德不良的学生，只要我们热情地关怀他们，严格地要求他们，摸透他们的心理，有的放矢地进行教育，就能使他们中的大多数身心健康地成长，成为祖国合格的建设人才。

# 第六节　青春期的教育

## 一、提供有关生理、心理成熟过程的知识

### 1. 成熟度

成熟度是指事物发展已经达到有效成果或完备的程度。一个人的成长过程中，经历着生理成熟、心理成熟和职业成熟的过程。一个人的成熟度水平越高，其学习、工作成果越多。成熟的人能主动地、独立地处理各种关系，能正确分析自己，有自知之明，自控能力强，有强烈的事业心和责任感。

### 2. 生理的成熟

即身体上各器官的形态、结构和机能发展到完备状态。在青春期，生长速度迅速增加，第二性征出现，生殖器官迅速生长，性机能基本成熟。人的生理成熟在 25 岁左右基本完成。

### 3. 心理的成熟

指人的心理品德、性格特点和个性行为形成一个与社会生活、职业工作相适应的相对稳定的心理结构和人格系统。心理的成熟包括智能成熟、情绪成熟和社会性成熟三个方面。

智能成熟指个体智力发展的水平，对问题能作理智的判断和逻辑的推理。情绪的成熟指情绪较稳定，能自我控制和自我调节。社会性成熟指熟练掌握与人相处的技巧和社会行为规范，能独立处理各种事务，自尊、自信。

## 二、消除在性发育过程中的畏惧心理

### 1. 遗精

遗精本是青少年正常的生理发育现象，但不少青少年对此感到害怕、羞愧、恐惧，认为遗精是不良的思想表现，而且会损害身体健康。

精液由精子和胶性的液体组成。进入青少年期后，生殖系统加速发展。16～17岁的男青年，生殖器已发育成熟，睾丸每天能制造精子上亿个，到18～25岁达到精子生产率最高的时期。精子顺着输精管到精囊，精囊里的精子积得太多了，受到刺激就会随精液流出，形成遗精。健康的青年，在保证营养的条件下，一个月遗精两三次是正常的现象，无损健康，另外，如能适时排出精液，还可以促进新精子的产生。当然，遗精次数太多则不好，为此要了解一下遗精的原因，以防不适当的遗精。

遗精的原因有：①过度疲劳。熟睡以后，大脑控制能力显著降低。②被子盖得太厚，使人感到燥热，刺激了生殖器官。③包皮过长，包皮里的积垢刺激了生殖器。④仰着睡觉，膀胱里的尿积得太多，压迫了膀胱里的精囊。⑤色情电影、录像、小说及其他不良诱因引起的淫乱梦境等。

避免遗精的卫生保证：①保持阴部、外生殖器卫生。②内裤宽大，良好的睡觉习惯。③不看色情书刊、影视录像。④不玩弄外生殖器。

### 2. 月经

月经是女青年性发育中的重要生理现象。对月经初潮的人来说，常有许多担心和忧虑，并缺乏起码的知识，她们害怕流血会影响身体健康。其实，月经来潮所以会流血是因为卵巢排卵后，子宫腔里的内膜渐渐增厚，里面的血管充血，内膜破裂后，血管里的血就会从子宫腔顺阴道流出。

月经一般每隔25～30天来一次，每次流血3～4天，月经提前或推后2～7天都是正常的，月经期间有局部不舒服感，如腰酸、疲倦、下腰疼等，也都属于正常现象。

经期要注意休息、卫生，不参加剧烈的体育活动和强体力劳动，注意不吃生冷食物，不洗凉水，多喝开水。

### 3. 乳房发育

乳房发育是女青年性发育的又一重要现象，有的女青年因乳房发育较早而有羞怯之感，有的因乳房发育较晚，又不免担心、害怕。性发育知识告诉我们，女性乳房发育最早开始于8岁，最晚推迟到14岁，一般在11～12岁之间（受母亲遗传因素的影响），所以只要在正常的范围内，乳房开始发育得早些或晚些都没关系。

乳房较小时，可不戴乳罩；乳房较大时，应选择大小合适的乳罩，因为不用乳罩支持乳房，会使乳腺承受的负担不均匀，尤其是在运动的时候，乳房多余的活动会妨碍乳腺的血液循环。

发育较早的女青年，采取束胸、驼背的做法是有害于身体发育和健康的。

### 4. 粉刺（痤疮、青春痘）

青春期性腺活动增加，促使皮脂腺分泌皮脂增多，大量的皮脂不完全排出，积聚在毛囊口，形成痤疮，这就是我们常看到的有的青少年脸上、胸部、背部出现的"小疙瘩"。这时，局部血循环受到影响，抵抗力降低，如果再用手指挤压，造成破口，就会使已有的感染扩大或带进去化脓菌造成新的感染，经常去挤还容易使毛孔粗大，处理不好反而会产生疤痕。痤疮是青春发育期中相当普遍的常见皮肤病，有遗传因素，各人表现的轻重不一样。但随着青春发育完成，常会自行减退或消除，因此不必自卑、焦虑、精神紧张，否则反而会加重内分泌紊乱，影响康复，甚至加重痤疮发生。

如果已经有痤疮，应该怎么办呢？①少吃脂肪和甜食，多吃水果和蔬菜，保持大便畅通；②经常用温水、香皂洗脸，不使用油脂性化妆品；③保持心情愉快，情绪稳定；④充足睡眠对调节内分泌功能，减少痤疮有好处；⑤若出现顽固性的化脓性结节，则要去医院皮肤科治疗。

### 5. 手淫

手淫指的是用手使自己产生性兴奋。手淫广义来说是为了使自己产生性兴奋而采取的自我刺激的所有形式，甚至可能包括一种似乎违反逻辑的精神手淫，即没有任何肉体动作的帮助，纯粹由思想引起的自我性兴奋。

有的青少年认为手淫是犯罪，有一种罪恶感，认为见不得人，是很低下的表现。

手淫几乎是世界上动物和人类的普遍现象，严格地说，我们不能斥之为变态。任何时候，只要我们性功能的自然发挥受到压抑，手淫就可能产生。

手淫的原因：①阅读含有性内容的书籍，观看色情影视片，是手淫的主要原因；②谈情说爱；③跳舞。

手淫的后果是什么？有几种不同的说法：①身体健康、先天良好的人，适度的手淫并不一定会产生严重的不良后果；②儿童时期的手淫有可能导致精神失常或神经失调；③手淫对女性可能有不良的影响。如造成精神错乱或造成某种程度的精神病恶化；④在青春期开始时，男女过度的手淫，会导致性交无力，性交欲望淡漠，产生性的烦恼，如早泄、阳痿；⑤习惯性手淫者，常常是腼腆孤僻的人，易加深对社会的畏惧，同时产生对别人的不信任，促使心理能力的减退，记忆力差，感情麻木，最后导致精神衰弱。

## 三、培养必需的道德观念和价值观念

青春期是人生道路上容易误入歧途的十字路口，由于青少年的性心理特点，很容易成为社会上不良分子和黄色书刊、影像的诱惑对象。因此，对青少年必须培养正确的道德观念和价值观念，教育学生成为一个有道德的人，一个脱离低级趣味的人。

### 1. 青春期应形成良好的性道德观念

（1）男女平等、尊重女性的道德观念。批判重男轻女、歧视妇女的道德观念，正确认识男女在生理和心理方面的差异。每一个中学生都应该充分认识男女平等、尊重女性的重要意义。在日常生活中、在家庭里、在社会上、在公共场所都要做到男女平等，尊重女性。

（2）自尊自爱的道德观念。自尊自爱，就是要尊重自己的人格，爱惜自己的名誉。

端庄自爱、洁身如玉是我国女性的传统美德。女同学要注意自己的言行，在与异性交往中做到不轻浮，不轻率，不盲目，不爱慕虚荣，不贪图物质享受，不轻信异性的甜言蜜语，不要单独与异性交往，注意外表整洁、朴素大方。

男同学的自尊自爱，是要尊重别人、理解别人、体谅别人，要尊重女同学，不以自己的好恶、感情去扰乱别人的学习、工作、生活和感情。与女同学交往要有君子风度，要有礼貌，不开过火玩笑，不说下流话，不戏弄女同学，对女同学不能动手动脚。

（3）正确看待贞操，珍惜贞操的道德观念。

贞操观念是人类进步和文明发展的产物，是人类摆脱动物性，有了羞耻感和自尊心，讲究道德、爱护名誉的表现。

珍惜贞操，是维护自己独立人格，维护自己性别尊严，保持身心纯洁的需要，少男少女对维护贞操有同等的权利和责任。

### 2. 养成良好的道德习惯

（1）穿戴整洁、朴素大方，头发干净整齐，不化妆，不佩戴首饰。男生不留长发。女生不穿高跟鞋。

（2）情趣健康，不看色情、凶杀、迷信的书刊、影视，不唱不健康的歌曲。

（3）不进营业性舞厅、营业性电子游戏厅、酒吧、茶座等不适合中学生活动的场所。

（4）爱惜名誉，不失人格，尊重妇女。

### 3．处理好友情与爱情、正常交往与早恋的关系

（1）友情与爱情。友谊永远是友谊，爱情除了具备友谊的那份真诚的情感外，还含有对异性最真挚的仰慕和双方自愿结成家庭、成为终身伴侣的强烈愿望。

友谊可以发生在同性间，也可以发生在异性间，而爱情只能发生在异性间。友谊是广泛的，可以重叠交叉，而爱情是专一的、排他的。

（2）正确对待男女同学间的交往，防止早恋。

中学生的交往，首先要有健康的交往意识；其次，围绕学校生活及学习开展交往，交往应树立做人的尊严，即自尊自重，又尊重他人。交往时要做到胸怀坦荡，真诚纯洁。

### 4．认识婚前性行为的危害

（1）婚前有性行为是违反道德标准的，我国是反对婚前发生性行为的。

（2）有怀孕和感染性病的危险，从而产生罪恶感和受人轻视的恐惧感。

（3）少女失身会影响以后的婚姻关系。

（4）过早的性行为会导致癌症。

## 四、建立良好的人际关系

### 1．人际关系对心理健康的影响

良好的人际关系，会使人精神振奋、心情舒畅，能增强人的心理健康。不良的人际关系，会使人的心理长期处于紧张和压抑状态中，心理上的超负荷容易造成心理失调，甚至导致心理疾病。

### 2．人际吸引的规律

人际吸引就是指情感占优势的特殊人际关系的形式。简言之，就是人们之间的吸引程度。它是指个体在人际交往过程中形成的给予他人积极和正面评价的倾向。人际吸引的规律有如下几条：

（1）接近吸引律。交往双方如果在时空、兴趣、态度、专业、背景等方面存在相似处或接近点就容易相互吸引。如同在一个办公室，毕业于同一所学校或同一种专业，都曾"上山下乡"插过队等。他们彼此之间就容易产生思想共鸣，也易于使感情比较接近。

（2）互惠吸引律。交往双方如果能够给对方带来物质上、心理上、知识

上或政治上的收益和补偿，那么彼此之间的相互吸引就会大大增加。其表现有：物质方面的"礼尚往来"，感情方面的相互慰藉，人格的相互尊重，有关目标的相互促进，困境中相互援助，过失面前相互谅解，利益上的"欲取先予"，道义上的"知恩必报"等。

（3）对等吸引律。一般来说，人们都喜欢那些同样喜欢自己的人。与一个始终对自己持肯定态度的人相比，人们更喜欢那些开始对自己作否定性评价，以后转变为肯定性评价的人；与一个始终对自己抱否定态度的人相比，人们则更讨厌那些开始对自己予以肯定评价，而后转变为否定评价的人。因此，喜欢是一个渐进的过程，在充分了解认识的基础上建立起来的友好关系才更稳固。

（4）诱发吸引律。指由自然的或人为的环境中的某些因素引起对方的注意和交往的兴趣，从而产生相互吸引。自然诱发是指由对方的容貌、体形、气质、风度等自然因素而诱发的吸引力。蓄意诱发是指有意识地设置某些刺激因素，如得体的穿着打扮、妙语惊人的谈吐、戏剧性的安排等。蓄意诱发应当适度，有的放矢，给对方无矫揉造作之感。

（5）互补吸引律。当交往双方的个性中需要及满足需要的途径恰好为互补关系时，彼此就会产生较强的吸引力。互相补偿的范围包括：能力特点、人格特征、利益需要、思想观点等方面。在同事、上下级、夫妻等关系中，互补者能够彼此取长补短，相得益彰，从而提高工作效率，增添生活情趣。

（6）光环吸引律。一个人如果在某些方面特别突出，那他的其余品德特点也似乎显得很有魅力，这就是光环作用。在能力、成就和品格等方面体现得最明显。如果一个英雄或伟大人物暴露出小缺点，非但不会降低他的魅力，反而更让人觉得和蔼可亲。社会地位和声望也会产生光环吸引力，现实生活中的"明星崇拜"现象就是一个例证。

（7）异性吸引律。异性相吸是大自然的规律。男女两性在一起能自然而然地产生轻松、愉快的感受，从而焕发精神，提高工作效率。在同等条件下，人们更重视寻求异性的评价和肯定。成熟的个体大都喜欢与性格相似的异性交往。

（8）强迫吸引律。交往中的一方迫于某种需要，或为利害关系所驱使，或因条件所限，不得不与对方保持来往，是违背自己真实愿望的"吸引"。

**3. 增进人际吸引的因素**

了解了上面这些人际吸引的心理规律，我们不难把增进吸引的因素概括为两部分：即外部因素和内部因素。

外部因素包括：①空间距离：越近越易产生吸引力；②交往频率：交往

越频繁越容易建立亲密的关系；③外部吸引力：外貌、穿着、仪态、风度、气质等。

内部因素包括：①态度的相似性：相似的价值观，行为的一致性，感情相互理解；②需要的互补：交往双方都能使对方获得某种心理上的满足；③内外吸引力：突出的能力、特长，优秀的个性、品德，过人的才智，开朗的个性。

### 4. 阻碍人际吸引的因素

首先是社会认知的偏见、误差，包括以下几种：

（1）首因效应。首因即给人留下的第一印象。首因效应是指在与人交往时，首先接收的信息对整个印象管理所起的重大作用，即"先入为主"。首因效应对陌生人的作用尤为显著。

心理学家洛钦斯曾用实验的方法研究首因效应。他用了两段文字材料，都是描写一个叫吉姆的学生。A段说吉姆热情外向、交际广泛；B段则把吉姆描绘成性情内向、孤僻冷漠的人。让一组被试先看A段再看B段，另一组先看B段后看A段。结果是，前一组中有78%的人认为吉姆是外向热情的，而后一组中持这种观点的人只占18%。可见，首先得到的信息对人的影响更大。若第一印象不好，则不容易吸引。

学校领导者应当对首因效应予以高度重视，在日常工作中，第一印象总是很鲜明、很牢固的，然而它并非总是正确的。领导者在用人选才时，应充分考虑到这种影响。

（2）近因效应（越往后的印象越深）。在社会知觉中最后出现的信息对知觉者造成的强烈影响称为近因效应。近因效应对于熟悉的人作用更明显。

在一次实验中，心理学家让法官听两段证词，如果中间不停歇，两段连续介绍时，法官们普遍认为前一段更有理，这是首因效应在起作用。但是，如果在听完一段后先间歇一段时间，再听第二段，那么大多数法官则认为后一段证词是更可信的，这就是近因效应的作用了。洛钦斯研究发现，先后两组信息之间的时间间隔越大，则近因效应越强。

（3）晕轮效应。在社会知觉中，因对某人的主要心理品德印象突出，形成鲜明知觉，并加以扩散，从而掩盖了对其他心理品德的知觉，就叫晕轮效应。这是一种以点代面、以偏概全的偏见倾向。就像月晕一样，由一个中心点逐渐向外扩散成一个大大的圆圈，因此得名，心理学还把它称为光环效应或印象扩散效应。

心理学家凯利的实验是通过教学做的。他把55名学生分为两组，分别向他们介绍一位新任教师：26岁，已婚，一年半的教学经验，服过兵役，勤奋、务实、果断等。两组的材料仅有一词之差，告知甲组学生这位教师是"热情的"。而乙组学生则被告知这位教师是"冷漠的"。然后两组学生合在一起由新教师授课。结果，两组学生在课后对这位教师的评价有显著不同，甲组认为他会体贴人，富于幽默感，善良，有组织能力等；乙组则觉得他严厉，专横，缺乏同情心。此实验明显地表现出晕轮效应。

在日常生活中也是这样，如果我们根据某些事实认为某人好，往往会把其他品德也加到他身上，而对其缺点毫不介意；反之，若凭借某些事实认定某人不好时，则给予不信任的否定。

（4）定势效应。在刺激出现之前，人的心理具有准备作出某种反应的倾向，这就叫定势。它是在过去经验模式上形成的，对当前反应产生固定、僵化、模式化的作用。定势效应对类化反应有利，对异化、创造、扩散问题不利。

苏联社会心理学家鲍达列夫曾用实验进行验证。他向两组大学生出示一张照片。出示前对 A 组说，那是一位了不起的科学家；而对 B 组说，照片上的人是一个恶贯满盈的罪犯。结果 A 组大学生对照片上人物的评价是：深陷的双眼露出智慧的光芒，勾鼻子显示出坚毅刚强，而突出的下巴表明他勇往直前的意志力。B 组大学生的评价是：双眼深陷露出凶光，勾鼻子显示出阴险狡猾，突出的下巴表明他死不悔改的决心。由此可见，定势效应作用之大。

（5）社会刻板印象。社会上对于某一类事物或人产生的比较固定、概括而笼统的看法。常见的有：

年龄刻板印象——认为老年人墨守成规，年轻人急功冒进。

职业刻板印象——认为商人唯利是图，教师文质彬彬，医务人员讲卫生。

地域刻板印象——认为山东人豪爽正直，上海人精打细算。

社会刻板印象的形成和作用是不易察觉的，直到后来的经验修正或否定之后才会改变。

阻碍人际吸引的第二个因素是来自认知对象的因素，包括：

（1）个性缺陷。据心理学家总结归纳，降低吸引力的自身弱点包括：不尊重别人的人格，对他人缺乏感情，自我中心，从不替他人着想；对人不真诚，有欺骗言行；自卑感强，过分服从或取悦他人；丧失自尊，缺乏自主，过分依赖他人；嫉妒心强，打击、贬损他人；猜疑心过重，不信任他人或心怀敌意；性情孤僻，过于内向，过分固执，不接受他人规劝；对人过分苛求，丝毫不讲人情；自由主义严重，当面不说，背后乱说；性子过急、易怒、缺乏自制力等。

（2）文化因素。"物以类聚，人以群分。"文化方面的差异是决定人际关系、交往范围的主要因素。一般来说，①文化程度相差比较悬殊的人，彼此之间不容易产生强烈的吸引力。比如，教授与文盲，科学家与科盲不宜在一起交谈。②言语、民族习惯因素。语言是交际的工具，两个各操方言土语、互不相识的人，很难相互吸引。

# 五、提供智力性别差异、智力与非智力因素的知识

### 1. 智力的性别差异

智力的性别差异问题，是智力差异中的一个较敏感的问题，许多研究尽管结论不同，但在以下两个方面是持一致意见的。

（1）大量的研究表明，男女的智力即使存在差异，也不明显，男女智力的总体水平大致相等，但在智力分布上有显著的差异。男性比女性的离散程度大，也就是说，很聪明的男性和很笨的男性都要比女性多。男女智力的这种分布差异在学业成绩上的反映很显著。国内外的一些调查的结论大致相同，无论是中学还是大学，学习成绩优异的和学习成绩较差的，男生均多于女生，成绩中等的女生则多于男生。

还有的研究表明，10岁以后，男生的数学成绩超过女生，高于同龄女生0.2个标准差；10岁以后，男生逐渐显露更高的空间视觉能力，男生的空间视觉能力高于同龄女生0.4个标准差。应当注意，上面讲的是平均成绩，从个体看，女生学习优秀的也大有人在。

（2）男女的智力结构存在差异，各自具有自己的优势领域。在许多特殊能力上男女有别。男性在算术理解、空间关系、抽象推理等方面较占优势，女性在语言、记忆、知觉等方面较占优势。具体来说，在感知觉方面，男性的视知觉能力一般较强，尤其是空间知觉能力，男性明显优于女性；女性的听觉能力较强，特别是对声音的辨别和定位，女性明显优于男性。在注意力方面，一般男性的注意定向更多指向于物，喜欢摆弄事物并探索物体的奥秘，对物的注意具有稳定性；女性的注意则较多指向于人，喜欢注意人的外貌、举止、内心世界和人际关系，对人的注意的稳定性较好。在思维方面，男性偏于抽象思维，女性偏于形象思维。男性一般喜欢数学、物理、化学等学科，女性一般喜欢语文、外语、历史等学科。在言语方面，男女也各有优势。女孩言语获得比男孩早，在言语流畅性和读、写、拼等方面占优势；男性在言语理解、言语推理以及词汇丰富方面比女孩强。以上对男女智力差异的分析，不能说男性智力优于女性，虽然，历史上有成就的男性多于女性，但这主要

是文化发展的产物，因为社会为男性提供了更多的机会。随着社会的发展，男女社会地位日趋平等，女性对社会的贡献也将日益增大。

此外，性别的其他心理差异包括：在个性和行为方面两性差异较大，男性的支配感较强，女性较顺从，易接受别人的影响；男性的侵犯行为表现得比女性多；男性的自信心、自我估价较女性高；女性比男性更易恐惧、胆小，比男性更易移情、富于同情心。在成就上，男性成就水平普遍高于女性，工程技术、科学研究是男性取得成就的传统领域，女性有成就者较多在艺术、教育等领域。存在这些差异，一方面因为男女在生殖系统、性荷尔蒙、性染色体、骨骼肌肉等方面存在差异，另一方面也有社会因素的影响。

### 2. 智力与非智力因素

对于智力与非智力因素的定义，中外学者目前尚无统一的认识。一般来说，智力是指认识方面的各种能力，即观察力、记忆力、注意力、思维力、想象力的综合，其核心成分是抽象思维能力。非智力因素有广义和狭义两种理解，广义的非智力因素包括智力以外的心理因素、环境因素、生理因素和道德品德因素等。狭义的非智力因素则指那些不直接参与智力活动，但对智力活动起直接制约作用的心理因素，主要指动机、兴趣、情感、意志、性格等心理因素。

智力因素与非智力因素的区别主要表现在：

（1）智力因素与非智力因素在组成上不同。智力因素是指观察力、记忆力、注意力、思维力、想象力等心理因素；非智力因素是指动机、兴趣、情感、意志、性格等心理因素。

（2）智力因素与非智力因素在结构的整体性上不同。智力因素是以思维力为核心，由诸多基本要素构成的一个完整结构；而非智力因素中诸要素可以在学习活动中各自独立发挥作用。比如，"天才就是毅力"强调的是意志作用；"天才就是勤奋"强调的是性格作用。因此，非智力因素优异者，并非是组成非智力因素的各种基本因素都优异，而只要其中一项或几项基本因素突出，就可以促进学生有效地学习。

（3）智力因素与非智力因素在学习中的作用不同。智力因素对学习活动起直接作用，它制约着学习认知活动的方式、水平、内容和结果。任何学习都不能离开智力因素而存在。而非智力因素对学习活动起间接作用，它影响学习内容的选择，对学习起着启动、维持和调节的作用。

（4）智力因素与遗传有关，而非智力因素主要是后天习得的，优化非智力因素主要在于后天培养。

当然，智力因素与非智力因素又是相互联系、相互促进、相互协调、共同作用的。非智力因素是学习活动的动力系统，良好的非智力因素能促进智力因素的发挥。例如，一个学生智力中等，但学习欲望强烈，学习认真刻苦勤奋，自信心强，他就能获得较好的学习成绩。又如，一个智力很高的人，如不努力勤奋，而是骄傲自满，夸夸其谈，自以为了不起，学习就会迅速下降。由此可知，在学生学习活动中，既没有不包含非智力因素的智力活动，也没有脱离智力活动的非智力因素。学生的学习是否有效，取决于智力因素与非智力因素的共同作用。

在对青少年进行青春期教育时，家长要避免一些错误做法，以利于学生心理健康的发展。

### 1. 家长对中学生异性交往的错误做法

"搜查"——父母翻阅子女锁在抽屉里的日记本和偷看子女与同学之间的信件。

"软禁"——父母向子女当面宣布：一切课余时间都不准擅自外出，必须老老实实待在家里。

"监视"——家中有异性同学来访或复习功课，父母中总有一人坐在旁边，监听他们从头到尾的谈话，窥视他们自始至终的行动。

"拦截"——有子女的电话，先由父母去接，听到是同性同学的声音，再给子女听；若听到异性同学的声音，或者问明白了再给子女听，或者干脆把电话挂掉，不让子女去接。

"候监"——卡住子女上学、放学的时间，子女要早走、晚回几分钟，必须说明理由，经许可后才予以同意。

"押送"——子女上学时由父母"护送"到校门口，放学时在校门口等候接回家。

"陪监"——子女星期天要外出，父母中有一人始终伴行。

"放逐"——每逢寒暑假，把子女送到祖父母家去，断绝子女与异性的交往。

"恐吓"——训斥子女不许与异性同学来往，一旦发现就严加责骂或体罚。

"威胁"——亲自写信给子女的"恋友"，警告对方不许与子女来往，否则就上门兴师问罪。

上述种种错误做法，将会严重挫伤子女的自尊心，不仅对子女心理的健康发展不利，而且可能使子女产生"破罐破摔"的心理，不但纠正不了子女的"早恋"行为，还可能使孩子在"早恋"的问题上走入歧途。

这些错误做法还损害了父母与子女的正常人际关系。父母采取错误做法对待子女与异性的交往，子女可能会采取错误的做法对待父母。父母伤害了子女的感情，难以获得子女的尊重。

这些错误做法还会使子女受到很大的心理压力。这种心理压力在一定条件下，可能引起子女的心理疾病，影响子女的心理健康。

**2. 中学生对家长最厌烦的行为与言语**

（1）过分强调学习，不给孩子看电视和娱乐时间。

（2）家长唠唠叨叨，一讲没个完。

（3）家长不和睦，经常吵架，学生心里不愉快。

（4）学生学习时，家长自己看电视、听音乐、高谈阔论。

（5）只让孩子学习，不让孩子参与其他活动。

（6）在孩子学习不好时，打骂、指责孩子，却不给真正的帮助。

（7）家长爱吸烟，污染空气。

（8）家长经常出差，得不到关爱。

（9）家长爱拿自己的孩子与别人家的孩子相比，挫伤自己孩子的志气。

（10）指责、谩骂孩子。

（11）摆家长威风，不理解孩子。

# 第七节　中学生的心理健康教育

## 一、对青少年进行心理健康教育的意义

### 1. 有利于青少年精神面貌和心理素质的提高

一个健康的人，不仅应该身体健康，而且应该心理健康，并具有良好的社会适应能力。青少年处于长知识、长身体的时期，在他们身心发生急剧变化的时候，必须重视心理健康的教育。

据杭州的一项调查表明，有16.79%的青少年存在着严重的心理障碍，并且随着年龄的增长，心理障碍问题有较大上升的趋势，其中初中生为13.76%，高中生为18.79%，大学生为25.39%。女性青少年较男性青少年严重。

可见，我国青少年中的心理健康问题是严峻的，这严重影响了青少年的成长和发展，严重阻碍了青少年智力潜能的充分发挥，阻碍了他们学业的进步、

优良道德品德的形成和人际的正常交往，最终严重影响到青少年的精神面貌和心理素质的提高。

### 2. 有利于青少年健全人格的发展

青少年的成长过程，不仅是增长知识、发展智能、增强体魄的过程，而且也是人格形成和发展的过程。然而当前许多父母、教师在片面追求升学率的指导下，仅仅重视青少年的知识获得、智能的提高，对他们立身做人和优良人格的塑造却常常忽视。目前一些青少年人格发展中有五种倾向值得注意：

（1）主体价值的迷失，强调自我价值，轻视社会价值。

（2）道德滑坡。重实惠，轻责任；重索取，轻贡献；重私利，轻道德。

（3）国民心态危机。表现为冷漠化、无约束、粗俗、躁动的心态，缺乏理智，为低级欲望所驱使。

（4）人格的不协调、不和谐；德、智严重分离。

（5）审美意识差，有些青年将调侃、庸俗当做美。

如果不重视青少年人格素质的提高，将会导致青少年犯罪率增高。重视青少年心理健康教育，是青少年人格健全发展的需要，它有利于青少年人格的健康、全面、和谐发展。

### 3. 有利于青少年社会适应能力的提高

青少年是 21 世纪的主人。他们不仅是未来社会的建设者、参与者，而且是人际关系的交往者。作为社会人，他们不仅需要有为社会作贡献的真才实学，更需要有良好的社会适应能力，这是现代健康的标志之一，也是社会对青少年的要求。因此，重视心理健康教育，就要重视对他们社会适应能力、生存能力、合作与竞争能力、交往能力的培养与提高，这既是青少年现时学习、工作之必需，也是社会对未来建设者、参与者素质提出的要求。

心理健康教育是指运用教学、宣传、训练活动等手段，对学生所进行的心理健康知识的传播、普及、熏陶和辅导。心理健康教育实际上是一种心理素质的教育，因为心理健康的内容体现了对学生心理素质的基本要求，心理健康教育的最终目的，是为了提高学生的心理素质，促进学生全面发展。

## 二、青少年心理健康的标准

### 1. 智力发展正常

智力是以思维能力为核心的人的观察力、注意力、记忆力、思维力和想象力等各种认识能力的总和，属于一般能力。它以先天素质为基础，在人与环境的交互作用中得到发展。智力正常是人们正常生活、学习、工作的最基本的心理条件，是心理健康的首要条件。人们常用智力测验中的智力商数（IQ）表示智力发展水平。智商在 80 以下为智力落后，130 以上为优异，一般人群在 90～129 之间。

如果对心理健康的人还有进一步要求的话，那就是要具有正确的感知能力、较强的逻辑思维能力和辩证思维能力，为正确认识自我、他人和社会，积极适应环境，做好认知上的充分准备。

### 2. 情绪乐观、稳定，心境良好

人的心理健康不仅受其认知的支配，更受其情绪的直接影响。积极的情绪、情感能提高活动水平，有利于身心健康；消极的情绪、情感则会降低活动水平，有害身心健康。所以我们把积极的情绪状态作为心理健康的一个重要的标志。

处于积极情绪状态中的心理健康的人，有两个明显的特征：

（1）情绪乐观，心境良好。

心理健康的人乐观开朗、热爱生活、积极向上，总能得到满意的良好心境（一种微弱、平静而持久愉快的情绪状态）。这并不是说，心理健康的人不会产生消极情绪。心理健康与否的区别，不在于是否产生消极情绪，而在于消极情绪持续时间的长短，以及它在整个情绪生活中所占的比重。心理健康的人积极的情绪、情感状态占优势，而对失败、挫折、疾病、死亡等，他们也会产生焦虑、悲伤、忧愁等消极情绪，但是不会长久。他们善于控制、调节、转移消极情绪，善于避免消极情绪对自身的伤害。

（2）情绪稳定，反应适度。

情绪稳定表示出一个人神经中枢系统兴奋与抑制活动处于相对平衡状态，表现为情绪上的适度，如喜不狂、忧不绝，胜不骄、败不馁，也就是日常生活中常说的保持一种"平常心"。

反应适度指的是情绪反应强度能与客观情景相一致。比如，"当喜则喜，当忧则忧"，心理健康的人决不会无缘无故地高兴和悲哀，也不会因一点小事而激动，或者一遇到问题、麻烦就紧张。客观刺激与情绪反应之间失调，往往是心理异常的先兆。如果一个人对别人一句无关痛痒的话就耿耿于怀，不是暴跳如雷，就是闷闷不乐，甚至日不思食、夜不能寝；或者对不可笑的事大笑不止，对不悲伤的事悲痛万分，这就说明心理有问题了，至少是心理不健康。

### 3. 意志品质健全

人的意志品质主要指自觉性、坚持性、自制性和果断性。这些品质在心理健康的人身上表现出以下特征：

（1）独立、自主。心理健康的人做事有目标、有计划，能够主动支配自己的行动，而且从不过分依赖他人和盲从他人，也不屈从环境的压力。

（2）较强的挫折忍受力。心理健康的人在实现目标过程中会坚持不懈地克服困难，同时也能在失败时适时地调整、改变或放弃原来的决定，从而正确对待挫折。

（3）良好的自制力。心理健康的人善于控制自己的行为，对自己的行为后果负责，较好地抑制激动和愤怒等激情的爆发，既不任性也不怯懦。

（4）果断。心理健康的人善于迅速明辨是非，坚决地采取决定和执行决定，而不会优柔寡断。反之，心理不健康的人作决定时犹豫不决，三心二意，作出决定后又畏缩不前、左顾右盼，迟迟不付诸行动，甚至行动后还摇摆不定。

### 4. 人格统一完整

健康的人格特点是过去、现在和将来应当是连续少变的，表现在人格的行为特征上，就是行为的一贯性，行为与年龄特征相符以及行为方式与角色一致。

（1）行为的一贯性。心理健康的人的人格是统一的，只要了解一个人心理的某一特点，就可预见他在某种场合下将会如何行动。一个助人为乐、见义勇为的人处处都能表现他的一贯性，如果这个人行为表现不统一、不一贯，则说明其心理有了问题。

（2）心理行为符合年龄特征。生命发展的不同年龄阶段都有相对应的行为表现，从而形成不同年龄阶段独特的心理行为模式。一个人的行为方式必须与其年龄特点相一致，才能认为其心理是健康的。如果一个人心理、行为经常严重偏离自己的年龄特征，如一个成年人常耍小孩子脾气，喜怒无常，好吵好闹，一把泪水、一把鼻涕哭个不停，或在地上打滚，则是心理不正常的表现。

（3）行为与其"角色"相一致。由于社会分工和职责不同，每个人会形成特定的行为方式。一个人的行为方式应当与其社会角色一致。比如，一个学生应该是孝敬父母、尊敬师长、团结同学、勤奋学习、待人礼貌的。假如一个学生以艺术家的角色打扮自己，留长发、化浓妆、戴大耳环，则不符合学生要求。

（4）良好的性格特征。性格是个性、人格最核心、最本质的表现，它反映在对客观现实的稳定态度和习惯化了的行为方式中。心理健康的人，一般具有热情、勇敢、自信、主动、谦虚、慷慨、合作、诚实等性格特征；相反，心理不健康的人，具有冷淡、自卑、自私、懒惰、孤僻、胆怯、执拗、依赖和吝啬等不良性格特征。

### 5. 有正确的自我评价观念

（1）心理健康的人有自知之明，对自己有客观的评价。他们了解自己的优缺点，了解自己的能力、性格、兴趣、爱好和情绪特点，能进行恰当的自我评价，既不自傲也不自卑，对自己的生活、工作目标和理想切合实际，对自己总是满意的；反之，不了解自我，目标超越现实，对自己的要求过高而又达不到，为此自卑、自责、自怨，就会陷入心理危机，失去心理平衡。

（2）接纳自我。心理健康的人一方面不仅能了解自我，而且还能接纳自我，总是努力发展自身的潜能，肯定自己。另一方面，对于自己无法弥补的缺陷，也能安然处之，特别是在不利的条件下，会安慰自己。

一个人能了解自我、接纳自我，就能修正自我、完善自我。一个人没有自知力，其行为就会与社会发生偏差。

### 6. 人际关系和谐，乐于与人交往

与人交往是人类的天性，在交往的过程中，个人不仅能满足各种生理需要和心理需要，还可以逐步形成符合社会要求的行为方式。

（1）了解他人，理解他人。

心理健康的人能客观了解他人的认识、情感的需要，了解他人的个性品德，并能看到他人的优点，学习他人的优点，并善意指出他人的缺点和错误。不健康的人，并不想了解他人，只关心自己的私利，对别人的痛苦、欢乐、兴趣爱好漠不关心。

（2）乐于接受他人，也愿意被他人接受。

心理健康的人与人相处时积极的态度（同情、友善、信任、欢欣、尊重等）总是多于消极的态度（猜疑、嫉妒、畏惧、敌视等）。由于心理健康的人喜欢别人，乐于接纳别人，所以他们在别人中间也总是受欢迎的。如果一个人在集体中总是被大家疏远、忘记，那就要警惕，自己的心理可能会有某些问题。

（3）心地善良，对他人有爱心。

心理健康者对他人有移情性理解，能够给他人以爱。这种爱意味着理解、同情、尊重、关心、帮助等，因而有良好的、稳定的人际关系。心理不健康的人常感叹社会缺乏对自己的关怀、理解，而自己又缺少对社会、他人的同情、关心和帮助，因而没有良好的人际关系。

### 7. 社会适应良好

（1）了解现实、正视现实。心理健康的人能够面对现实、接受现实。他

们对周围客观现实能作出客观的评价，并能与现实环境保持良好的接触；心理不健康的人往往以幻想代替现实，不敢面对现实，没有勇气接受现实的挑战，总是抱怨自己生不逢时，或责备社会环境对自己不公平而怨天尤人。

（2）对社会有责任心。心理健康的人对社会具有较强的责任心，接受工作，在自己负责的工作中体验生活的充实以及自身存在的价值；而心理不健康的人缺乏责任心，常体验到生活的无奈和生活的无价值。

（3）遵守社会规范。心理健康的人，愿意努力实现社会所认可的行为，遵守社会公德和各种规章制度。

（4）在有限的范围内主动改造环境。心理健康的人会主动、积极地去适应环境，而不是消极适应环境。他们在正确认识的指导下，产生极有效的行动，适当地改善周围环境。

根据以上心理健康的标准，我们来判断一个学生是否心理健康，可以从以下几个方面考虑：

（1）能进行正常的学习、工作和生活，并保持在一定的能力水平上。

（2）情绪乐观稳定，心境处于轻松、愉快的状态之中。

（3）意志坚强，有一定的挫折忍受力。

（4）人格完整，与学生的角色身份相符。

第六章

青少年儿童（6～18岁）
异常心理与行为

异常心理与行为（Deviant mentality, emotion and behavior）不只是病理、变态心理和行为的范畴，其覆盖范围比较广。异常囊括了所有对常态偏离的心理和行为，它还包含着情感等心理过程的异常。变态（Abnormal）心理一般是指病理性的异常，异常（Deviant）心理的范围则比较宽，包括偏离常态的心理与行为，而这种偏离常态的异常心理和行为就不一定是病理性的变态心理了，正如健康人有时也会发烧感冒。当然，偏离常态的目前仍被归入非病理性范畴的异常心理和行为，若其程度严重则有可能被归入病理或变态的范畴。

为人父母者最关心的就是孩子的成长，他们关心孩子的衣食娱乐，关心孩子的智力发展。父母把大量的精力和金钱投到孩子身上，但是往往忽略了对孩子精神和情感方面的投入，不自觉地破坏了孩子综合发展的平衡，使孩子从小就出现了影响未来发展的心理疾病。儿童期是孩子发展变化较大、较快的时期，是长身体、长知识的重要时期，因此孩子旳身体和心理的健康发展迫切需要正确的引导，这正如阳光、空气、水对生命的意义一样不可缺少。

本章重点谈青少年儿童主要的异常心理与行为，如多动症、强迫症、抑郁症，过度的偶像崇拜——追星族和网迷，以帮助孩子们身心健康地成长。

# 第一节　多动症

儿童多动症又称儿童注意障碍多动综合征（Attention Deficit – Hyperactivity Disorder，简称 ADHD），是一种常见的儿童行为异常综合征，患多动症的儿童智力正常，但具有与年龄不相符的注意力集中困难、行为冲动和活动过度的特点，因而学习困难，学习成绩及社会适应能力差。儿童多动症又称轻微脑功能障碍（Minimal Brain Dysfunction，简称 MBD），或注意力不足症（Attention Deficiency Disorder，简称 ADD）。在国外，学龄儿童的多动症患病率为 4% ~ 20% 不等，我国的为 1.3% ~ 13.4%。

## 一、多动症表现

### 1. 注意力不集中

这类孩子的注意力很难集中，不能专注于一件事，注意力易从一个活动转向另一个活动，如上课时常东张西望，心不在焉，集中注意力听讲的时间很短。无论是看连环画还是看电视，他们都只能安坐片刻，便要站起来走动。干什么事情总是半途而废，即使是做游戏也不例外。

### 2. 活动过多

这类孩子往往从小活动量就大，随着身体机能的发展更显得不安分，学会走了就不喜欢坐，学会了爬楼梯就上下爬个不停。好动，不安宁，课堂上坐不住，身体在椅子上不停挪动，好与人说话，动作杂乱，缺乏组织性、目的性，推撞别人，惹是非，做各种怪样。到了学校，大部分孩子因受制约而增强了对自己活动的限制，多动症儿童过度活动则会更明显。上课时不断做小动作，例如敲桌子，摇椅子，削铅笔，切橡皮，撕纸头，拉同学的头发、衣服等，甚至会站起来在教室里擅自走动。这些儿童走路蹦蹦跳跳，到了家里翻箱倒柜，忙个不停，即使晚上睡觉也经常不停地翻动身子、磨牙、说梦话等。多动症儿童中约有一半会出现动作不协调，不能做系纽扣、系鞋带等精细动作，不会用剪刀的情况。另外还可能出现斜视、发音不清楚、长流口水等行为特征。

### 3. 冲动性

多动症儿童不经考虑就行动，会在教室内突然喊叫，快速奔跑，抢同学东西，袭击别人，进行集体游戏、活动时他们难以等待。

### 4. 情绪不稳，行为不良

这类孩子由于自控力差，情绪不稳，极易冲动，对自己欲望的克制力很薄弱，一兴奋就手舞足蹈、忘乎所以，稍受挫折就发脾气、哭闹。这种喜怒无常、冲动任性的脾气，常使同学和伙伴害怕他、讨厌他，对他敬而远之。因为这类孩子不易合群，久而久之也可造成其反抗心理，常常出现自伤与伤人的行为，甚至导致一些灾难性的行为结果。

### 5. 学习困难

虽然多动症儿童的智力大多正常或接近正常，但学习成绩普遍很差。因为这类孩子注意力不集中，上课不注意听讲，对教师布置的作业未听清楚，以致做作业时常常发生遗漏、倒置和理解错误等情况。感知觉方面的一些障碍也会导致学习困难，如视—听转换障碍会使多动症儿童阅读困难，而空间位置知觉障碍和左右不分会使他们在学习算式和一些算术符号时发生困难。写字、画画、手工等学习活动也会受到这些感知障碍的严重影响，留级生中多动症儿童占了相当的比例。

## 二、多动症的成因

### 1. 生物因素

（1）遗传因素。大约有40%的多动症儿童的父母，其同胞和其他亲属在其童年也患此病，单卵孪生儿中多动症的发病率明显比双卵孪生儿高，多动症同胞比半同胞（同母异父、异母同父）的患病率高，而且也比一般孩子的患病率高。1979年谢弗尔（Safer）报告，17例多动症儿童的亲兄弟19人中，患多动症者10人，比例高达55%。还有资料报道称，同卵双生子的同病率是100%。

（2）脑组织器质性损害。大约85%的多动症儿童是由于额叶或尾状核功能障碍所致，包括：母亲孕期疾病，如高血压、肾炎、贫血、低热、感冒、先兆流产等；分娩过程异常，如早产、剖腹产、窒息、颅内出血等；生后1～2年内，中枢神经系统有感染及外伤的患儿，发生多动症的概率较高。

### 2. 社会心理因素

有人认为，多动症是不良的社会、心理环境引起儿童的精神高度紧张和内心不安、冲突的结果。经济过于贫困、住房过于拥挤、家庭不和、父母的性格不良或有心理异常、对子女教养方式不当、儿童长期寄养在不良的家庭中等，均可构成多动症的诱因。

多动症的表现复杂多样，现在一般认为，它是十多种生物、遗传、心理、社会因素单独或共同作用所造成的综合征。

## 三、多动症的矫治

### 1. 多动症的防治

（1）行为疗法：以注意力训练为主。

A. 看两张相似图片，找出不同点。如：两张图片上画了牛，其中一张图片中牛的尾巴短，让学生找出这个不同点。

B. 划去指定数字前面的一个数。如：每行有30个随意安排的阿拉伯数字，画上十几行，让学生在每行中划出"3"之前的一个数。以没有错划、漏划为好。当然也可以划出"3"以后的数。

**注意力训练（一）**

61863497578390757306421399043 5

08309973029867893767898753917 8

94720878308799037459013787859 3

97183957230578923057297437189 5

82678386619374957293285034729 5

93749860382040593812948472349 0

C. 视动训练。如把下列图形按一定顺序描绘出来。

**注意力训练（二）**

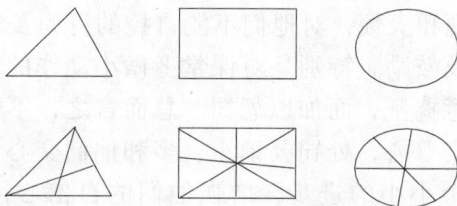

D. 静坐训练。先静坐一分钟，然后逐渐延长静坐时间。

E. 抗干扰训练。如在闹市或者嘈杂的环境中学习。

F. 电脑游戏训练。教师和家长可以在电脑中找一些由简单到稍为复杂的游戏让孩子练习。如在树上摘苹果的电脑游戏。

（2）娱乐疗法。

A. 电话游戏。如 12345，上山打老虎；1234567，我们等得很着急。

B. 拍手娱乐：能吃的东西就拍手拿，不能吃的就不拍。

如：苹果、梨、巧克力、香蕉、老师、西红柿、葡萄、饼干、牛奶、石头、面包、油条、冰棍、房屋。

C. 体育娱乐活动。如丢球、接球、拍球、跳绳、前滚翻。

（3）饮食疗法。

近年研究发现，人工调味品含大量甲醛、水杨酸，从而导致儿童多动。因此不吃人工调味品，限制人工色素等食品的摄入，有明显疗效。

（4）药物治疗。

常用的药物包括利他林、右旋苯丙胺、匹莫林等。药物治疗须谨慎小心，用药的种类、剂量及时间应由医生、专家指导，注意观察，药效因人而异，家长切勿自行购药医治。

### 2. 心理治疗

治疗多动症儿童的心理疗法主要是行为矫正法，目的是帮助多动症儿童修正不良行为，塑造正确行为。

行为矫正法主要是训练儿童采用合适的认知活动，改善注意力，克服分心；其次是通过特定训练程序，减少儿童过多活动并纠正不良行为，培养儿童的自我控制能力。通过行为指导，儿童行为趋向良好时应及时予以肯定、表扬，以增强其自信心。对多动症儿童进行教育，要改善方式，应循循善诱，切忌采取粗暴批评、讽刺打骂等损害儿童自尊心的不良做法。

### 3. 学校的管理和教育

多动症儿童的治疗必须有学校老师的参与和配合，其中包括课堂行为管理、课外行为管理以及必要的特殊教育安排。老师对待多动症儿童，应多加关心爱护，不应歧视和厌烦，对他们不能自控的行为及学习时的小动作应加以理解，多加督促及鼓励。特别是对课堂上做小动作的多动症儿童，老师不能训斥为调皮、故意捣乱，而加以惩罚。总而言之，不管家长、老师，都应维护多动症儿童的自尊心，处罚要慎重，多和他们交心，使他们感到关心和温暖，表扬他们每个小小的进步，增强他们的自信心，更重要的是要及时医治。

### 4. 家庭治疗

实行家庭疗法的目的为：

（1）帮助多动症儿童的父母正确认识多动症的性质：多动症不是儿童的天性，而是一种病态心理；多动症不是儿童的故意行为，而是一种无法自控的病态表现；多动症不是一种急性、短时的病态过程，而是一种慢性、长时的病态过程；多动症不容易自然痊愈，可以用药物、心理等综合疗法治愈。可帮助多动症儿童家长树立治疗信心，加强心理承受能力。

（2）协调各成员之间的关系，找出建立良好关系的方法。

（3）帮助保持家庭的和睦和充满希望的情绪，克服悲观失望的心情。

（4）教会家长正确教育子女的方法。因为教育方法不得当是造成多动症的重要原因。

对于多动及注意力严重不集中的儿童，由于在家庭无法采用大规模的训练方法及复杂的训练措施，家庭治疗一般推荐以下几点方法：

（1）尽量多参加户外的体育锻炼。

（2）游泳是最好的锻炼方法，特别是蛙泳的治疗效果最好。

（3）训练平衡能力。注意力不集中的孩子，大多运动系统特别是运动平衡系统不协调。因此可利用生活中较简易的工具、玩具有意识地对他们进行训练。

（4）大多数多动症儿童的颈椎、脊椎处的肌肉及神经发育较迟缓。为了促进这一部位的发育，可对其进行专门训练。如：面壁一米，趴地推球，每次300下，熟练后慢慢加量。利用专门器械做头朝下运动（健脑、增高器、迷你梅花桩等）。爬在秋千袋中做插钉训练等。

（5）对多动症儿童，训练越早，效果越好。

（6）在饮食方面，禁食味精，少食饮料、酸奶、糖和膨化食品。应食鸡蛋、牛奶、土豆等食品。

（7）家长和老师要有耐心，以表扬和鼓励为主。

（8）尽量不要采用服用利他林或者喝咖啡的方法，它们的副作用很大。

（9）适当地让儿童玩一些手脑配合的电脑游戏。

（10）眼睛发育不良的儿童应及早佩戴眼镜，并且每年矫正一次，以免因为眼睛疲劳加重注意力不集中。

（11）培养儿童良好的生活和学习习惯。

多动症儿童都有心理障碍存在，他们自控能力差，注意力无法集中，学习困难，易受外界不良影响和引诱，成绩下降，行为不能自控。对待他们应该严格管理，既不能放任自流，也不能过分宠爱，更不能动不动就打骂，要多些鼓励，少些批评，耐心辅导。根据他们的实际情况，不要过高地要求，要关心他们的交友情况，家长也要在各方面提高素质及修养，做好榜样，戒除恶习，生活有规律，加强自我控制能力，切忌发怒打骂，要和孩子谈心，多沟通，多倾听他们的心声，了解他们的困难所在，加以启发诱导。

# 第二节　强迫症

强迫症（Obsessive – Compulsive Disorder）是儿童时期以强迫观念和强迫动作为主要症状，伴有焦虑情绪和适应困难的一种心理障碍。

# 一、症状

（1）强迫计数：如见到路灯、电线杆、台阶等就抑制不住地反复地数。

（2）强迫性洁癖：总是反复不停地洗手、清理杂物、擦桌子、走路，到公共场合总是谨小慎微，唯恐衣服和身体粘上污物。

（3）强迫观念：明知某些想法和表现，如强迫疑虑、强迫对立观念和穷思竭虑是不恰当和不必要的，会引起紧张不安和痛苦，但又无法摆脱。

（4）强迫情绪：出现某些难以控制的不必要的担心，如担心自己丧失自制，会做出违法、不道德行为或精神失常等。

（5）强迫意向：感到内心有某种强烈的内在驱使力或立即行动的冲动感，即使从不表现为行为，却使自己深感紧张、担心和痛苦。

（6）强迫动作：屈从或对抗强迫观念而表现出来的重复进行的动作或仪式行为。

# 二、病因

过去大多数人认为本病源于精神因素和人格缺陷，近些年来发现遗传因素的影响比较明显。

## 1. 遗传

家系调查发现，患者的父母中有约5%～7%的人患有强迫症，远远较普通人群高。另外，由于人格特征主要受遗传的影响，而人格特征又在强迫症的发病中起一定作用，故也说明强迫症与遗传有关。在临床上也观察到，约2/3的强迫症患者在病前即存在有强迫性人格。强迫性人格的特征是：胆小怕事，谨小慎微，优柔寡断，严肃古板，办事井井有条，力求一丝不苟，注重细节，酷爱清洁。

## 2. 心理社会因素

精神分析学派认为，强迫症是强迫性人格的进一步发展。行为学家则认为，强迫症的产生是由于刺激—反应出现过多重复导致焦虑，使中枢神经系统兴奋和抑制失调，从而导致异常习惯的形成、病理性认识和反射的建立，使冲动、思维和行动拘泥于固定的行为学习模式。

处于发育期的青少年，生理发育迅速，在竞争激烈的社会中交往时出现的不适应现象可引发强迫症状。工作紧张、家庭不和睦及夫妻生活不尽人意等可使患者长期紧张不安，最后诱发强迫症，症状的内容与患者面临的心理社会因素的内容有一定的联系。意外事故、家人死亡及重大打击等也使患者焦虑不安、紧张。恐惧诱发的强迫症，其症状的表现形式与精神创伤有直接的联系。

# 三、预防与治疗

## 1. 心理动力学的治疗

心理动力学派的治疗强调通过顿悟、改变情绪经验以及强化自我的方法去分析和解释各种心理现象之间的矛盾冲突，以此达到治疗的目的。在治疗的过程中大量地运用阐释、移情分析、自我联想以及自我重建技术。

## 2. 行为治疗

在对于强迫症的认识上，行为治疗分为两个基本的流派。第一种观点认为具有强迫症的人是借助于各种行为和仪式动作来缓解焦虑，被称为"驱力降低模型"。依照这个模型，治疗者主要通过激发可以减少焦虑的情境来消除不适当行为与仪式动作。第二种观点是基于操作模型而建立的，强调对强迫行为的后果进行调节，因此在这个模型中大量运用惩罚和示范学习的方法。

（1）采用驱力降低模型进行治疗的主要方法是指各种降低焦虑的技术，其中最常用的是系统脱敏。所谓系统脱敏法，是指按照系统程序，运用对抗原理，循序渐进地让患者逐步减除过敏的情绪或行为反应。

（2）榜样学习技术也经常被运用于强迫症的治疗中，主要有参与示范和被动示范两种，其中参与示范被运用得最多。和系统脱敏一样，实施参与示范也需要建立刺激等级。从最低等级到最高等级，治疗者逐渐示范暴露在相应的情景中，然后再由患者自己去逐渐面对这个情境，直到能够完全独立面对为止。被动示范也是让患者观察治疗者由低级到高级地接触各种情境，所不同的只是后者不让患者介入情境。此外，这两种治疗都采用反应阻止法。譬如，在治疗强迫性洁癖的时候，治疗者可以借助于某种协议来阻止儿童的所有的洗手行为。从国外现有的资料来看，一般认为，参与示范比被动示范的治疗效果更好一些。此外，示范学习经常与暴露疗法结合起来加以使用，效果更好。

（3）暴露疗法的技术在过去的几十年中被许多人重视和运用，尤其是将患者逐渐暴露于各种无论是想象的还是现实的焦虑情境中，效果都很好。由于暴露持续时间的长短以让青少年儿童消除焦虑和回复宁静为主要依据，因此，采用这种方法的治疗时间要较长一些，一般在 2 小时左右。

（4）在进行暴露疗法的同时，还可以配合反应阻止法。这种方法可减少仪式性动作和强迫观念出现的频度。

除了以上两种主要的心理治疗方法，强迫症患者还需要配合医生进行一些自身性格和生活上的调节。

（1）认知调整——强迫症并不可怕。

我们说过，强迫症的本质是心理上的自相搏斗，治疗强迫症就是要以个人意志战胜恐惧心理，即所谓的"知己知彼，百战不殆"。治疗的关键是要对强迫症有正确的认识，许多患者对强迫症产生疑病观念和紧张情绪，这在增加了心理负担的同时又加重了强迫症。所以，患者首先要了解有关强迫症的知识，包括产生的原因、性质、结果及治疗的各种措施，这样就会消除顾虑，树立战胜强迫症的信心，并积极主动地配合治疗。

（2）性格调整——换个角度去思考。

强迫症患者的症状只是一种表面现象，真正起作用的是他们的强迫性人格，即不良个性和思维方式。因此，强迫症患者要有意识地克服任性、急躁、好胜等性格，改变过于刻板、过分认真的做事方法，不要过于钻死理，换个角度去思考，事情往往会有想不到的转机。同时树立信心，勇敢乐观地面对挫折。

举例说，霞马上要考大学了，她常常担心自己考不上。课间 10 分钟，她总是环视教室，看有没有人在看书或做作业。只要有一个人在学习，她就痛苦得不得了，脑子里反复在想一个问题——她又比我多学了 10 分钟。

这种强迫性观念来源于对自己应考能力的信心不足，如果自己有自信，何必在意别人的竞争？因此，治疗强迫症，需要帮助他们改变原来的不良人格，树立起自信，提高心理素质，培养他们乐观、独立、豁达、自信的良好人格。

（3）不做完美主义者——相信努力就好。

世界上并不存在十全十美的人和事，只要努力了，对自己来说就是最好的。强迫症患者应承认和接受自己有犯错误的可能，对生活、对学习也不应太苛刻，追求极端完美可能适得其反。同时在看问题时不可太绝对，要学会相对比较，同时保持乐观的心态。

（4）转移注意力——做自己更感兴趣的事。

当强迫症患者反复进行强迫思考和强迫行为时，思维会专注于一点，这时最重要的是想办法转移自己的注意力，使自己尽快脱离现实症状，摆脱痛苦。例如，一旦处于容易使自己产生强迫联想和回忆的环境中时，就开始阅读自己感兴趣的小说或听音乐，这时注意力全都集中在小说或音乐上，就可能会忘掉经常联想的事情。

（5）调整生活状态——学会自我放松。

强迫症患者应适当地调整自己的生活状态，如积极参加各种文体活动，这样不仅使枯燥的日常生活变得丰富多彩，同时也减轻了生活、学习上的压力，进而引发强迫症的恐惧和焦虑情绪也就会逐渐减轻。

同时，患者在每天晚上入睡前或出现症状时，可以深呼吸以放松情绪，在缓缓地吸气和呼气的同时，在心里默数次数，即"数息"，这样就可以排除杂念、心平气和、达到放松的目的。

有一点需要说明，对强迫症的治疗不能采取硬性对抗措施，要进行循序渐进的引导。比如在初级阶段，当患者强迫自己不停洗手时，不要强行阻止，因为这样只会增加患者的心理压力，强迫症的症状严重性是和压抑度成正比的。医者要顺其自然，让其想洗就洗；当患者在治疗过程中逐渐弄清楚自己症状的原因和本质以及治疗措施后，就会渐渐有意识地减少洗手的次数。因此，在患者逐渐恢复自我控制能力时，再加以适当的劝导，效果会更佳。

强迫症是一种非常隐蔽的心理疾患，其发病时间可以长达 7 年左右。要避免青少年出现这类心理问题，家长和学校都要注意青少年在各个成长阶段的心理发展情况，既要发展智力因素，也要发展非智力因素；既要注重理性思维的训练，也要注重非理性思维的培养，要使青少年保持心理发展的平衡。

# 第三节　抑郁症

抑郁（Depression）起源于拉丁文 Deprimere，是"下压"的意思。希腊医生希波克拉底在两千多年前将抑郁界定为一种气质类型——"抑郁质"（Melancholia）。在现代社会中，由于生活、工作节奏紧张，竞争激烈，来自各方面的压力明显增大，越来越多的人受到了情绪问题的困扰，而抑郁是最为突出的情绪问题之一。抑郁症是心理疾病中最具破坏性的一种疾病，一般来说，十四岁以上的患者数目呈明显的上升趋势，根据世界卫生组织的统计，2012 年全球超过 3.5 亿人罹患抑郁症。中国疾病预防控制中心向人们发出警示：由于精神卫生问题，全国每年约 25 万人死于自杀；自杀人群中，60% 左右的人患有抑郁症，所以被称为"第一号心理杀手"。因此，重视抑郁症、关注抑郁症患者是一个刻不容缓的问题。

# 一、什么是抑郁、抑郁症

抑郁是人们常见的情绪困扰，是一种感到无力应付外界压力而产生的消极情绪，常常伴有厌恶、痛苦、羞愧、自卑等情绪。它不分性别、年龄，是大部分人都会经历的。但对某些人来说，他们会经常地、迅速地陷入抑郁的状态而不能自拔，当抑郁一直持续下去，愈来愈重，以致无法过正常的日子时，就会变成抑郁症。

所谓抑郁症，是指个体在日常生活中出现较持久的悲伤、失落、无望等心理体验，它常会导致各种适应不良的生理、心理及行为反应。抑郁症，也被称为"心灵的感冒"，是一种常见的情绪障碍，它不仅影响人们正常的工作和生活，也会影响人与人之间的感情和对事物的评价和看法。

# 二、抑郁症的表现

### 1. 常见症状

（1）情绪症状：不愉快，悲伤，哭泣，自我评价过低，不愿意上学（上班），易激惹，易发脾气，执拗，无故离家出走。

（2）思维症状：言语减少，语速缓慢，自责自卑，年龄大者可能出现自罪妄想等精神症状。

（3）行为症状：不服从管教，对抗，冲动，有攻击行为或其他违纪的不良行为。

（4）躯体症状：头痛，头昏，疲乏无力，胸闷气短，食欲减退，失眠等。

### 2. 常见临床表现

（1）面部表情：目光垂视，呆滞无神，口角下垂，注意力不集中，很少有笑容。

（2）脾气和性格变化：爱发脾气，烦躁，对外刺激敏感，固执，恶作剧，易怒，对人无礼貌，暴怒，毁坏物品，肠胃不适，上腹部有饱胀感。

（3）自卑：总认为自己笨、很差，任何方面都比不过别人，同时又很敏感，悲观，绝望，甚至产生自杀念头。

（4）无进取心：对学习不感兴趣，缺乏热情，成绩下降，思维迟钝，难以完成学习任务。

（5）体质较差：有失眠，头痛；心悸，胸闷；腹痛，食欲不振，体重减轻。

（6）对周围的事情不感兴趣。

# 三、抑郁症的起因分析

### 1. 生物遗传基因

抑郁症是一种生物现象，抑郁心情是由于大脑中调控情绪反应的某种机制出现了问题。处于青春期的女生经期前的激素与情绪困扰有关，研究发现，女生不断增长的皮质醇与高情感悲伤的相关性要高于男生。父母抑郁或有家庭抑郁史，存在特定基因。遗传病学调查揭示，情感障碍亲属患此症的概率是一般人群的 10～30 倍，血缘关系越近，患病概率越高。

抑郁基因的遗传性只体现在青春期女生中，对青春期前女生以及男生作用不大，研究认为，抑郁相关基因导致青春期女生抑郁的作用更明显。

### 2. 年龄与性别

有抑郁症的现象在 13～15 岁增多，17～18 岁为高峰。

抑郁症患者中，女性的数量比男性多，尤其是青春期女性易患抑郁症，这是因为女性在社会生活中，适应力没有男性强，应对策略没有男性灵活，应激情境多，经常处于负性体验之中。

### 3. 环境因素

（1）社会环境：抑郁症是社会病，是由于生活节奏紧张、竞争激烈，人们郁积的苦闷心情无法得到疏泄所致。

（2）家庭环境：父母重视成就与严格控制、保护，死板教条的养育观念，很少给子女自由，父母过多批评孩子。

相对中、高社会经济家庭，父母及子女的抑郁障碍，低社会经济家庭中子女患病风险高。

（3）学校环境：学校对学生的学业成绩的评定，题海战术，作业过多带来的压力，体育活动时间减少，睡眠时间不足，都易造成抑郁症。

### 4. 应激事件

研究表明，抑郁的发生率及其严重程度与最近发生的负性生活事件有很大的关系，有 25% 的严重抑郁症与学业成绩、家庭关系等应激源有关。对青少年来说，家庭环境气氛、父母教养方式、亲子关系等以及学校中的师生关系、同伴关系，以及学业成绩都可能构成青少年的生活应激事件，从而导致青少年的抑郁症。

### 5. 人格因素

爱泼斯坦的研究显示，一定的人格特质对自身的赞许，对环境的积极态度，正确的自我观念和内部控制等，在应激事件中起积极作用。在众多的人格特质中，情绪不稳定、易怒、焦虑、易激动、冲动、依赖、自责、强迫、完美注意等与抑郁呈高相关。

### 6. 个体的主观因素

（1）遭受挫折（亲人去世、朋友断交、考试失利），往往会出现情绪上的强烈反应，承受力弱的人就容易不能自拔，而陷入抑郁之中。

（2）自信心弱，有自卑感，易出现"自己能力不行"的消极归因，易陷入和加重抑郁情绪。

（3）不良的环境刺激。如师生关系紧张，与同学相处不良，家庭环境恶劣，以及不良的生活环境都易导致和加重抑郁情绪。

（4）不善于宣泄自己的情绪，不习惯采取攻击形式，都容易产生抑郁倾向。

## 四、对青少年抑郁发生原因的理论探讨

### 1. 生物学理论

生物学家侧重探讨大脑的生化过程和遗传因素对抑郁的影响，主要以成年人为研究对象，结果发现人体内的去甲肾上腺素水平与抑郁有一定的关系。有关神经生物学的研究主要关注下丘脑—垂体—肾上腺轴、睡眠结构、生长激素和5－羟色胺。

对青少年的研究不多，主要以研究性激素、新陈代谢为主。在家庭研究、双胞胎研究中，则发现抑郁症具有不同程度的遗传，不过人们对这种遗传性的本质、作用和方式还知之甚少。

### 2. 精神动力学理论

精神分析理论认为，抑郁与人格结构中的超我有关。儿童和青少年的超我结构是从自我中分化而来的，是其在成长过程中，内外环境相互作用而形成的。当超我的攻击力指向内部时，人们便产生抑郁症，即假设抑郁是由爱的客体真实的或象征性的丧失导致的，认为抑郁是将攻击本能转化为抑郁情绪。精神分析关于抑郁的探讨仅停留在理论水平，缺少经验材料的证实，因此，它仅是判断抑郁成因的一家之言。

### 3. 行为主义理论

行为主义倾向于认为，抑郁产生于个体未能在与他人的社会交往中产生肯定性的强化，儿童可能未能得到这种肯定强化，有可能常因干扰性的焦虑而无法体验到已经存在的正强化；或是环境的变化使儿童无法获得奖励；或

者是儿童可能缺乏建立奖励性和令人满意的社会关系的技能，又导致肯定强化的减少，如此循环易诱发抑郁。

青少年还可能希望借助抑郁而获得同情、关注，但这种同情或关注通常是短暂的，此时，他们会变得更消沉、沮丧和抑郁，这种情绪又可诱发其自尊、悲观和罪恶感，最终导致抑郁感上升。行为主义用受到较少的肯定性强化、缺少社会技能来解释抑郁，可我们在接受这一假设之前应当思考的问题是：上述这些因素，究竟是抑郁的原因还是抑郁的后果？

### 4. 青少年抑郁的信息加工理论

抑郁的信息加工理论是通过信息的编码、储存、表征即反应来解释抑郁的发生的，此理论假定抑郁患者在加工信息时，常常倾向于过滤积极信息而夸大负面信息，对事件进行负面、歪曲的编码；在心理表征方面，归因方式也存在问题，把正性事件归因于外部的、不稳定的因素，而把负性事件归因于内部的、稳定的因素。

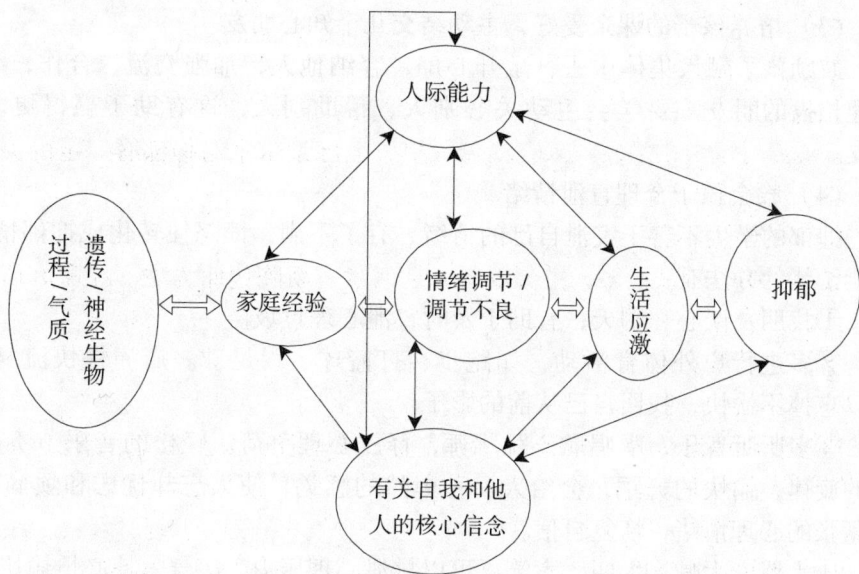

儿童和青少年抑郁发展的框架

### 5. 青少年抑郁的预防与矫治

（1）建立合理有效的认知系统。

情绪与认知紧密相联，抑郁这种负性情绪，往往是不合理的认知所导致的。不合理认知主要体现在不能对自身、他人以及客观事件进行全面、客观的认知，从而导致对事物的负性评价。对青少年来说，老师和家长是其建立积极、合理、有效的认知系统的主要导向者。在其学习和生活中，要帮助他们建立积极的认知系统。主要包括：①建立积极的自我概念，并形成客观的思维方式；②建立良好的自我评价与自我感觉；③积极主动地去感受自尊、自信的内在体验。

这些认知方式有助于个体积极乐观地应对现实生活中的应激事件，不易形成内心冲突，产生消极情绪。

（2）创造舒适宽松的生活环境。

一个人长期处于紧张、疲惫的状态，容易导致心理环境异常。当青少年遇到负性事件袭击时，心理的调节能力比较弱，容易失衡。在条件许可的情况下，青少年应尽量创造宽松的生活环境，学会放松自己，学会减压，使心理环境相对轻松。家庭环境应尽量宽松、和谐、融洽。学校要给学生提供一个良好的学习环境，让学生在班集体中感受到集体的温暖，让学生在团结友爱、互帮互助、温暖如家的班集体中成长。

（3）培养孩子的课余爱好，主动结交几个知心朋友。

鼓励孩子融入集体中去，敞开心扉，容纳他人，加强交流、合作，结交志趣相投的朋友，要学会主动关心别人、帮助别人，这有助于赢得更多的朋友。

（4）教会孩子合理宣泄情绪。

抑郁的学生不善于宣泄自己的情绪，有了不满，愤怒便转化成抑郁情绪，宣泄情绪的办法有：

①找朋友谈心、聊天，有助于及时宣泄心理垃圾。

②多进行户外体育活动，如跑步、打篮球、踢足球。痛痛快快流身汗，可以忘掉不愉快，找回自己从前的影子。

③多听听音乐，唱唱歌，跳跳舞，释放心理负荷。轻松的音乐节奏，优雅的旋律，愉快的舞蹈，会给人一种释然的感觉，使人忘却忧虑和烦恼，缓解紧张的心理情绪，恢复自信。

④大哭、大喊、大叫、大笑，可以排泄心理压力、废气，使心情愉快。

（5）培养孩子的幽默感。

俗话说："笑一笑，十年少；愁一愁，白了头。"多听听相声，多看看喜剧小品，这是一种完美的健康调节，抑郁情绪自然就会消失。

（6）养成良好的工作、学习、生活习惯，有助于抑郁症的消失。

①必须遵守生活秩序，上课、上班、与人约会要准时到达，饮食休闲要按部就班，从稳定的有规律的生活中领会自身情趣。

②留意自己的外表。保持清洁卫生，不穿邋遢的衣服，房间、教室要随时打扫干净。

③即使在抑郁的状态下，也不放弃自己的学习和工作。

④不要强压怒气，对人对事要宽容大度。

⑤培养挑战意识，学会主动接受挑战，并相信自己能成功。

⑥即使是小事，也要采取合乎情理的行动；即使心情烦闷，也要特别注意自己的言行，让自己合乎生活情理。

⑦最好将自己在日常生活中、学习中美好的事记录下来。

⑧严于律己，宽以待人，不掩饰自己的失败。

⑨拓宽自己的兴趣范围，培养多种兴趣、爱好。

⑩不要将自己的生活与他人的生活做比较。如果你时常这样做，表示自己已经有了潜在的抑郁，应尽快克服。

# 第四节　过度的偶像崇拜——追星族

## 一、偶像崇拜是时代的产物

随着时代的更新，人们心目中的偶像也发生着改变。在原始社会，由于体力是获取生存权利的最重要因素，所以体格健壮的人受到人们的崇拜；在奴隶社会，由于社会对立，等级森严，奴隶毫无人身自由，因而崇拜自由的人；在封建社会，天子至尊，万民为臣，皇权成为崇拜的第一要务；民国时期，民主、共和为广大青年所渴望，在灾难深重的旧中国，能够力挽狂澜的革命家、军事家、政治家，自然而然为广大青年所崇拜；在现代社会，经济、文化、体育、卫生事业等方面的全面发展，为人们心理特征的崇拜意识提供了多方位的角度，所崇拜的也许是有伟大业绩、为社会作出贡献的科学家，也许是有专业审美观、独特鉴赏力的艺术家，也许是代表时尚潮流的明星，也许是一名普通的医生……

据媒体报道，2007年，28岁的兰州女子杨丽娟苦追偶像刘德华13年，不仅致使倾家荡产，父亲为圆女儿心愿竟然卖肾筹款。该消息一经报道，立刻引起强烈反响。然而，这位见过偶像刘德华的女粉丝仍不满意，其父被逼无奈，跳河身亡。

偶像崇拜，即"追星"，是个人对其喜好人物的社会认同和情感依恋，是个人认同他人之言行及其自身价值的过程，其核心在于个人情感和自我认识需要的满足。偶像崇拜的表现形式多样，既有心理上的思慕、喜爱，也有付诸实际行动的追随、购买相关产品、组织和参与"粉丝"组织等。

青少年的偶像崇拜问题，是成长过程中热门的话题，是青少年时期的过渡性需求和标志性行为。虽然追星有其合理性，但有些孩子自控力差，追星追到失去理智，变得偏执、疯狂。青少年过度的偶像崇拜，导致他们将宝贵的岁月虚掷在幻境中，这对成长是种阻碍，而且缺乏正面的意义。

## 二、对青少年偶像崇拜的分析

### 1. 小学阶段

小学生天真，思想单纯，且由于活动的范围相对狭窄，接受的新鲜事物比较少，对偶像的认识浅显，大多没有自主意识，因而往往人云亦云，受外界的影响很大。所以，大多数小学生崇拜父母、教师以及童话故事里的人物等。

### 2. 初中阶段

随着知识的丰富、新思想的注入和自主能力的增强，初中生对偶像的认识进入了一个新的阶段。他们对许多事物都能分辨是非、真伪，然而对偶像的崇拜还是比较盲目的，随潮流而异。他们更热衷于追求外在美，崇拜影视星为一大潮流。由于初中阶段时间还比较宽裕，初中生们受武打片和武侠小说中的人物影响不小，这时崇拜有着一身绝世武功、打败天下无敌手的重情重义的人物也成了潮流。初中生有着很强的叛逆心理和成就感，因此我行我素的人也受到某些学生的欢迎。

### 3. 高中阶段

随着年龄的增长，高中生对事物有了更深层次的看法，对每件事情都能用科学的眼光来分析，所以他们所崇拜的偶像与自己各方面的素质有关。

高中生崇拜拥有敏捷的思维、敏锐的眼光，为社会作出巨大贡献的科学家，也崇拜不怕苦、不叫累、不畏牺牲、勇往直前、始终坚守岗位的军人。还有的崇拜影视歌星，模仿他们所崇拜的明星的一言一行，模仿他们的穿着打扮，购买他们的宣传书籍、宣传海报，看有关他们的影视节目，梦想成为和明星一样有公众影响力的人，参加有关明星们的活动团体，参加各种活动。

以正确的方式崇拜偶像可以使青少年学习他们的优点，弥补自己的不足，使自己趋于完美。这体现了青少年对美的追求。然而过度的、不正确的偶像崇拜给青少年的身心健康和人生发展带来了极大的负面影响。

某些青少年，崇拜偶像具有很强的主观性，往往把偶像某一方面的特点扩大化、理想化，而缺少对其全面客观的认识，偶像成了自己想象出的一个形象。有的只崇拜明星的外表，而很少会思索他（她）的奋斗精神，这样的崇拜偶像对自己的思想性格、道德品质，甚至世界观、人生观的形成会产生负面影响。

有些崇拜影视明星的青少年大量收集明星的资料，购买有明星做过广告的产品，热衷于模仿明星的服饰打扮、一举一动等，既浪费钱财，又浪费时间。

偶像崇拜的现象集中存在于青少年群体中，主体是高中生及大学低年级学生。这是与人的心理成长阶段相关的：高中和大学时代是青少年成长的过渡期。大部分青少年是在高中入学或大学入学起从父母和教师的监控、教育、管制之下摆脱出来，开始住校的集体生活，开始独立安排生活、自我决策，从而逐步形成独立的人格。在这个过渡过程中，之前成长过程中高度信任和依赖的"重要他人"，如父母、老师、儿时的朋友的突然缺席使青少年产生失落、孤独和不被认同的心理感受。于是，一些人选择通过对一些遥远人物的依恋和认同来强化自我。对遥远的人物产生一种亲近和依赖的感觉，是青少年在人生过渡时期普遍的心理体验。偶像崇拜在大部分时候是一种单方面虚构出来的感受，却也有它存在的合理性。心理学理论认为，偶像人物的形象，可给人树立生活的榜样，给人以像偶像积极向上的生活热情；偶像人物的言行，也可给人们以极大的力量，使人加倍努力地体会和实践。在此意义上讲，生活中需要偶像人物，偶像人物也为生活增添色彩。这种正面的示范效应对青少年的发展和成长有积极意义。但另一方面，心理学认为对偶像人物的神化会导致狂热的个人崇拜及个人的自我迷失。如果将某个偶像人物在舞台、歌坛、屏幕、竞技场或讲坛、书籍中的形象过分美化或夸张，会使他脱离其生活中的真实形象而成为个人心目中的神。偶像人物一旦被神化，则很容易导致其崇拜者的盲目而狂热的追逐，导致人不但会情迷于偶像人物的外部形象而不得自拔，同时也很容易自感无比渺小。这样的偶像崇拜可能会给自我的成长带来巨大的负担。个人的成长本质上要靠自我的不断探索和努力，任何外界的力量都只能起辅助作用，而不能起主导作用。

美国学者 Adams – Price Greene（1990 年）把对偶像的依恋分为两种——浪漫式依恋和认同式依恋，前者是希望成为偶像的恋人，后者是希望成为偶像那样的人。一般而言，女性更容易对异性偶像产生浪漫式依恋，而这种浪漫式依恋也更容易导致极度迷恋。

认同式依恋相对简单，纯粹是出于对偶像的社会地位、生活方式的羡慕和向往，产生了自己也要模仿或体验偶像生活的想法。这个心理过程类似于利普斯所定义的审美中的移情现象：在把公众人物当做审美对象欣赏的过程中，审美主体将自己的期望、理想、感情外射到偶像身上，主体情感与审美对象相交汇，就产生了崇拜心理。偶像一定程度上成为认同式崇拜者的一个"超我"，是符号一般的超现实存在。对这种崇拜者而言，偶像不是一个需要在现实中见到、了解的具体存在，而是代表一切理想化元素的符号，因此偶像崇拜的过程也是他们寻求自我意义的过程。从行为上看，认同式依恋者往往不会热衷于直接与偶像互动，如看演出、见面、写信等等。他们更倾向于关注偶像的报道，模仿其穿着打扮、为人处世、生活方式，甚至可能因此走上艺术道路，进入演艺界。

浪漫式依恋就相对复杂，混合着敬仰、爱恋、信赖甚至痴迷等多种心理感受。不同的"粉丝"对偶像的身份有不同的设定，最常见的就是恋人、哥哥和宠物。视偶像为恋人，一方面是受媒体宣传影响将偶像的形象完美化，渴望得到这样优秀的对象的爱，另一方面是将大众明星对支持者的爱和感激主观认为成对自己个人的感情，从而做出的感情上的回应。将偶像视为恋人的"追星"者，由于自己假想出的恋人般亲密感，在崇拜者群体中有最高的忠诚度和行动力。这种亲密感驱使她们对偶像的言行无条件地理解和支持，同时像女友一样给予偶像无微不至的关心和体贴。将偶像当做哥哥明显出自被爱、被保护的心理诉求。有很多研究主观臆断地认为，这一类"粉丝"在现实中没有得到足够的爱和重视才会将感情诉诸公众人物，这种判断是与现实不相符的。不论现实生活中的状况如何，公众形象成熟潇洒、有责任心的大众偶像，都会成为"粉丝"心中理想的哥哥形象。视偶像为宠物是近年来兴起的一个新现象，即女性"粉丝"喜欢比自己年龄小的公众人物，想象自己像照顾宠物一样关心和喜爱自己的偶像。这在一定程度上反映了普通大众自我意识的觉醒，不再把偶像视作遥远而高贵的神，而是需要自己照顾的对象。这种心理也反映了消费者主体意识的觉醒，即把"追星"作为一种消费选择，因为喜爱而选择，因为选择而投资。这种心态显然比较理性，最为接近公众人物与受众关系的本质。

崇拜偶像的青少年可以分清理想与现实。不论是认同还是依恋，他们都明白偶像是公众人物，不可能成为现实生活中自己身边的人。他们将偶像作为一种仿真品或是理想型，供自己仰望和想象。正如看电影等娱乐或消遣形式一样，"粉丝"在这样的模拟和幻想中得到片刻的自我满足，但不会真正去尝试跨越理想与现实的界限。但确实有一些人跨越了界限，对情景和个人角色的判定产生了偏差，导致了过激的"追星"行为。这种疯狂的"臆想症"就已经远远超越了"追星"的范围，而是一种社会化不成功导致的失范。

崇拜偶像的外部特征，是一种肤浅、直观、非理性的崇拜，不能对青少年行为进行现实指导，有时甚至误导青少年的行为。这种崇拜往往给青少年带来的是自我迷茫，不利于青少年的成长。但偶像崇拜是青少年对未来憧憬的自我表现，无论青少年崇拜什么样的明星，都要尊重他们的选择，以缓解青少年的逆反心理。盲目指责、贬斥青少年的偶像，只会降低青少年的自我确认能力，甚至会成为悲剧行为的导火线。

人生是一个不断模仿、学习与创新的过程。孩子在成长的过程中，心智尚未成熟、可塑性强，容易受到外在因素的影响而改变。面对复杂多变且竞争激烈的现代社会，需要家长的引导与友伴的激励才能健康成长。正面引导偶像崇拜，有助于良好行为的塑造，了解它、接受它并应用它，才是积极之道。

## 三、如何看待"追星族"现象

应该明白，偶像崇拜对中学生或一些年轻人来说是一种正常的心理需求和行为表现，但要把握好分寸：

（1）不盲目追星。你所崇拜的应该是真正值得你崇拜的，而不是徒有其表的；不该仅仅吸引你的目光，更应该能震撼你的心灵。

（2）不疯狂追星。不要在追星上滥花时间和钱。因为，"星"的光环不应该罩在你的身上，追星没有什么可值得夸耀的，更不应该成为生活的全部。

（3）摒弃狭隘心态。朋友间所崇拜的偶像有同有异，不能因为偶像的不同，就对其他人持排斥甚至敌对的态度。

（4）善于从自己所崇拜的偶像身上吸取积极的人生经验。总之，不要在追星中失去自我，因为你最终只能成为你自己，不会有任何的改变。

# 第五节 网 迷

## 一、网络的基本情况

社会的进步，科技的发展，电脑的普及给人们的学习、工作和生活带来了新的信息。

网络给人们的工作、学习和生活带来了方便和欢乐，让青少年更多地掌握了计算机技巧，了解了更多的外界知识和信息；有助于调整心情、解除疲劳（不能过度），有助于提高思维的分析批判能力，增强认知的灵活性，促进个性化的发展。

上网也给人们带来了许多伤害。如今，青少年沉迷网络的现象越来越严重：为上网而逃学、离家出走、抢劫甚至猝死网吧的事件屡屡发生，网络成瘾症不仅给本人、家庭和学校带来了无尽的烦恼，也成了一个严重的社会问题。青少年是一个自我防护意识和自我控制能力都相对薄弱的群体，他们容易被色情信息、暴力游戏等不良网络内容所吸引，过分沉迷网络形成网瘾，不仅影响了自身正常的学习、生活、人际交往，而且也给社会带来巨大危害。

中国青少年网络协会在 2005 年的《中国青少年网瘾报告》中指出，目前我国网瘾青少年约占青少年网民总数的 13.2%（95% 置信度下的置信区间为 12.6% ~ 13.8%）。青少年网瘾现象在我国已经不容忽视，需要引起多方关注。

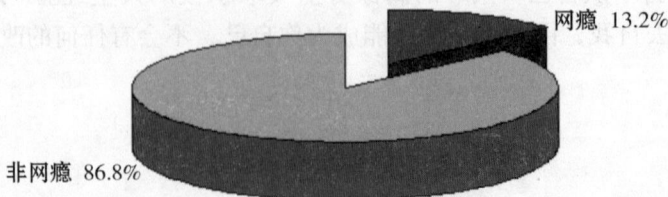

网瘾 13.2%

非网瘾 86.8%

青少年网民中网瘾的比例

另外，根据本次网络调查的结果，这一比例还要更高，达到 16.6%。

实地和网上调查中青少年网瘾规模和比例

| 网瘾网民 | 在青少年网民中的比例（%） | 95% 置信度下的置信区间（%） |
|---|---|---|
| 实地调查 | 13.2 | 12.6～13.8 |
| 网络调查 | 16.6 | 15.8～17.6 |

以往研究显示，我国青少年中约有 10%～15% 的网民上网成瘾。有报道称，"总体而言我国上网人群中大约有 6% 的网瘾用户，而在青少年中这个数字更高达 14%"。另外，民盟北京市委 2002 年的一项抽样调查也显示，"北京市中学生中网络成瘾者比例达 14.8%"。本次研究实地调查和网络调查的结果都与以往相关研究的结果比较接近。

除了现有的数量庞大的青少年网瘾群体外，调查结果显示，在非网瘾群体中，另有约 13% 的青少年存在网瘾倾向（95% 置信度下的置信区间为 12.4%～13.6%）。可见，加强青少年网民的网瘾预防工作是十分重要的。

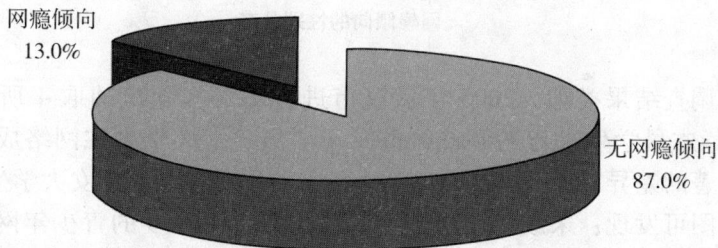

网瘾倾向
13.0%

无网瘾倾向
87.0%

非网瘾青少年中网瘾倾向比例

男性网瘾比例高于女性，从下图可以看出，男性青少年网民上网成瘾的比例（17.07%）约比女性青少年网民（10.04%）高出 7 个百分点。在具有网瘾倾向的网民中，男性青少年比例同样高于女性。

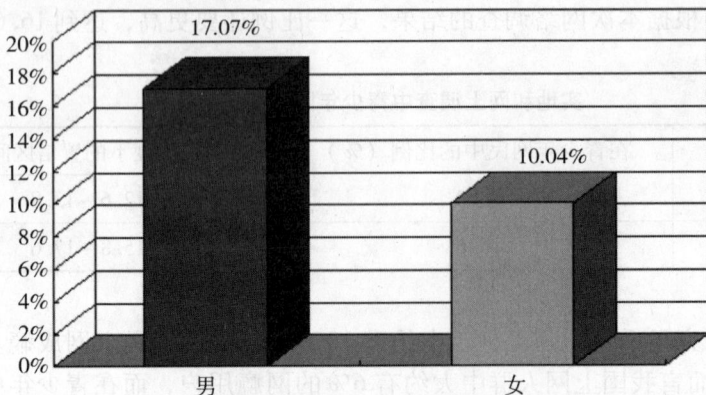

男女上网成瘾比例比较

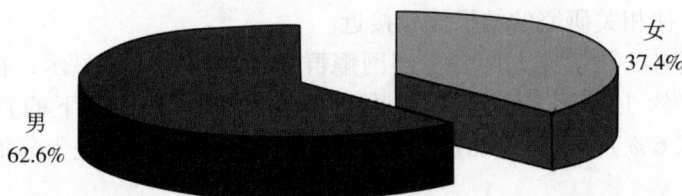

网瘾倾向的性别分布

与本调查结果类似，2005 年武汉市进行的一次随机抽取 4 所普通高校 350 名大学本科学生进行的调查，也发现"男、女大学生在网络成瘾总分上有非常显著的差异，男大学生在问卷上的平均得分显著高于女大学生"。

从下图可发现：未成年人网瘾比例较高。13～17 岁的青少年网民中网瘾比例（17.10%）最高，从总体趋势看，随着年龄的增长，上网成瘾的比例逐渐降低，30～35 岁的青年网民中网瘾比例（12%）最低。

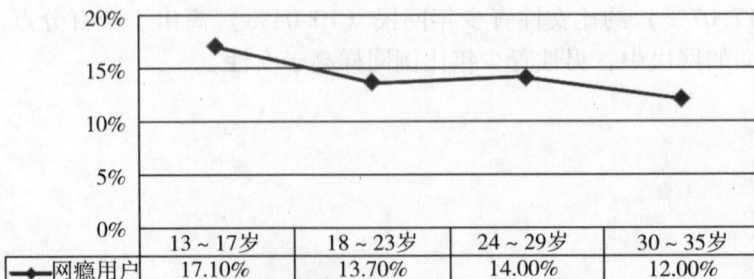

| | 13～17 岁 | 18～23 岁 | 24～29 岁 | 30～35 岁 |
| --- | --- | --- | --- | --- |
| 网瘾用户 | 17.10% | 13.70% | 14.00% | 12.00% |

网瘾在不同年龄上的分布

初中生和职高学生网瘾现象严重。如下图所示：初中生（23.2%）、失业或无固定职业者（21.0%）、职高学生（20.5%）中的网瘾比例均达到20%以上；而政府/事业单位工作人员（9.1%）、高中生（10.1%）中的网瘾比例则较低。

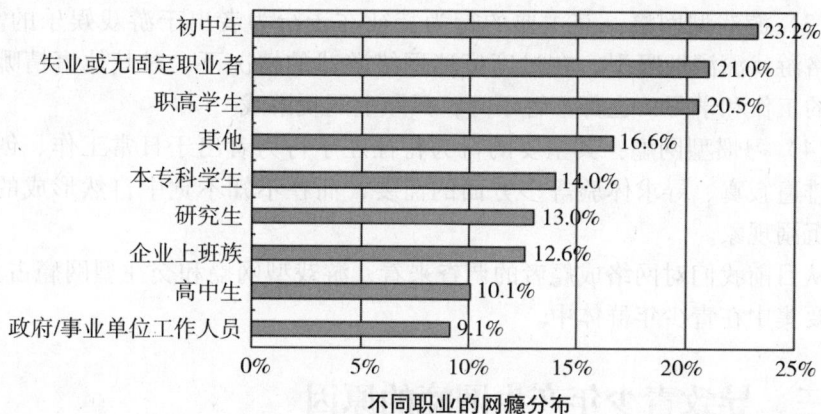

不同职业的网瘾分布

从不同年龄和职业的网民上网成瘾的比例来分析，我们可发现：网瘾群体中13～17岁的青少年网民，尤其是中学生网民当中的网瘾比例是最高的。这一调查结果在一定程度上与一些学者的研究结果相似。"处于13～18岁年龄段的中学生是网络成瘾的重灾区。"据中国互联网络信息中心2014年7月发布的《第34次中国互联网络发展状况统计报告》，截至2014年6月，我国网民规模达6.32亿，学生占25.1%，成为最大群体。

## 二、网瘾

网瘾（Internet Addiction Disorder），即"互联网成瘾综合征"，英文简称为IAD，指上网者由于长时间地和习惯性地沉浸在网络时空当中，对互联网产生强烈的依赖，以至于达到了痴迷的程度而处于难以自我摆脱的行为状态和心理状态。网瘾的基本症状是上网时间失控，欲罢不能，可以不吃饭、不睡觉，但是不能不上网。患者即使意识到问题的严重性，也仍无法自控。常表现为情绪低落、头昏眼花、双手颤抖、疲乏无力、食欲不振等。

网瘾从类型上分主要有四种类型，即信息型网瘾、交往型网瘾、游戏型网瘾和习惯型网瘾。

（1）信息型网瘾：其主要的行为特征在于行为者出于获取信息的需要，

而沉陷在互联网络的信息海洋之中，对海量的信息产生无法摆脱的依赖。

（2）交往型网瘾：其主要的行为特征在于行为者出于社会交往的需要，而沉浸在虚拟的网络世界中，与天南海北的网上朋友进行信息的交流和情感的沟通，在网络世界里长时间地进行真实的"虚拟互动"，并由此陷入沉溺状态。

（3）游戏型网瘾：其主要的行为特征在于行为者出于游戏娱乐的需要，被网络游戏深深地吸引，在过度痴迷网络游戏的情况下，对其他事情哪怕是自己的工作和学习，也都不管不问，只顾上网玩游戏。

（4）习惯型网瘾：其主要的行为特征在于行为者出于日常工作、创新创造、排遣寂寞、寻求体验等多方面的需要，而在不知不觉中自然形成的一种网络沉溺现象。

从目前我们对网络成瘾者的调查来看，游戏型网瘾和交往型网瘾占主流，且主要集中在青少年群体中。

## 三、导致青少年产生网瘾的原因

### 1. 社会环境因素

目前网吧遍布大街小巷，尽管有关部门出台了一系列禁止未成年人进入网吧的条例，但在实践中对网吧尚缺乏有效的管理措施。富有互动娱乐性的网络游戏和网上聊天室对青少年有着强大诱惑力，促使他们将网吧当做乐土。而青少年身心发育尚不成熟，自控能力欠缺，一旦上网往往可能被网上光怪陆离且层出不穷的新游戏、新技术和新信息"网住"。由于运用了高新技术，网络游戏的画面和音响效果已近完美，加上非常吸引人的故事情节，玩游戏的人能感受到从其他艺术形式或其他游戏形式中无法感受到的美妙、惊险、紧张与刺激。网络游戏的更大魅力在于它具有交互性。网络游戏为玩家设置了一个逼真的虚拟社会环境，使玩家既可以寻求乐趣，又可以寻找美好的情感，或释放现实生活中无法释放的不良情绪。再加上网络游戏的最基本玩法就是升级，这种规则诱使玩家整日沉溺其中。青少年的认知能力有限，面对网上新奇、刺激的信息极易受其诱惑，且不能自拔，未成年人更容易着迷上瘾。

### 2. 家庭环境因素

当前我国青少年多属独生子女，且城镇居民以楼房式独门独户的家居结构为主，这在某种程度上不利于身为独生子女的青少年与同龄伙伴交流。在工作、生活压力较大的今天，家长除了关心子女的学习成绩外，其他方面不太过问，网络虚拟世界成了青少年释放压力、获得平等的好去处。他们的父母极有可能因忙于工作和生计而忽略了与子女的情感沟通，或者一些家长沟通技能贫乏，限制较多，容易使孩子产生叛逆心理；溺爱型的家庭由于过多的保护、盲目的赞同，使孩子变得蛮不讲理、过度自我并形成攻击心理；家庭不和睦使孩子亲情淡漠、性格孤僻，与社会沟通能力日渐偏弱，以及学习任务繁重、心理压力过大等等。因此，在现实生活中缺少情感交流的中学生，便会在网络中寻找可归依的群体，迷恋于网上的互动生活。

### 3. 教育环境因素

在电子信息时代的大环境下，电脑和网络成为青少年不可或缺的学习工具，但缺乏老师和家长有效引导的中学生则更多地是把电脑和网络当成一种娱乐工具。另外，目前青少年的学习压力较大，学生学习上经常遭受挫折，又得不到家人、老师和同学的理解。为宣泄心中的苦闷，逃避不愿面对的现实，往往在网上寻求安慰、刺激和快乐，以宣泄平时的压抑情绪。

### 4. 心理因素

网络上的某些功能满足了青少年的某些心理需求。当今中国大多数青少年都是独生子女，人际交往、社会支持、自我实现等多种需要通常难以在现实中得到满足或实现，网络这个全新的虚拟环境为他们提供了实现自身需求的平台。

（1）社会支持。网络消除了在线的人与人之间的时间与空间的距离，网络也给人一种安全感，网民可以匿名、自由发表意见而不必担心被拒绝、被反对或别人怎么看自己，这正适应了那些低自尊、害怕被拒绝的高度需要支持的人，他们更容易被网络所俘获。

（2）性满足。网络上有很多色情内容，网络群体的匿名及缺乏统一性削弱了社会规范的约束力，也促进了成瘾者在网上无拘无束的色情活动。这样无拘束的行为并不是匿名的必然结果，也与在线用户群体或个人的人格品质分不开。

（3）创造一个全新的自我形象。渴望成功是青少年群体的普遍心理，成功也是他们追求的人格品质。多数青少年面临着巨大的学习压力和人际交往的困扰，如果成绩平平，又没有什么朋友，想自我表现又没有什么特长，更容易导致自我评价降低，加剧自卑心理。而在网络这个虚拟的环境里，青少年能创造一个全新的自我形象，能从心理上、精神上转化为一个全新的自我。在线社交缺乏同一性，允许一个人建立一个理想的自我来取代观念中不好的自我，那些正经受着低自尊、情感不满足或常被他人非难的人，常常非常依赖网上理想的自我来逃避那些不愉快的想法或环境，以满足以前未得到满足的心理需求。自由的全新的自我形象，允许他们突破现实生活中的形象，从而扩大情感体验范围及对他人的表达范围，并使个体获得被认可及充满力量的感觉，这些都对网络使用者充满了诱惑。

（4）人格特质因素，往往也是青少年网络成瘾问题的内在心理根源。网络成瘾现象的产生是网络使用者的个人特质与网络功能交互作用的结果。研究发现高焦虑、低自尊、忧郁、自我概念不明确者容易网络成瘾，这4项程度越深，成瘾程度越严重。综合多项研究结果可以看出，患网瘾的个体在人格特质方面往往具有敏感、忧郁、脆弱、多疑、焦虑、情绪不稳定、意志薄弱、自制力差、性格孤僻、认知能力差、缺乏自信、悲观、逃避现实、自卑、成就感低等表现。具有以上人格特质的青少年一旦上网，容易对网络上瘾。

## 四、网瘾的危害

### 1. 生理特征

青少年长期沉迷于网络和游戏，会导致视力下降、生物钟紊乱、神经衰弱，同时左前脑发育受到伤害后，会进一步影响右脑的发育，这会使青少年处于亚健康状态或直接导致其心理障碍。

### 2. 心理与行为特征

（1）强烈的依恋性。

网络成瘾者的心理和行为为上网这一活动所支配，上网也演变为其主要的心理需要，随着上网时间和精力所占比例逐渐加大，进而导致了个体生物钟的紊乱。当无法上网时，会产生强烈的渴求，甚至产生烦躁和不安的情绪及相应的生理和行为反应，上网后情况好转。上网在其生活中占主导地位，注意和兴趣单一指向网络，工作、学习动机减弱，生活质量下降。

（2）情感淡漠。

成瘾者与网友如胶似漆，相比之下对有血肉联系的亲人则显得十分冷漠。网络成瘾者情绪低落时也不向家人和朋友表露，把情绪隐藏起来，转而在网上倾吐和宣泄。另外网络成瘾者由于家人对其上网的限制而时常与家人发生冲突。

（3）人际交往范围变窄。

网络成瘾者往往寻求较高的社会赞许性，但在现实生活中的交往却遇到了相对较多的困难，从而产生严重的社交焦虑。网上社交的游刃有余与现实生活的不断遭受挫折，两者的反差势必导致更多的上网行为。网络成瘾者将自己的人际交往转入虚拟的网络空间，现实的人际关系逐渐疏远或恶化，对周围的人和环境采取逃避或对抗的态度。另外，网络成瘾者的语言表达能力下降，出现人际交往障碍。

（4）意志力薄弱。

网络成瘾者虽能意识到过度上网所带来的危害，企图缩短上网时间，但总以失败告终。经过一段时间的强制戒除之后，他们就会变得焦躁不安，不可抑制地想上网，最后成瘾行为反复发作，并且表现出更为强烈的倾向。

（5）人格异化。

网络游戏大多以攻击、战斗、竞争为主要内容，长期玩飙车、砍杀、爆破、枪战等游戏，火爆刺激的内容容易使游戏者模糊道德认知，淡化游戏虚拟与现实生活的差异，误认为这种通过伤害他人而达成目的的方式是合理的。一旦形成了这种错误观点，他们便会不择手段，欺诈、偷盗甚至对他人施暴。

# 五、解决网瘾的方法

对于青少年上网成瘾问题，家长要正确对待和处理这一问题。许多家长往往在看到孩子沉溺于网络后，对孩子严厉地打骂，通过不给零用钱、不许去网吧等方法试图让孩子放弃网络游戏，专心学习。但这样的强制性行为并不能达到预期的效果。很多孩子迫于父母的压力，只能偷偷摸摸地去玩，甚至养成了欺瞒父母、偷钱、逃课等坏习惯。

家长要理解网络是一个巨大的资源，孩子学会使用网络对其开阔视野、丰富知识都很有益处。孩子去上网在某种程度上可以学到许多电脑的操作技巧和一些专业的网络知识。网络游戏的熟练掌握程度和娴熟的电脑操作是分不开的，在玩游戏的同时，对提高电脑的操作技巧也会有所帮助。

孩子玩网络游戏是对紧张学习的一种自我调节和放松。面对现在学生繁忙的学习环境、升学的压力，很多埋头苦读书的孩子甚至出现因学习压力过大而精神高度紧张焦虑的情况。所以适当地玩游戏放松一下也是一种可取的调节手段。学习本来就应该有张有弛。

责备和限制式的教育方式只会让孩子产生逆反心理，要了解青少年的心理，用合理的方式引导其协调学习和游戏的关系，在玩游戏的同时不影响学习成绩。在孩子已适当减少上网次数和时间时，家长应给予一定的鼓励和支持，并设法给孩子提供培养其他兴趣的机会。

## 1. 可采取以下方法解决青少年网络成瘾问题

（1）通过咨询使青少年明确认识到，他们现在之所以能够玩电脑，是因为已经具备了基本的电脑操作知识。为了更好地掌握知识，学习是不能放弃的，应培养自我调整和自我约束的能力，把学习的位置放在玩网络游戏的前面。

（2）催眠治疗。在潜意识状态下，通过摆锤向潜意识提问"我为什么要玩网络游戏"来更好地了解其内心世界，洞察他的心理活动。使之与催眠师保持密切的联系并能较好地执行催眠师的指令，从潜意识层面改变他的不良行为表现。

在催眠状态下使其认识到，上网花费了很多的时间、精力、金钱，而仅仅得到了情绪上的满足，而非得到了知识。这种在网络世界中的满足和快乐是短暂的，虚幻的。另一方面自己的厌学行为，对家人的抵触和对网络的过分沉迷已经逐渐使性格发生了扭曲，严重影响了自己的前途，使自己不能更好地投入到学习中去，影响了自己的发展和成功。

用厌恶的方法。使他一想到上网就有头痛、头昏、疲劳的感觉，重复使用厌恶暗示法，帮他建立起上网和不良体验的条件反射，从而使他厌恶上网。

行为的矫正。在催眠状态下建立起良好的行为模式。

通过年龄倒退的方法使之回到行为表现较好的阶段，充分体验和感受曾经努力奋斗取得成功的乐趣。模仿班上优秀的同学的行为表现。认真学习，建立起赶上并超过他的信心。建立起良好的自我实现的目标，并订立具体的实施计划。

**2. 青少年自身还应注意以下几方面以预防网瘾**

（1）结束自我的上网时间，特别是在夜间，上网时间不宜过长。

（2）注意操作姿势。荧光屏应在与双眼水平或稍下位置，与眼睛的距离应在60厘米左右。敲击键盘的前臂呈90度。光线柔和，不可太暗。手指敲击键盘的频率不宜过快。

（3）平时要丰富业余生活，比如外出旅游、和朋友聊天、散步、参加一些体育锻炼等。

（4）在饮食上要注意多吃一些胡萝卜、荠菜、芥菜、苦瓜、动物肝脏、豆芽、瘦肉等含丰富维生素和蛋白质的食物。

（5）出现早期症状时，应及时停止操作并休息。

（6）一旦出现网瘾综合征，不要紧张，要尽早到医院诊治，必要时可安排心理治疗。

# 第六节　几种常见的心理障碍及其防治

## 一、学习疲劳

学习一段时间之后感到精神疲乏，心里烦躁，无法集中注意力，学习效率降低，学习进度减慢甚至停滞，这就是我们常说的学习疲劳。

### 1. 学习疲劳的表现

疲劳分两种：一种是生理疲劳，长时间从事体力劳动后的疲劳，这种疲劳只要安静休息，即可解除；另一种是心理疲劳，长时间从事脑力劳动后产生的疲劳，这种疲劳消耗的不是人的体力，而是人的心理能量，使人感到头昏脑涨，注意力涣散，记忆力减退，思维呆滞、运转不灵。学生在学习之后产生的疲劳主要是心理疲劳。

### 2. 产生学习疲劳的原因

造成心理疲劳，一个原因是长时间学习，大脑未能得到充分休息而产生保护性抑制；另一个重要原因是学习压力过重，造成学生在学习过程中的过分紧张和焦虑。由于紧张和焦虑，消耗了许多没有应用在学习上的心理能量；由于紧张和焦虑，许多学生学习起来眉头紧锁、双肩耸立、坐姿僵硬，把全身所有的肌肉都动员起来去帮助"用力"，这又在无形中耗掉了许多身体能量。身体能量的消耗在一定程度上也妨碍了对大脑所消耗能量的及时补充，会进一步加速脑的疲劳。

### 3. 学习疲劳的预防与治疗

要消除学习之后的心理疲劳，需要进行心理的自我调节，消除紧张和压力，达到充分的自我放松。具体方法如下：

（1）预防疲劳。在感到疲劳之前先休息。疲劳是学习的大敌，待疲劳产生之后再去消除，它已经妨碍了学习，降低了学习效率。因此，预防疲劳更为重要。

预防疲劳的主要方法就是注意休息。休息不能在课堂上想睡就睡，因为这会直接妨碍我们的听课学习。可以在课间休息的 10 分钟，闭上眼睛打个盹。只需打个盹，仿佛时间只过了一两秒，但它能保证在随后的一节课内精力充沛；午休睡上 10～20 分钟，可以预防在下午出现较频繁的疲劳现象；也可以在晚饭后再睡 10～20 分钟，这可以使整个晚上的学习时间延长，且效率提高。

（2）学会精神愉快地去学习。带着忧虑、烦恼，愁容满面地学习，再简单的学习内容也会迅速使人疲倦。如果能将学习当成一件自己喜欢做的事情，带着愉快的心情去面对学习，即使学习内容很多，难度很大，也不会那么快就感到疲劳。这也是许多人忘我工作与学而不知疲倦的原因。

（3）适当的文艺体育活动可以缓解大脑的疲劳。在紧张的学习之余，大声地唱一首自己喜欢的歌，既可以使自己感到愉快，也可以通过发音器官的运动，让疲劳随歌声飘散而得以缓解。或者打打篮球、排球或乒乓球，踢踢足球或跑跑跳跳，这些都能缓解大脑的疲劳。

## 二、厌学情绪

厌学情绪是指学生消极对待学习活动的行为反应。

### 1. 厌学情绪的表现

（1）对学习认识的扭曲。认为学习没有用，"不学 ABC，照样干革命"。

（2）情感上消极对待学习。严重者一提到学习就会头昏、头痛、恶心呕吐、腹痛、尿频、食欲下降、睡眠易惊、脾气暴躁。

（3）行为上主动远离学习。如旷课、逃学，不完成作业，不参加考试。

### 2. 产生厌学情绪的原因

造成厌学的原因很复杂。主要有：

（1）过重的学业负担，死记硬背等枯燥的学习方式是大部分学生厌学的根本原因。过重的课业负担不仅加大了学生的生理压力，也给学生带来了很大的心理负担。

（2）教师以自我为中心的呆板教学方式，让学生们难以对某些课程产生浓厚的兴趣，从而产生厌倦心理，这也是学生厌学的重要原因。

（3）成绩差的学生经常受到来自老师、家长和同学的压力、责怪和鄙视，不仅心理负担加重，还缺乏自信。

（4）学生性格上的问题，如孤僻、没有朋友、不会处理人际关系、自己感到在学校很孤独，从而产生厌学情绪。

（5）生理方面的问题，比如大脑功能障碍、眼耳等器官配合障碍等孩子本人无法控制的情况。

### 3. 厌学情绪的预防与治疗

为了预防和化解孩子的厌学情绪，首先，要努力营造宽松的学习环境，使其对学习产生浓厚的兴趣；其次，对孩子的微小进步及时给予肯定和表扬，从点点滴滴做起，让孩子体验到成功的喜悦，在最短的时间里让孩子克服厌学心理，健康成长。

# 三、考试焦虑

考试焦虑是由整个考试情境所引起的神经紧张状态，是一种弊大于利的消极反应。

### 1. 考试焦虑的表现

（1）考试前情绪波动较大，处于烦躁和惶恐不安的状态，精神极度焦虑，记忆力下降，思维迟钝。反映在行为上，就是坐卧不安、寝食乏味。

（2）考试前或考试当天"晕场"，出现大量不良生理反应，如发烧、头晕、头痛、心跳加快、出虚汗、尿频、尿急，甚至休克。

（3）考试时感到一片茫然，头脑出现空白，思维能力降低，手足无措，心慌意乱，无法有效控制情绪和思维，对考不好的后果深感恐惧。

（4）考试后有意回避考试的名次和成绩，甚至为此不敢上学。

### 2. 考试焦虑的原因

（1）源于对考试结果的预期，如怕留级，或怕考不好会受到处罚，或对考试失败的恐惧。

（2）源于心理素质缺陷，如有神经质个性特征的学生，极易诱发情绪障碍。

### 3. 考试焦虑的预防与治疗

对考试焦虑的预防措施可以从调节自我认识法、信心训练法和放松训练法入手。

（1）调节自我认识法。对于轻度的考试焦虑，这种方法比较有效。

调节自我认识，首先，要重新认识考试的重要性，正确对待考试。各种大大小小的考试，对于考生而言，不过是检验自己才能与所学知识的有利机会。就算真的失败了也没什么，常言道，"胜败乃兵家之常事"，何况"失败是成功之母"。

其次，要正确认识考试的难度。就学业考试来说，基本上就是考基本知识和基本技能，很少会有特别的难题、偏题。其实自己觉得难，别人也会觉得难，何必跟自己过不去呢？

再次，要对自己的应试能力有正确估计。可以对自己的学习情况、复习情况、弱点和漏洞、需改进的方法和措施等做一番系统的分析，了解自己的实力、特长与薄弱环节，还可以征求老师、家长、同学的意见，请他们帮助自己进一步分析，从而制订适当的考试目标和切实可行的复习计划。

（2）信心训练法。自信训练就是对消极的自我暗示进行挑战。

考试焦虑者总会对自己进行不知不觉的暗示，如"要是考糟了，我怎么办""我担心自己的能力不能应付考试""我担心所有的人都比自己考得好"等等。这些消极的自我暗示会在大脑皮层上产生保护性抑制，妨碍正常的认知活动。如果在考试前，便预言考试结果一定会糟，这种暗示会使人精神不振，从而减少本来可以付出的努力，以致最后无意中实现了自己的预言。

那么如何对自我暗示进行挑战呢？首先，把一些朦胧的消极自我暗示用清晰的书面语言表达出来。坐在桌前，静下心来，在一张白纸上把对考试的所有忧虑写出来，使自己清楚地认识到消极的自我暗示有哪些。然后，向消极暗示中的不合理成分进行自我分析，指出这种消极的暗示的不现实性和不合理性，阐明对自己的危害，并明确自己以后应取的态度，给自己积极的自我暗示。如"担心自己的能力不能应付这次考试"，可以这样告诫自己："这种担心会打击自己的斗志，转移自己的注意目标，扰乱当前的精神状态，应及早排除。只要认真做好考前的准备工作，这次考试完全能考好。当前最紧要的是做好考前复习。"向消极的自我暗示挑战，可以帮助考试焦虑者树立正确的自我意向，增强考试的信心，使考试成绩得到提高。经常进行这样的自信训练，经常给予自己积极的自我暗示，不仅对克服考试焦虑有帮助，而且可以改变整个人的精神面貌，使人在学习、生活中更加主动、自信、乐观。

（3）放松训练法。实践证明，焦虑和放松是不会同时存在的，当人感到焦虑时，就不会放松；而当人完全放松时，就不会感到焦虑。因此，经常进行放松训练，可以消除紧张状态，克服考试焦虑，使人的身心得到充分的休息和恢复。同时，要淡化考前的紧张气氛，降低求胜动机，正确估计自己的水平。

第一种是意念放松法。

学习者静下心来，排除杂念，闭上眼睛，把注意力集中在丹田，想象着丹田中的这股气由腹部逐渐上升到胸部，再上升到头部，直到头顶"百会"处。吐气时想象，这股气由"百会"自上向下顺着脖子、脊梁下降，直至回到丹田。这样"吸一呼"，周而复始，反复进行。由于集中了全部的注意力，就能使学习者逐渐进入排除一切杂念、心静神宁的境界，收到消除紧张、自我放松的效果。此外，要熟悉考场环境，带齐考试用具，提高自己的应试技能，也有助于轻装上阵。

第二种是肌肉放松法。

这是经过循序交替收缩和放松自己的骨骼肌肉,细心体会个人肌肉的松紧程度,最后达到缓解身体紧张和焦虑状态的一种自我训练方法。放松时松开个人所有的紧身衣物,轻松地坐在一张单人沙发上,双臂和手放在沙发扶手上,双腿自然前伸,头与上身轻轻后靠。整个放松训练按照由下而上的原则,从脚趾肌肉放松—小腿肌肉放松—大腿肌肉放松—臀部肌肉放松—腹部肌肉放松—胸部肌肉放松—背部肌肉放松—肩部肌肉放松—臂部肌肉放松—颈部肌肉放松到头部肌肉放松。放松动作要领是先使该部位肌肉紧张,保持紧张状态10秒钟,然后慢慢放松,并注意体验放松时的感觉(如发热、沉重等),每次放松训练持续20~30分钟,可以在晚上睡觉前进行。如果能持之以恒,不但能消除考试焦虑,而且能全面促进身心健康。

第三种是系统脱敏法。

它是利用对抗性条件反射原理,在放松的基础上循序渐进地使患者的精神过敏性反应逐步减弱、直到消除的一种行为治疗方法,它对考试焦虑的情绪性成分具有明显的疗效。考试焦虑者可以自己运用系统脱敏法来克服刺激情景。方法如下:

第一步,列出引起考试焦虑反应的具体刺激情景。如"明天就要考试了""我是走在去考试的路上""我被一道题目难住了"等。

第二步,将上述刺激情景按从弱到强的顺序,排列"焦虑等级"。下面是假定的6个刺激情景的排列,它们引起的焦虑反应是依次递增的。①明天就要考试了,我还有很多书没有看;②我走在了考试的路上;③我收到了试卷;④我被一道题难住了;⑤时间快到了,我根本做不完了;⑥考试后,我和别人对答案,发现自己的许多答案和他们不一样。

第三步,通过放松训练形成松弛反应。现在假定你已完成了全部放松训练步骤,机体正处于完全放松的状态。

第四步,按照"焦虑等级",在大脑想象中循序使松弛反应抑制焦虑反应。

# 附 录 学生心理档案

| 姓 名 | | 性别 | | 出生年月日 | | | 籍贯 | |
|---|---|---|---|---|---|---|---|---|
| 家庭住址 | | | | | 电话 | | | |
| 入校时间 | | | 原毕业学校 | | | 毕业时间 | | |

<table>
<tr><td rowspan="9">家庭状况</td><td rowspan="2">1. 家长</td><td>称谓</td><td>姓名</td><td>工作单位</td><td colspan="2">职务</td><td colspan="2">电话</td><td>备注</td></tr>
<tr><td></td><td></td><td></td><td colspan="2"></td><td colspan="2"></td><td></td></tr>
<tr><td rowspan="3">2. 父母文化程度</td><td>称谓</td><td>不识字</td><td>小学</td><td>初中</td><td>高中</td><td>大专</td><td>大学</td><td>硕士</td><td>博士</td></tr>
<tr><td></td><td></td><td></td><td></td><td></td><td></td><td></td><td></td><td></td></tr>
<tr><td></td><td></td><td></td><td></td><td></td><td></td><td></td><td></td><td></td></tr>
<tr><td>3. 父母关系</td><td colspan="4">1. 同住 2. 分住 3. 分居 4. 离婚 5. 其他</td><td>1 年</td><td>2 年</td><td>3 年</td><td>4 年</td><td>5 年</td><td>6 年</td><td>7 年</td></tr>
<tr><td>4. 家庭气氛</td><td colspan="11">1. 很和谐 2. 和谐 3. 普通 4. 不和谐 5. 很不和谐</td></tr>
<tr><td rowspan="2">5. 父母管教方式</td><td colspan="11">父 1. 民主型 2. 权威性 3. 放任型 4. 无时间教育 5. 其他__</td></tr>
<tr><td colspan="11">母 1. 民主型 2. 权威性 3. 放任型 4. 无时间教育 5. 其他__</td></tr>
</table>

| | 6. 居住环境 | 1. 住宅小区 2. 机关大院 3. 部队大院 4. 商业区 5. 四合院 6. 工业区 7. 农村 8. 其他_____ |
|---|---|---|
| | 7. 本人住宿 | 1. 与父母同住 2. 住在爷爷奶奶家 3. 住在姥爷姥姥家 4. 寄居亲友家 5. 寄宿在学校 6. 其他_____ |
| | 8. 经济状况 | 1. 富裕（10万元/月）2. 小康（万元/月）3. 普通（千元/月）4. 清寒（百元/月）5. 贫困（无收入） |

<table>
<tr><td rowspan="4">兴趣爱好</td><td>最多选三项</td><td>政治</td><td>语文</td><td>数学</td><td>外语</td><td>物理</td><td>化学</td><td>历史</td><td>地理</td><td>音乐</td><td>体育</td><td>美术</td><td>生物</td></tr>
<tr><td>9. 最喜欢的科目</td><td></td><td></td><td></td><td></td><td></td><td></td><td></td><td></td><td></td><td></td><td></td><td></td></tr>
<tr><td>10. 最不喜欢的科目</td><td></td><td></td><td></td><td></td><td></td><td></td><td></td><td></td><td></td><td></td><td></td><td></td></tr>
<tr><td>11. 特殊才能</td><td colspan="12">1. 无 2. 球类（篮、排、足、乒乓）3. 田径 4. 武术 5. 美术 6. 唱歌 7. 乐器演奏（　　　）8. 游泳 9. 工艺 10. 演说 11. 写作 12. 舞蹈 13. 戏剧 14. 书法 15. 珠算 16. 领导 17. 其他_____</td></tr>
<tr><td></td><td>12. 业余爱好</td><td colspan="12">1. 电影 2. 电视 3. 读书 4. 登山 5. 野营 6. 郊游 7. 划船 8. 游泳 9. 钓鱼 10. 武术 11. 乐器演奏（　　　）12. 唱歌 13. 舞蹈 14. 绘画 15. 集邮 16. 打球 17. 编织 18. 下棋 19. 养花种草 20. 养小动物 21. 其他_____</td></tr>
</table>

（续上表）

| | 智力因素 | | | | | 非智力因素 | | | | | |
|---|---|---|---|---|---|---|---|---|---|---|---|
| 13. 智力与非智力因素 | 归类求异 | 类比推理 | 数的运算 | 逻辑判断 | 数字序列 | 智商 IQ | 抱负 | 独立性 | 好胜心 | 坚持性 | 求知欲 | 自我意识 | 总分 |

| | | | | | | | | | | | | |
|---|---|---|---|---|---|---|---|---|---|---|---|---|
| 14. 个性测试 | 独立性 D | 敢为性 G | 幻想性 Hx | 怀疑性 Hy | 克制性 K | 乐群性 L | 缜密性 Zh | 稳定性 Wd | 外向性 Wx | 显示性 X | 有效性 Y | 备注 |

15. 中学生个性测试剖面图

| 个性因素 | 低分者特征 | 量 表 分 | 高分者特征 |
|---|---|---|---|
| D 独立性 | 依赖、顺从 | 1 2 3 4 5 6 7 8 9 | 独立、有主见 |
| G 敢为性 | 胆怯、畏缩 | 1 2 3 4 5 6 7 8 9 | 胆大、冒险 |
| Hx 幻想性 | 尊重现实 | 1 2 3 4 5 6 7 8 9 | 好幻想、想象力丰富 |
| Hy 怀疑性 | 信赖、随和 | 1 2 3 4 5 6 7 8 9 | 警觉、多疑 |
| K 克制性 | 不能自我克制 | 1 2 3 4 5 6 7 8 9 | 克制力强 |
| L 乐群性 | 孤独、寡合 | 1 2 3 4 5 6 7 8 9 | 合群、热情 |
| Zh 缜密性 | 精心、不拘小节 | 1 2 3 4 5 6 7 8 9 | 细心、负责 |
| Wd 稳定性 | 情绪不稳 | 1 2 3 4 5 6 7 8 9 | 情绪稳定 |
| Wx 外向性 | 内向、缄默 | 1 2 3 4 5 6 7 8 9 | 外向、开朗 |
| X 显示性 | 谦虚、自卑 | 1 2 3 4 5 6 7 8 9 | 好强、自信 |
| Y 有效性 | 答案虚假或谨小慎微 | 1 2 3 4 5 6 7 8 9 | 答案真实、无拘无束 |
| 个性因素 | 低分者特征 | % % % 占全体的百分比 | 高分者特征 |

心理测试

| 16. 气质类型 | 胆汁质 | 多血质 | 黏液质 | 抑郁质 | 诊 断 |
|---|---|---|---|---|---|

| 17. 气质的特点 | 胆汁质 | 热情而稳定，精力旺盛，坦率刚直，热情易冲动。 |
|---|---|---|
| | 多血质 | 活泼好动，反应迅速，有朝气，喜欢与人交往，兴趣易变化，注意力容易转移。 |
| | 黏液质 | 沉静而稳定，踏实，忍耐力强，反应迅速，情绪不外露，注意稳定不易转移。 |
| | 抑郁质 | 情感深厚而沉稳，善于察觉细节，外表谦虚，怯懦，孤独，敏感性强。 |

（续上表）

| 心理素质 | 18. 情 | 1. 有饱满热情　　2. 有时热情　　3. 一般　4. 无热情 |
|---|---|---|
| | 19. 意 | 1. 意志坚强　　2. 有时有毅力　　3. 一般　4. 知难而退 |
| | 20. 信 | 1. 较强自信心　　2. 有时有信心　　3. 一般　4. 无自信心 |
| | 21. 忍 | 1. 对挫折有忍耐力　2. 有时有忍耐力　3. 一般　4. 无忍耐力 |
| | 22. 调 | 1. 自我调适能力强　2. 有时能调适　　3. 一般　4. 无调适能力 |
| 我的人生态度 | 23. 长大了我要…… | |
| | 24. 自我评价 | |
| | 25. 我的格言 | |
| | 26. 我的信仰 | |
| | 27. 我的家庭 | |
| | 28. 我的父母 | |
| | 29. 我的老师 | |
| | 30. 我的同学 | |
| | 31. 我的班集体 | |
| | 32. 我的学校 | |
| | 33. 对困难、挫折 | |
| 生活情趣 | 34. 最难忘的一件事 | |
| | 35. 最崇敬的人 | |
| | 36. 最值得回忆的事 | |
| | 37. 最喜欢的格言 | |
| | 38. 最喜欢的一本书 | |
| | 39. 最害怕的东西 | |
| | 40. 最讨厌的人 | |
| 生活适应 | 41. 生活习惯 | 1. 整洁　2. 脏乱　3. 勤劳　4. 懒惰　5. 节俭　6. 浪费<br>7. 作息有规律　8. 作息无规律 |
| | 42. 人际关系 | 1. 和谐　2. 好争斗　3. 合群　4. 自我中心　5. 活泼<br>6. 冷淡　7. 信赖他人　8. 多疑善感 |
| | 43. 外向型行为 | 1. 领导力强　2. 欺负同伴　3. 健谈　4. 常讲脏话　5. 慷慨<br>6. 好游荡　7. 热心公务　8. 爱唱反调 |
| | 44. 内向型行为 | 1. 谨慎　2. 畏缩　3. 文静　4. 过分沉稳　5. 自信<br>6. 过分依赖　7. 情绪稳定　8. 多愁善感 |
| | 45. 学习行为 | 1. 专心　2. 分心　3. 积极努力　4. 被动马虎　5. 有恒心<br>6. 半途而废　7. 沉稳好问　8. 偏科 |
| | 46. 不良行为习惯 | 1. 无　2. 爱发怪声　3. 口吃　4. 捉弄他人<br>5. 吮手指、咬指甲　6. 沉迷于不良书刊　7. 吸烟　8. 吸毒 |
| | 47. 焦虑症状 | 1. 无　2. 坐立不安　3. 表情紧张　4. 不停玩弄东西　5. 发抖<br>6. 肚子疼　7. 胸疼　8. 头疼 |
| 备注 | | |

# 主要参考文献

1. 朱智贤. 儿童心理学. 北京：人民教育出版社，1993.
2. 李丹. 儿童发展心理学. 上海：华东师范大学出版社，1987.
3. 郭德俊. 小学儿童教育心理学. 北京：中央广播电视大学出版社，2002.
4. 高月梅，张泓. 幼儿心理学. 杭州：浙江教育出版社，1993.
5. 王耘，叶忠根，林崇德. 小学生心理学. 杭州：浙江教育出版社，1993.
6. 黄煜峰，雷雳. 初中生心理学. 杭州：浙江教育出版社，1993.
7. 郑和钧，邓京华. 高中生心理学. 杭州：浙江教育出版社，1993.
8. 朱家雄. 学前儿童心理卫生. 杭州：人民教育出版社，1994.